旅館人力資源管理

3rd Edition

Hotel Human Resource Management

劉桂芬◎著

揚智觀光叢書序

　　觀光事業是新興的綜合性事業，也稱為無煙囪的工業。由於世界各國國民所得普遍增加，商務交往日益頻繁，以及交通工具快捷舒適，觀光旅行已蔚為風氣。加以各國都在極力提倡政府與民間合作進行，因此發展至為迅速，現已形成國際貿易中最大的單一項目之一。

　　觀光事業不僅可以增加一國的「無形輸出」，以平衡國際收支與繁榮社會經濟，同時由於觀光旅客消費的增加，對於整個國家經濟的影響尤為深遠。此外，對於加速文化交流，增進國民外交，促進國際間的瞭解與合作，維護人類友誼與和平，更有重大的貢獻。是以觀光具有政治、經濟、文化教育與社會等各方面為目標的功能，從政治觀點可以開展國民外交，增進國際友誼；從經濟觀點可以爭取外匯收入，加速經濟繁榮；從社會觀點可以增加就業機會，促進均衡發展；從教育觀點可以增強國民健康、充實學識知能。

　　觀光事業是一種服務業，也是一種感官享受的事業，因此觀光客需求的滿足與否乃成為推展觀光的成敗關鍵。唯觀光事業既是以提供服務為主的企業，則有賴大量服務人力之投入。但良好的服務應具備良好的人力素質，良好的人力素質則需要良好的教育與訓練。因此觀光事業對於人力的需求非常殷切，對於人才的教育與訓練，尤應予以最大的重視。

　　觀光事業是一門涉及範圍甚廣的學科，在其廣泛的研究對象中，大致可分為二大類：一為「物」的，包括各種實質的自然資源、觀光相關設施等；一為「人」的，包括遊客和觀光管理及從業人員等；二

者應相互爲用，相輔相成，方可竟全功。同時，與觀光直接有關的行業包括旅館、餐廳、旅行社、導遊、遊覽車業、遊樂業以及手工藝品業等，因此人才的需求是各方面的，其中除一般性的管理服務人才，例如會計、出納等，可由一般性的教育機構供應外，其他人才需要具備的專門知識與技能，則有賴專業的教育和訓練。

然而，人才的訓練與培育非朝夕可蹴，必須根據需要作長期而有計畫的培養，方能適應今後觀光事業的發展；展望國內外觀光事業，由於交通工具的改進、運輸能量的擴大、國際交往的頻繁，無論國際觀光或國民旅遊，都必然會更迅速的成長，因而今後觀光各行業對於人才的需求自更爲殷切，因此觀光人才之教育與訓練當愈形重要。

近年，觀光學中文著作雖日增，但所涉及的範圍卻仍嫌不足，實難以滿足學界、業者及讀者的需要。個人從事觀光學研究與教育者，平常與業界言及觀光學用書時，均有難以滿足之憾。基於此一體認，遂萌生編輯一套完整觀光叢書的理念。適得揚智文化公司有此共識，積極支持推行此一計畫，最後乃決定長期編輯一系列的觀光學書籍，並定名爲「揚智觀光叢書」。依照編輯構想，這套叢書的編輯方針應走在觀光事業的尖端，作爲觀光界前導的指標，並應能確實反應觀光事業的眞正需求，以作爲國人認識觀光事業的指引，同時要能綜合學術與實務操作的功能，滿足觀光科系學生的學習需要，並可提供業界實務操作及訓練之參考，因此本叢書將有以下幾項特點：

1. 叢書所涉及的內容範圍盡量廣闊，舉凡觀光行政與法規、自然和人文觀光資源的開發與保育、旅館與餐飲經營管理實務、旅行業經營，以及導遊和領隊的訓練等各種與觀光事業相關課程，都在選輯之列。

2. 各書所採取的理論觀點儘量多元化，不論其立論的學說派別，只要是屬於觀光事業學的範疇，都將兼容並蓄。

3.各書所討論的內容，有偏重於理論者，有偏重於實用者，而以後者居多。

4.各書之寫作性質不一，有屬於創作者，有屬於實用者，也有屬於授權翻譯者。

5.各書之難度與深度不同，有的可用作大專院校觀光科系的教科書，有的可作為相關專業人員的參考書，也有的可供一般社會大眾閱讀。

6.這套叢書的編輯是長期性的，將隨著社會上的實際需要，繼續加入新的書籍。

此叢書歷經多年的統籌擘劃，網羅國內觀光科系知名的教授以及實際從事實務工作的學者、專家共同參與，研擬出國內第一套完整系列的「觀光叢書」。身為這套叢書的編者，在此感謝所有產、官、學界先進好友的激勵，同時更要感謝本叢書中各書的作者，若非各位作者的奉獻與合作，本叢書當難以順利完成，內容也必非如此充實。同時，也要感謝揚智文化事業有限公司執事諸君的支持與工作人員的辛勞，才能使本叢書得以順利問世。

李銘輝 謹識

自 序

　　如果說「選擇」是人生最尊貴的一種權利，那麼做了「選擇」，相對地就沒有「怨天尤人」的權利。

　　面對變幻無常的現實環境，自己如何應對內在的「心態」，如何做到「抹平懊惱少怨尤」？竅門就是「認真」一途，「認真」投入自己選擇的觀光旅館業。

　　在旅館業從事教育訓練到人力資源管理的工作，足足走了三十個年頭。在這過程中，發現台灣的觀光旅館和休閒渡假旅館不斷地興起，但人才的養成卻趕不上硬體的建設，且大部分的經營者並未重視人力資源所產生的問題，因此人力資源管理都停留在知易行難的階段。

　　目前市面上雖有很多關於人力資源管理這方面的叢書，也欣喜最近出版了很多觀光旅館業的書籍，但不論是觀光商務型旅館或觀光休閒渡假型旅館，都是以提供客人密集服務為主，需要有充沛的從業人員來提供高品質的服務。

　　我以數年來從事觀光休閒渡假旅館的人事和訓練主管之粗淺實務經驗，提出一些人力資源管理上的問題及解決做法，期望此書能給觀光旅館業者或想從事旅館業工作的後進作為參考。

　　人力資源管理涉及的範圍很廣，問題甚多，疏漏錯失之處，尚祈求專家、學者們的指正與批評。

劉桂芬 謹識

目　錄

第一篇

導　論

第一章　觀光旅館的發展概況

　　1985年以來休閒主義逐漸抬頭，在美國每年花費在休閒上的錢超過1,200億美元，這些錢花在運動比賽、電影、戲劇、音樂會和其他吸引人的文藝節目的入場券上，以及遊憩用的車輛、保齡球、自行車、照相機、遊艇、垂釣設備、雪地汽車、高爾夫球、打獵、釣魚、划船、滑雪、潛水等休閒活動方面。估計有半數以上的休閒支出是花在渡假旅遊上，其中包括國內旅遊和出國旅遊。

　　構成上述各種休閒活動的共同點，是人對「多樣性」的需求。「厭倦」是人類生活中不易克服、超越的一部分，特別是在都市化和工業化的社會裡，生活在很大程度上變成了有條不紊的常規，於是在擺脫厭倦及生活緊張的欲望驅使下，「休閒活動」應運而生，蔚然流行。

　　休閒熱潮不僅僅是美國的社會現象，即使在英國、西班牙、義大利、丹麥、瑞士、日本等國家，觀光旅遊在其經濟上均占有重要地位。

　　以日本為例，1989年日本政府立法規定每週休假二天，強迫性地要求日本國民走向戶外。在這個政策的誘導下，日本的休閒設施、鄉村俱樂部、渡假旅館相繼設立。

　　至於國內隨著國民所得的日益提高及休閒時間的增加，旅遊型態從走馬看花、趕集式，逐漸轉變為定點式；純休閒的旅遊活動已成時勢所趨，國內國民旅遊市場逐漸看俏。其中，積極規劃新景點開發的業者，像六福村主題遊樂園、台灣民俗村、墾丁海上觀光等等，都大受國人的歡迎。

　　依觀光局八十四年國人國內旅遊狀況調查分析，國內國人平常日（週一至週五）休閒活動以閱讀書報雜誌及看電視等靜態的視聽活動為主，假日及連續假日時從事戶外健康活動之休閒比率上升，假期愈長選擇戶外活動的比率愈高。

　　就目的而言，國人較偏好可休憩、打發時間、可增進見聞知識及可達到運動目的的地方，就型態言，國人較偏好林場（含森林遊樂區）、瀑布、溪谷、公園、遊樂區、河灣、浴場、海岸、牧場及農場。戶外遊憩活動地（就人數言）與年齡、教育程度、職業別及居住地皆有顯著關聯；戶外遊憩活動地（就目的言）與年齡及婚姻狀況有顯著關聯；戶外遊憩活動（就型態言）與年齡、教育程度、婚姻狀況、職業別及性別皆有顯著關聯。

　　換言之，在台灣，「休閒時代」已經掀開它的序幕。可以想見的，「觀光休閒渡假旅館」在未來發展中，將逐步躍上旅館業界的主流之一。

第一章

觀光旅館的發展概況

　　觀光旅館為一多目標、綜合性的行業，它提供旅客住宿、餐飲、社交、會議、健康、娛樂、購物等多方面的功能。

　　台灣地區的旅館業，可分為觀光旅館業與普通旅館業。其中觀光旅館業又依照「觀光旅館業管理規則」規定之建築及設備標準，再區分為國際觀光旅館與一般觀光旅館。

　　依觀光局的統計，目前台灣地區有登記的國際觀光旅館有63家，觀光旅館有30家，一般普通旅館有2,678家，而尚在興建中的觀光旅館有45家。

第一節　觀光旅館的分類

　　一般的觀光旅館可分為下列數種型態：(1)觀光商務型旅館；(2)觀光休閒渡假型旅館；(3)會議型旅館；(4)汽車旅館；(5)分戶出售的渡假旅館；(6)住宅式旅館；(7)賭城旅館；(8)全套房旅館等八種。

一、觀光商務型旅館

　　為商務旅行者所提供短期的休憩地。

二、觀光休閒渡假型旅館

　　提供消費者享受一個與平常生活不同步調的假期，創造一種舒適的感覺和娛樂，並提供一親切、不同凡俗、個性化的服務。

　　在國外，觀光休閒渡假的觀念已從「多目的」的休閒方式轉變到「定點式」的休閒方式，住宿型態也從渡假山莊（僅提供簡易的住宿）演變到複合式的休閒都市。所謂「休閒都市」，它提供了整體性

的休閒、住宿、工作（包含會議）、娛樂等多項功能的休閒設備，這是為了迎合現代人的需求，而開發出來的一種旅館經營型態。

台灣的休閒產業也發展到有主題樂園（劍湖山、六福村、九族文化村）、休閒渡假旅館（墾丁凱撒旅館、墾丁福華旅館、台東知本老爺酒店、北投春天酒店）、休閒農場（嘉義龍頭休閒農場、宜蘭頭城休閒農場、嘉義跳跳生態農場、桃園縣富仙境休閒農場、宜蘭縣香格里拉休閒農場、苗栗縣飛牛牧場、恆春生態農場、宜蘭北關休閒農場、新北市千戶傳奇生態農場、台南走馬瀨農場），和台中麗寶樂園、花蓮理想渡假村、花蓮遠雄悅來海洋公園等等。

但目前台灣觀光休閒旅館的品質只停留在「有」的階段，尚未達到「好」的階段，軟體規劃及服務品質尚待提升。觀光休閒渡假旅館的時代已經到來，觀光休閒渡假旅館自然存在許多機會及願景。

觀光休閒渡假型旅館又可分為以下九類：

1.全年休閒勝地。
2.夏季休閒勝地。
3.冬季滑雪勝地。
4.療養勝地。
5.溫泉勝地。
6.城市休閒地。
7.海灘休閒地。
8.賭博休閒地。
9.休閒渡假休閒地。

三、會議型旅館

主要是提供消費者開會時所需的場地及設備，在設計上為防止擁

7

擠和噪音，將停車的區域及會議的樓層，與一般住宿的樓層分開。

四、汽車旅館

為消費者提供價廉的過夜休息站，通常設在高速公路旁。

五、分戶出售的渡假旅館

在休閒地區提供數個渡假屋，屋主在共同的管理契約下，提供客人的租賃及使用，而達成利益的分享。

六、住宅式旅館

在城市或郊區，為單獨個別的客人，提供長期居住的旅館式服務。

七、賭城旅館

經營賭場當作其主要利益的來源，附帶提供客人休閒娛樂的場所。

八、全套房旅館

公共區域狹小，但房間非常大，且在房間內區隔出休息及用餐的地方。費用較高於一般的旅館，其主要的客源來自於長期居住的商務客人和常搬遷的家庭。

第二節　觀光商務旅館與觀光休閒渡假旅館之差異

一、觀光商務旅館的特性

(一)一般性質

1. 服務性：屬於人為及商品的服務。
2. 綜合性：社交、資訊、文化的活動中心。
3. 豪華性：舒適、安全、華麗的陳設，永遠保持設備、用品之嶄新。
4. 公共性：集會、宴會、休閒之公共空間。
5. 持續性：全天候提供服務，無間斷性。

(二)經濟性質

1. 時間性：商品不能庫存，時間一過，形同廢物。
2. 無彈性：供應及需求之間無彈性，空間及面積無法增加。
3. 投資性：資本密集、固定成本高，資產比率大，利息、折舊、維護負擔重。
4. 波動性：經濟景氣、國際情勢影響大，又受區域及季節變動的影響。
5. 複雜性：比一般商品複雜、多重化。

(三)經營特性

1. 公共性：提供旅客住宿及餐飲，構成了人類「食」、「住」兩大需要。

2. 綜合性：具有家庭功能，主要是讓旅客在住宿時，有「賓至如歸」之感。

3. 連續及信賴性：營業時間是一天二十四小時，每年每日均必須提供服務。在供給層面上則強調信賴性，即對顧客提供一定品質的服務。

4. 資本性：在建築設備的裝潢，均需投入鉅額的資本。

5. 即時性：旅館業為一服務業，不像一般產品可以預期將來需要而事先儲存，因此在提供服務時，必須即時供給。

6. 地區性：設置地點是永久性的，無法隨住宿人數之多寡而移動，所以旅館銷售房間地理的限制很大。

7. 季節性：旅客外出會因季節而有不同，因此旅館在組織與設備上，須顧及高峰期（旺季）住宿之需要。

8. 長期性：由籌備到正式的營業，需經過三、五年之時間，相對於其他服務業，其資金回收亦相當緩慢，因此它是一種長期性投資。

二、觀光休閒渡假旅館的特性

(一)客源

主要在於迎合假期，並滿足部分旅遊市場和休閒渡假會議、社團的集會，以及獎勵團體旅遊。

(二)設備

建築物經常走在社會流行的尖端。為了滿足客人的需要，在住宿和娛樂上必須要分配到足夠的空間；在設備上通常具有高爾夫球場、網球場、大游泳池、健康步道和其他娛樂設施。

(三)位置

大部分建在偏遠地區，原因是地價便宜、政府投資誘因、特殊氣候條件或風光明媚的風景區，及擁有特殊的休閒消遣設備地區。

(四)娛樂

提供娛樂設備主要是為了運動，如高爾夫球、網球、潛水、釣魚、游泳、桌球、騎馬和基本的健康設施、健身房。永續經營這些設備，必須具有專業的管理制度和大量的人力。

(五)季節性

淡、旺季非常明顯，因此人力供應、庫存控制是非常重要的。

(六)職員態度

在管理上，它是一種「無形的管理」。管理者和員工總是在最前線服務客人，並提供予客人舒適的感覺。聘用數位休閒活動指導員，主動照應客人的娛樂和活動的需求，著重在給客人個性化的款待，進而建立和諧的關係和永久的往來。

(七)工作時間

需要很大的彈性空間，才能在工作時間的分配上以及義務和責任的分派上，得心應手，圓滿無缺。

(八)收入來源

商務旅館的主要收入來源有客房和餐飲的收入，以及其他次要的收入如電話、停車場和租借地；但在休閒渡假旅館，除了以上的固定收入之外，尚有來自休閒活動的收入。

(九)資產負債

休閒渡假旅館的土地和固定資產，通常比一般商務旅館的土地和固定資產在總財產上的比例大。

商務旅館在土地上的投資，透過土地價格上漲，有助於彈性的資產平衡。至於休閒渡假旅館的固定資產和土地投資，則需要較長的回收時間。

(十)休閒渡假旅館之瓶頸

1. 員工流動率太高：旅館所處的地理位置，大部分與都市有一段距離，甚至有些位於深山地區。此外，一般員工的待遇不高，工作時間過長，固定假日及週六、日不得排休；加上一些旅館在制度、福利上尚未建全，升遷有限，造成休閒渡假旅館的流動率高，留才不易。

2. 專業人才培育不易：專業人才如廚師、冷凍空調師、救生員、護士等等，雖然可以自行培育，但這些有專業執照的人才往往

不易留住，不是被高薪挖角，就是自行創業。

3.缺乏教育訓練：服務人員之素質，對於旅館服務品質及營運影響很大，所以教育訓練對旅館而言是非常重要的。但由於旅館淡、旺季的顧客人數差異很大，造成服務人員通常只接受基本訓練後就匆匆上第一線，而當淡季時，員工又紛紛休假，因此教育訓練難以推動。

三、觀光休閒渡假旅館的發展趨勢

(一)室內化的趨勢

1.室內主題遊樂園。
2.室內電子遊樂中心。
3.室內親子娛樂廣場。
4.室內遊樂園。
5.室內娛樂中心。
6.室內模擬情境樂園。
7.室內巨蛋海水浴場。
8.室內高爾夫練習場。
9.一院多廳電影院。
10.大型購物休閒中心。

(二)娛樂科技化的趨勢

1.注入高科技技術。
2.創造非現實世界的技術。
3.與電影技術結合。

4.與藝術演出結合。

5.與高級營建技術結合。

(三)精緻化的發展趨勢

1.土地規模縮小。

2.具有主題特色。

3.配合環境地形規劃。

4.利用每一寸空間。

5.配合景觀規劃。

6.強化休閒設施。

7.維持渡假環境整潔。

8.與海洋融合。

9.與沙灘融合。

10.與溫泉融合。

(四)定點化的發展趨勢

1.呈現休閒風貌。

2.配合休閒旅館。

3.促進顧客消費。

4.增加顧客停留時間。

5.活化經營型態。

6.注重綠樹植栽。

7.注重景觀規劃。

8.強化休閒設施。

9.維持渡假環境整潔。

10.具海洋資源。

11.具沙灘資源。

12.具山脈資源。

13.具溫泉資源。

(五)主題化的發展趨勢

1.迪士尼世界。

2.迪士尼樂園。

3.海洋世界。

4.海洋公園。

5.環球影城。

6.玻里尼西亞文化中心。

7.納氏草莓樂園（Knott's Berry Farm）。

8.六旗魔術山樂園（Six Flag Magic Mountain）。

9.荷蘭村。

10.豪斯登堡。

11.明治村。

(六)複合化的發展趨勢

1.將顧客需求一次性滿足：將休閒、娛樂、購物、餐飲、住宿、文化、社會活動等結合一起。

2.減少人、車的過度移動：讓遊客定點消費，讓觀光產業更生活化、社會化、教育化。

(七)自然化的發展趨勢

1.尊重自然，和自然融合，強調綠色環保，不破壞環境、汙染環境，以自然生態為導向的主題渡假村、渡假旅館。

2.人類對過度崇拜物質文明後的新省思。

(八)專業化經營管理的發展趨勢

告別土法煉鋼的經營模式,走向專業化經營管理,創造經營的效益。在此以法國的Beach Plaza Hotel為例,做個簡單的介紹。

Beach Plaza有316間客房,6間會議室;最大可容納450人。旅館內設有溫水游泳池;另外在海邊設有涼亭,供客人一面欣賞海景、一邊用早餐。另外在大廳設有旅遊服務,提供「市區一日遊」的行程。

Beach Plaza營業部的經理認為,Beach Plaza經營成功的原因是:

1. 在鄉村也能享受到都市的文明:旅館內設有最新的資訊設備,讓客人在休閒之餘也可工作。
2. 旺季時住房率維持在80%,淡季時40%,客源大部分是固定的常客及再度回來渡假的客人。
3. 會議市場的開發:利用淡季(11月~3月)促銷會議市場,免費提供會議場所給客人使用及供應免費的咖啡及茶。
4. 促銷活動的推廣:與各公司、行號或雜誌社合作,提供有折扣的住宿券,獎勵優秀的員工住宿。
5. 旅館具備文化、藝術的特色:經常舉辦新產品的發表會、服裝展、模特兒攝影展(池畔舉行)、世界有名的交響樂團演奏會、歌劇、藝術展,並與地方政府配合,全年無休地舉行各種活動。
6. 重視住宿安全:旅館內設有保全系統,二十四小時有人值勤,保障客人的安全。

在國內,台大城鄉研究所曾作過「花蓮縣觀光整體發展計畫通盤檢討」的研討報告,指出台灣的觀光事業正面臨兩大瓶頸,一是風景

區及遊憩據點間欠缺系統網路聯繫，造成遊客留宿機會偏低；另一是尖、離峰人潮差距過大，造成資源運用上有過與不及的失衡情形。旅客僅能在公路沿線作「通過性」的觀賞活動，無法深入體會風景區特有的自然及人文資源，而且無法吸引遊客多留幾天。星期例假日及春節，風景區對外的陸空交通全線爆滿，市區所有的大小旅館、賓館宣告滿檔，住宿價格狂飆兩倍，還是一床難求。風景點更是人滿為患，遊憩設備資源被過度使用，品質相對降低。

上述研究報告中指出，要突破問題瓶頸，可針對上班族客源，為其設計離峰時段的旅遊活動。此外，可大力推動、吸引來華旅客最多的日本旅客來旅遊，例如，透過特定團體如獅子會、扶輪社、婦女插花社團及姊妹市等關係，安排日本旅客在離峰時間到訪。又引導民間開發具地方特色的特殊旅遊，如溫泉之旅、農村民宿、原住民文化營、民俗手工藝探訪等，皆有助於觀光事業的發展。另針對我國非上班族客源，如退休者、老師、學生及其他彈性上班的服務業人員，如百貨公司、醫院、餐飲業、便利店、娛樂業等，為其設計離峰時旅遊活動。

因此，有意發展觀光休閒渡假旅館的業者，一定要有永續經營的發展策略，要有主題性的發展，主題要明確且清楚，要有市場區隔及差異性，要堅持走高品質的路線，要有永續經營的理念和做法，投資建設要能完整且能延續。

把眼光放在國際市場，不可以單靠本地休閒人口。應針對不同消費群的特性設計，例如，小型的渡假旅館因收費低，可能較受中等收入者歡迎；公司主管級人物要求比較隱私的渡假環境，可設計主管級渡假旅館、自我研修渡假旅館；銀髮族則需要醫療設施和安全服務的健康渡假中心。

第二篇

旅館的組織結構與
工作規劃說明

所謂「組織」，係由兩個或兩個以上之個體所組成，為達成共同的目標，而在有意識的合作之下，持續運作的社會單位。

「組織」一詞具有兩個涵義：一是作為機構的組織，指具有一定功能的團體；以旅館為例，旅館本身固然是一個組織機構，客務部、房務部也都是一種組織機構；二是作為工作、活動的組織；即採用一定方法、方式，根據組織（例如旅館）的各項規章制度，安排、分配每一個成員的活動，運用領導、督導等方法，實現組織的目標。

「組織」也可以比喻為一個交響樂團，由不同性質、不同功能的部門所組成，這部門是小提琴，那個部門是中提琴，另一部門是法國號，再一部門是小喇叭，而老闆則是指揮，雖然每一部門的每一個人都認真地照著自己的樂譜演奏，但隨時都要注意指揮的手勢和眼神，才能合奏出和諧的曲子。

具體而言，組織結構所規定的，站在旅館的立場，就是旅館各部門之間、部門與成員之間及成員與成員之間的相互關係和位置。舉凡各部門主管的工作、不同功能的部門之間的溝通、上級與下級的層次關係，以及其權力關係的確定，都必須在該組織結構中有明確的標示。

本篇將介紹旅館的組織結構及部門職掌。

第二章

旅館的組織結構與部門職掌

- ᔮ 第一節　組織結構
- ᔮ 第二節　部門職掌

　　所謂旅館的組織結構是指建立一個旅館組織的過程，是把任務、流程、權力和責任進行有效的組合和協調的活動，決定及編配旅館內各部門的職掌，表示它們之間的關係。

　　組織結構是旅館發展的形式，組織結構合不合理，對旅館有非常大的影響。一般而言，如果旅館規模小管理工作量小，組織的結構相對的較簡單；如果旅館規模大，管理工作量大，需要設置的部門多，各部門間的關係也相對複雜。所以組織結構的規模和複雜性是隨著旅館規模的擴大而相對增長的。

第一節　組織結構

　　組織圖是描述組織結構最常見的方式，組織圖能顯示某時期的組織結構，以一方框表示部門，我們可以從中獲知誰是誰的直屬上司及誰負責那一部門。圖示只能指示職稱及組織的指揮系統。

　　組織圖的功能有以下幾點：

　　1.說明包括哪些部門。
　　2.各單位的功能。
　　3.在整個組織中的地位。
　　4.相互之間的關係。

　　一般旅館的組織依其性質不同可分為下列三種型式，即功能型、市場型、矩陣型。

一、功能型

　　指的是將旅館組織的一種活動或幾種活動集中在一個部門內。例

如，有些旅館將客務部、房務部、餐飲部全部歸於業務部之下管理。
小型旅館（員工50人左右）比較適宜採用此方法。

二、市場型

是把旅館組織的各種活動按服務的類型、市場區域、客源分布加以
分類的形式。比如，宴會部、接待部的建立，就是遵循此方式，各部門
主要負責各自的服務項目之銷售和市場活動。一般較適用於大型旅館。

三、矩陣型

這種組織結構分為業務部門和行政部門，即一般所謂的前場單位
（客務部、房務部、餐飲部、業務部）及後勤單位（人力資源部、財
務部、工程部、採購部、安全室、總經理辦公室）。

在休閒渡假旅館除了客房及餐飲部門之外，必須具備多項室內及
戶外設施，因此其組織系統與都市型旅館稍有所不同，屬於矩陣型的
組織結構（**圖2-1**），其組織圖列述如下。

每個部門可按其功能，再細分為各種詳細職稱的「單位組織
圖」，如**圖2-2**～**圖2-11**所示之各部門的組織圖。

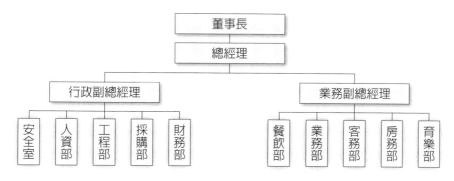

圖2-1　矩陣型組織圖

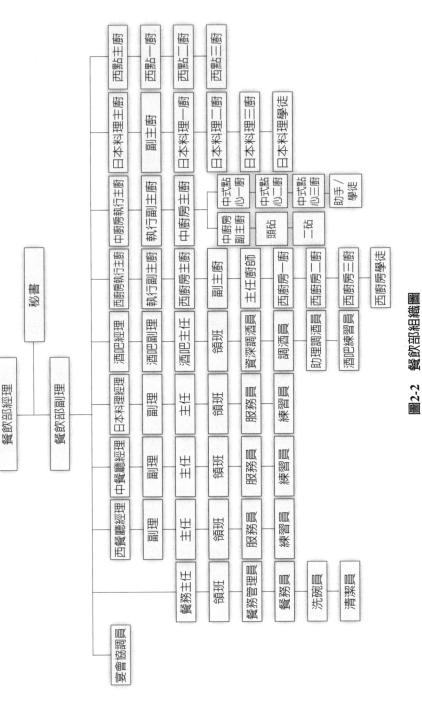

圖2-2 餐飲部組織圖

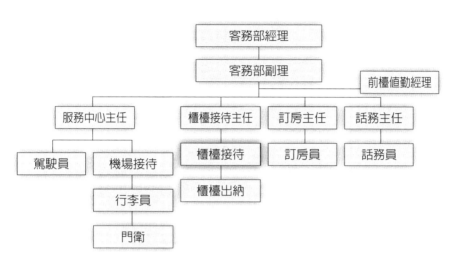

圖2-3　客務部組織圖

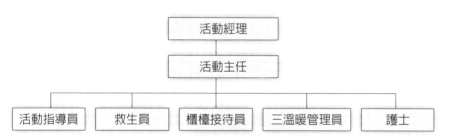

圖2-4　育樂部組織圖

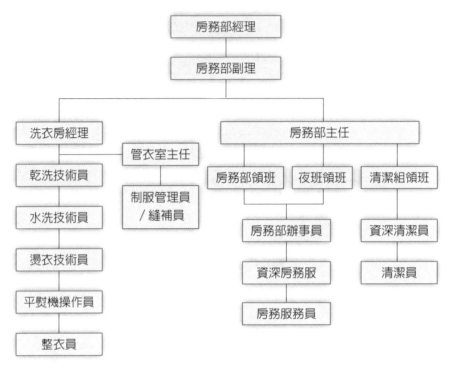

圖2-5　房務部組織圖

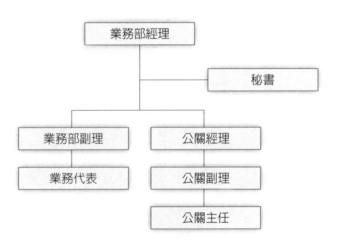

圖2-6　業務部組織圖

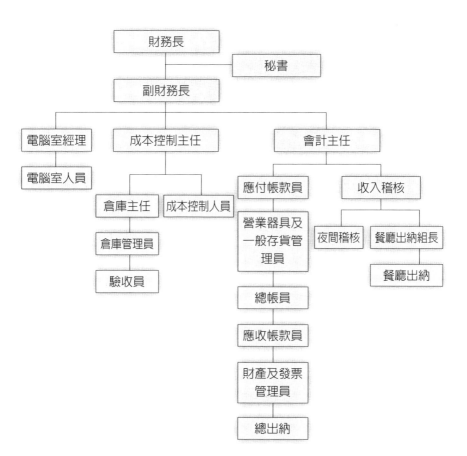

圖2-7　財務部組織圖

圖2-8　採購部組織圖

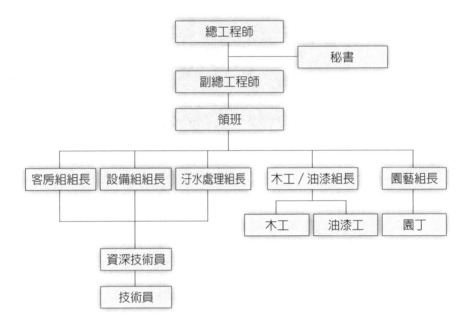

圖2-9　工程部組織圖

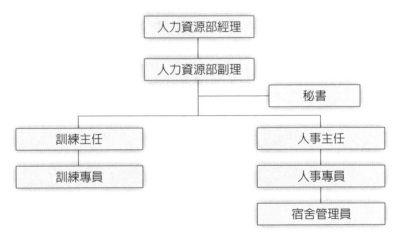

圖2-10　人資部組織圖

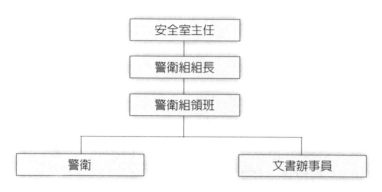

圖2-11　安全室組織圖

第二節　部門職掌

一、業務部

1.進行業務拜訪並提供完善售後服務。

2.開發新客源，以增加公司收入。

3.蒐集顧客意見，分析市場情況，預測市場趨勢，確保旅館提供滿足客人、合乎潮流的服務及設備。

4.擬定並執行年度行銷策略和計畫，強化公共關係，以提升公司形象及業績。

5.其他業務管理相關事宜。

二、餐飲部

1. 妥善安排人力，協調內外場及各單位，調動人力達到現場作業順暢。
2. 建立及落實作業與服務標準，不斷進行服務人員在職訓練。
3. 透過參考相關成本報表，監控餐飲成本。
4. 建立及落實內、外場食品及營業器具衛生安全工作。
5. 不定期進行市場調查、顧客調查及銷售業績分析，藉此瞭解餐飲趨勢並調整、改良菜單。
6. 其他餐飲管理相關事宜。

三、客務部

1. 改善訂房系統並隨時保持網路之暢通，協助顧客事前規劃適切的住宿及旅遊計畫。
2. 適當調度車輛並定期保養維修，同時不斷開闢新的旅遊路線。
3. 適當處理顧客委託品，並迅速傳送顧客信件、傳真及留言。
4. 設置並改善通訊系統運作，迅速處理館內、外顧客及員工之電話。
5. 隨時提供顧客訊息與意見給相關單位及管理當局參考，作為將來更新設備及服務的依據。
6. 注意並維護大廳顧客之秩序，以維護旅館的形象。
7. 其他客務管理相關事宜。

四、房務部

1.提供房客清理房間、備品供應等之服務，並對備品供應、儲存作有效控管。

2.隨時保持客房狀況之正確記錄，並與櫃檯及客房樓層保持密切聯繫。

3.維持旅館建築內外區域之清潔維護、損壞請修或更新申請。

4.督導外包之清潔公司、除蟲公司、鮮花盆景公司達成委任合約要求。

5.所有客衣、職工制服及各部門布品之充分供應、清洗整熨與有效控制。

6.遺失物之儲存、保管與收發管理。

7.其他房務管理相關事宜。

五、育樂部

1.各項休閒活動之計畫、推廣及執行。

2.各項休閒活動器材之維護管理。

3.協力廠商及外界運動社團關係之建立。

4.建立及落實泳池及三溫暖之管理。

5.開發新的休閒活動項目。

6.其他育樂管理相關事宜。

六、人資部

1. 有效規劃執行人員聘僱及運用各部門人力。
2. 人事制度規劃與改善。
3. 規劃、執行並改善人力之發展及培訓計畫,提升員工技術及知識層次。
4. 規劃、執行並改善員工團體活動。
5. 建立與改善員工之福利制度。
6. 負責對外公文之收發事宜,並與各學校及政府機關保持良好關係。
7. 其他人力資源管理相關事宜。

七、財務部

1. 建立、執行並改善公司會計制度、內部會計稽核制度,以確保財務報表及會計紀錄有效管理。
2. 隨時注意政府法令規章變動情況並適當調整會計作業,避免公司權益受到損害或觸犯政府之法令規章。
3. 提供全公司預算的彙總、控制、差異分析及資訊給與管理當局參考。
4. 妥善研擬旅館內各項保險事宜,以確保公司營運正常無虞。
5. 妥善保存公司相關財務合約,確保公司應享之權利及應盡之義務。
6. 建立並執行顧客徵信制度,以降低呆帳、壞帳之產生。
7. 妥善進行流動資金管理,創造公司營業外收入。
8. 查核旅館之各項收支作業流程,以有效控制各項成本。

9.定期盤點存貨及固定資產，以確保旅館財產能被有效的控制管理。

10.負責管理、控制倉庫貨品及其發放程序。

11.負責管理旅館之電腦設備及軟體，確保電腦運轉平穩。

12.其他財務會計管理相關工作。

八、採購部

1.掌理各部門物品、勞務、設備之採購工作。

2.定期作市場調查以瞭解產地、產季、品質及價格等狀況，以利制定適當的採購決策。

3.隨時拓展開發新貨源，以確保貨源充分供應。

4.督導供應商執行採購要求，並評估供應商績效，依其條件建立廠商紀錄以利篩選。

5.規劃及改善各類物件採購程序與辦法，確保有效達成採購任務。

6.其他採購管理相關事宜。

九、工程部

1.負責旅館內部整修工作，並確保旅館汙水處理廠設備、機電類及電器設備正常運轉。

2.督導及進行旅館內任何工程施工，維護工程品質及施工場所安全。

3.控制水、電、油、瓦斯之正常使用。

4.定期檢查防颱設備、消防設備，並且定期實施防災訓練以及演習。

5.參與必要之專業技術訓練以取得所需要之證照，提升工作的能力。

6.其他有關工程管理事宜。

十、安全室

1.淨化內部，實施員工查核，及突發事件後之調查與處理。

2.負責門禁管制，監督員工出入、攜物檢查、會客處理等。

3.警衛人員及一般員工之安全教育，及防護團之編組、訓練、服勤等作業。

4.負責旅館內秩序之維持，旅客活動區域之管制，及發生天然災害（地震、颱風、火災）時之警戒事宜。

5.交通指揮管制及停車場之管理。

6.負責政府首長、重要賓客住宿時之警戒事宜，及地區情報與警察單位之協調聯繫事宜。

7.安全設施及器材之使用與維護。

8.其他安全管理相關事宜。

第三章

旅館前場部門的組織與工作說明

　　旅館的組織是要決定及編配旅館內各部門的工作職掌，並表示它們之間的關係。

　　由組織結構圖，可以瞭解各部門與成員間及成員與成員間的相互關係和位置，以及上下級的層級關係及其權力關係的確定等。

　　所謂「工作說明」包括了部門組織內各項工作的定義，並說明每件工作之性質、內容、責任及任務等資料，以及員工所應具備的基本條件，包括知識、能力、責任與熟練度等。其主要目的是讓員工瞭解其所從事的工作與工作績效的標準所在；闡明任務、責任與職權，以確定組織結構；協助員工的招聘與安排就職；協助新進員工執行其職務；提供有關培訓與管理的發展資料。

　　本章將介紹旅館前場部門包括餐飲部、客務部、育樂部、房務部及業務部的組織與工作說明。

第一節　餐飲部門組織與工作職能

　　餐飲部門相關人員之職務包括：經理、副理、領班、服務員、主廚、廚師、學徒等。主要是負責妥善安排人力，以達到餐飲現場作業順暢，並建立及落實餐飲作業與服務標準，以及內、外場食品與營業器具衛生安全工作；其他尚有不定期進行市場調查、顧客調查及銷售業績分析，藉此瞭解餐飲趨勢，調整及改良菜單等。本節擬分組織架構及工作說明分別詳述。

一、組織架構

　　餐飲部組織架構圖是將餐飲部最常見的組織架構，以樹狀圖來表示，吾人即可由組織圖中瞭解上司及下屬間的從屬關係。茲將餐飲部之組織架構圖詳示如**圖3-1**。

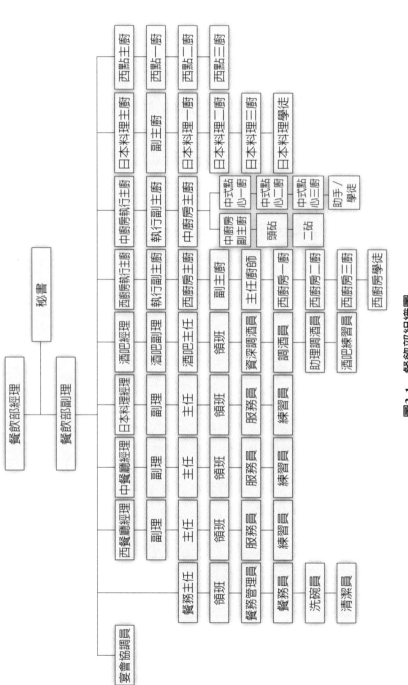

圖3-1 餐飲部組織圖

二、工作說明

　　組織架構圖是為明瞭整個部門的組織及主管與從屬間的關係。至於部門內各相關人員的工作內容，擬以工作說明列表表示，其內容包括：職稱、部門、職階、員額、上級主管、下屬人員、工作時數、休假、性別、年齡、教育程度、專業、工作經驗、工作能力、性格／儀表、體型、工作關係、晉升關係、主要職掌等各項。茲將餐飲部之工作說明詳列如**表3-1**至**表3-42**，以提供實務操作時之參考，如研擬個案時應依實際操作時的需要，適度加以調整。

表3-1　餐飲部經理工作說明

職　　稱 Job Title	餐飲部經理	部　　門 Department	餐飲部
職　　階 Job Level	A級管理人員	員　　額 Manning	1
上級主管 Report to	總經理	下屬人員 Supervises	餐飲部所屬人員
工作時數 Hours	責任制	休　　假 Day Off	週日及國定假日輪休
性　　別 Sex	男	年　　齡 Age	30-45
教育程度 Education	大專觀光科系或旅館學校畢業		
專　　業 Knowledge	餐飲服務、烹調及設備，成本控制，菜單製作，餐廳、酒吧及廚房之安排，庫存控制，預算編制，銷售技巧		
工作經驗 Experience	五年以上餐飲部主管或副主管		
工作能力 Ability	製作新菜單，安排美食節，控制人力，控制成本及庫存，制定工作程序及職掌，訓練督導員工，英文說寫流利		
性格／儀表 Personality / Appearance	具高度服務熱忱、端莊穩重、積極主動		
體　　型 Physique	正常體位		
工作關係 Interaction	採購部、成本控制、業務部、人資部		
晉升關係 Advancement	副總經理		
主要職掌 Responsibilities	製作新菜單及定價，維持及提升餐飲服務水準，控制餐飲及人力成本，分析營運結果並提出報告，從事市場調查，掌握市場動向和趨勢，編制部門預算及制定部門營業目標		

旅館人力資源管理

表3-2　餐飲部副理工作說明

職　　稱 Job Title	餐飲部副理	部　　門 Department	餐飲部
職　　階 Job Level	B級管理人員	員　　額 Manning	1
上級主管 Report to	餐飲部經理	下屬人員 Supervises	餐飲部所屬人員
工作時數 Hours	責任制	休　　假 Day Off	週日及國定假日輪休
性　　別 Sex	男	年　　齡 Age	30-45
教育程度 Education	大專觀光科系或旅館學校畢業		
專　　業 Knowledge	餐飲服務、調理及訓練,成本控制,推銷技巧,人力安排和控制餐飲衛生		
工作經驗 Experience	三年以上餐廳經理		
工作能力 Ability	訓練、督導、激勵部屬,處理顧客意見和抱怨,控制餐飲成本,英文說寫流利		
性格／儀表 Personality / Appearance	具高度服務熱忱、端莊穩重、積極主動		
體　　型 Physique	正常體位		
工作關係 Interaction	採購部、成本控制、業務部、人資部		
晉升關係 Advancement	餐飲部經理		
主要職掌 Responsibilities	餐廳、酒吧及廚房人員之現場督導,協助餐飲部經理編制預算,控制成本及控制人力,安排餐飲部人員之工作班表,訓練餐飲部所屬人員		

表3-3　餐飲部秘書工作說明

職　　稱 Job Title	餐飲部秘書	部　　門 Department	餐飲部
職　　階 Job Level	事務人員	員　　額 Manning	1
上級主管 Report to	餐飲部經理	下屬人員 Supervises	
工作時數 Hours	正常班	休　　假 Day Off	週日及國定假日
性　　別 Sex	女	年　　齡 Age	25-35
教育程度 Education	大專畢業		
專　　業 Knowledge	文書處理，檔案管理		
工作經驗 Experience	秘書工作二年以上		
工作能力 Ability	英文打字每分鐘45字以上，使用個人電腦及文書處理套裝軟體，英文說寫流利		
性格／儀表 Personality / Appearance	端莊穩重、個性開朗、有耐性		
體　　型 Physique	正常體位		
工作關係 Interaction	餐飲部各相關單位		
晉升關係 Advancement	執行秘書		
主要職掌 Responsibilities	辦公室文件收發，客人接待，電話接聽，安排主管約會，檔案管理，文書處理，安排主管差旅，協助宴會協調員工作		

41

表3-4　餐飲部宴會協調員工作說明

職　　稱 Job Title	宴會協調員	部　　門 Department	餐飲部
職　　階 Job Level	事務人員	員　　額 Manning	1
上級主管 Report to	餐飲部經理	下屬人員 Supervises	
工作時數 Hours	正常班	休　　假 Day Off	週日及國定假日
性　　別 Sex	女	年　　齡 Age	25-35
教育程度 Education	大專畢業		
專　　業 Knowledge	旅館宴會廳及餐廳設施、容量、菜單、價格成本		
工作經驗 Experience	二年以上餐廳領班工作		
工作能力 Ability	接受客人訂席、發訂席通知、安排會議場地、推薦菜單、英文會話		
性格／儀表 Personality / Appearance	個性開朗、有服務熱忱、溫文有禮		
體　　型 Physique	正常體位		
工作關係 Interaction	客務部、業務部、餐飲部		
晉升關係 Advancement	業務協調主任		
主要職掌 Responsibilities	接受客人訂席，發訂席通知給有關部門，為客人安排會議場地，推薦菜單		

表3-5　餐飲部客房餐飲服務員工作說明

職　　稱 Job Title	客房餐飲服務員	部　　門 Department	餐飲部西餐廳
職　　階 Job Level	操作人員	員　　額 Manning	1
上級主管 Report to	西餐廳經理	下屬人員 Supervises	
工作時數 Hours	輪班制	休　　假 Day Off	週日及國定假日輪休
性　　別 Sex	男／女	年　　齡 Age	25-35
教育程度 Education	高中畢業		
專　　業 Knowledge	客房餐飲菜單，食物準備時間，客房餐飲服務程序		
工作經驗 Experience	西餐廳服務員一年以上		
工作能力 Ability	接受房客以電話訂餐，為客人推薦食物，送餐到客房，基本英文會話		
性格／儀表 Personality / Appearance	溫文有禮、有服務熱忱		
體　　型 Physique	正常體位		
工作關係 Interaction	客務部、房務部		
晉升關係 Advancement	領班		
主要職掌 Responsibilities	接受房客電話訂餐，開點菜單給廚房，開帳單給客人，送餐至客房		

表3-6　餐飲部西廚房主廚工作說明

職　　稱 Job Title	西廚房主廚	部　　門 Department	餐飲部
職　　階 Job Level	B級管理人員	員　　額 Manning	
上級主管 Report to	執行主廚	下屬人員 Supervises	西廚房所屬人員
工作時數 Hours	責任制	休　　假 Day Off	週日及國定假日輪休
性　　別 Sex	男	年　　齡 Age	30-40
教育程度 Education	餐旅學校		
專　　業 Knowledge	廚房各種器具的使用維護，食物成本的計算，食物材料需要量的計算及申購，食物及配料的烹調，廚房衛生管理		
工作經驗 Experience	旅館西式廚房各種工作十年以上及副主廚二年以上		
工作能力 Ability	訓練、督導、考核、指揮西廚房所屬人員工作，製作標準食譜，烹調技藝的示範，控制食物成本，制定工作程序和工作職掌，預估每日食品需求量		
性格／儀表 Personality / Appearance	主動、負責、端莊穩重		
體　　型 Physique	正常體位		
工作關係 Interaction	採購部、人資部、財務部（成控）		
晉升關係 Advancement	執行副主廚		
主要職掌 Responsibilities	訓練、督導、指導、考核西廚房所屬人員工作，食品需求量的計算及請購、請領，食物成本的控制，確保廚房的清潔衛生及生產過程的衛生安全，制定西廚房工作流程和職掌，新菜式的研究發展		

表3-7　餐飲部西廚房主任廚師工作說明

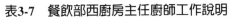

職　　稱 Job Title	西廚房主任廚師	部　　門 Department	餐飲部
職　　階 Job Level	督導人員	員　　額 Manning	
上級主管 Report to	執行主廚	下屬人員 Supervises	西廚房一廚、二廚、三廚及學徒
工作時數 Hours	輪班制	休　　假 Day Off	週日及國定假日輪休
性　　別 Sex	男	年　　齡 Age	28-35
教育程度 Education	高中畢業		
專　　業 Knowledge	廚房各種器具的使用維護，土司、熟肉的切片，食物成本的計算，食物材料需要量的計算及申購，食物及配料的烹調，廚房衛生管理		
工作經驗 Experience	七年以上西廚各種工作		
工作能力 Ability	訓練、督導、考核、指揮西廚房所屬人員工作，製作標準食譜，烹調技藝的示範，控制食物成本，正確儲存食物，計算食品需求量，並提出申請		
性格／儀表 Personality / Appearance	個性開朗、舉止端莊穩重		
體　　型 Physique	正常體位		
工作關係 Interaction	採購部、人資部、財務部（倉庫）		
晉升關係 Advancement	副主廚		
主要職掌 Responsibilities	訓練、督導、指揮、考核西廚房所屬人員工作，食品需求量的計算、申購及請領，食物成本的控制，確保廚房的清潔衛生及生產過程的衛生		

表3-8 餐飲部西廚房一廚工作說明

職　　稱 Job Title	西廚房一廚	部　　門 Department	餐飲部
職　　階 Job Level	督導人員	員　　額 Manning	
上級主管 Report to	主任廚師	下屬人員 Supervises	西廚房二廚、三廚及學徒
工作時數 Hours	輪班制	休　　假 Day Off	週日及國定假日輪休
性　　別 Sex	男	年　　齡 Age	30歲以下
教育程度 Education	高中畢業		
專　　業 Knowledge	西餐烹調、準備和烹調過程的安全和衛生，廚房用具設備的使用，食物份量控制，食物的擺飾		
工作經驗 Experience	五年以上西廚房工作		
工作能力 Ability	烹調菜單上的食物，督導、督察手下工作，保持工作區域及使用器具的整潔		
性格／儀表 Personality / Appearance	個性開朗、舉止端莊穩重		
體　　型 Physique	正常體位		
工作關係 Interaction	廚房人員		
晉升關係 Advancement	主任廚師		
主要職掌 Responsibilities	檢查廚房食物材料存量，不足時提出申請，訓練、督導、檢查手下工作，負責配料、湯、燒烤、切肉、魚冷盤和沙拉等工作，維持工作區域及使用器具的整潔，確保烹調過程的安全和衛生		

表3-9　餐飲部西廚房二廚工作說明

職　　稱 Job Title	西廚房二廚	部　　門 Department	餐飲部
職　　階 Job Level	作業人員	員　　額 Manning	
上級主管 Report to	西廚房一廚	下屬人員 Supervises	三廚及學徒
工作時數 Hours	輪班制	休　　假 Day Off	週日及國定假日輪休
性　　別 Sex	男	年　　齡 Age	28歲以下
教育程度 Education	國中畢業		
專　　業 Knowledge	西餐烹調、準備和烹調過程的安全和衛生，廚房用具設備的使用，食物份量控制，食物的擺飾		
工作經驗 Experience	三年以上西廚房工作		
工作能力 Ability	烹調食物，保持工作區域的整潔衛生，使用器具的整潔		
性格／儀表 Personality / Appearance	個性開朗、舉止端莊穩重		
體　　型 Physique	正常體位		
工作關係 Interaction	廚房人員		
晉升關係 Advancement	西廚房一廚		
主要職掌 Responsibilities	食物材料的清理、準備，製作配料、湯、燒烤、沙拉、冷盤等，食物的擺飾，維持工作區域的整潔，確保烹調過程的安全和衛生		

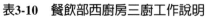

表3-10　餐飲部西廚房三廚工作說明

職　　稱 **Job Title**	西廚房三廚	部　　門 **Department**	餐飲部
職　　階 **Job Level**	作業人員	員　　額 **Manning**	
上級主管 **Report to**	西廚房二廚	下屬人員 **Supervises**	學徒
工作時數 **Hours**	輪班制	休　　假 **Day Off**	週日及國定假日輪休
性　　別 **Sex**	男	年　　齡 **Age**	25歲以下
教育程度 **Education**	國中畢業		
專　　業 **Knowledge**	西餐烹調、準備和烹調過程的安全和衛生，廚房用具設備的使用，食物份量控制，食物的擺飾		
工作經驗 **Experience**	一年以上西廚房工作		
工作能力 **Ability**	烹調食物，保持工作區域的整潔衛生		
性格／儀表 **Personality / Appearance**	個性開朗、舉止端莊穩重		
體　　型 **Physique**	正常體位		
工作關係 **Interaction**	廚房人員		
晉升關係 **Advancement**	西廚房二廚		
主要職掌 **Responsibilities**	食物材料的清理、準備，製作配料、湯、燒烤、沙拉、冷盤等，食物的擺飾，維持工作區域的整潔，確保烹調過程的安全和衛生		

表3-11　餐飲部西廚房學徒工作說明

職　　稱 Job Title	西廚房學徒	部　　門 Department	餐飲部
職　　階 Job Level	作業人員	員　　額 Manning	
上級主管 Report to	西廚房三廚	下屬人員 Supervises	
工作時數 Hours	輪班制	休　　假 Day Off	週日及國定假日輪休
性　　別 Sex	男	年　　齡 Age	25歲以下
教育程度 Education	國中畢業		
專　　業 Knowledge	廚房各種器具設備的使用清理，廚房各種器具材料的名稱，食物材料的準備清理		
工作經驗 Experience	無經驗可		
工作能力 Ability	清理、準備食物材料，清潔廚房用具和設備，維持廚房的整潔		
性格／儀表 Personality / Appearance	個性開朗、服從		
體　　型 Physique	正常體位		
工作關係 Interaction	廚房人員		
晉升關係 Advancement	西廚房三廚		
主要職掌 Responsibilities	準備廚師所需的各種用具和材料，清潔整理食物材料，清潔廚房所使用的器具、設備，維持工作區域的整潔，到驗收處或倉庫驗貨領料，將未用完的食物正確儲存以保持新鮮		

表3-12　餐飲部餐務主任工作說明

職　　稱 Job Title	餐務主任	部　　門 Department	餐飲部
職　　階 Job Level	B級管理人員	員　　額 Manning	1
上級主管 Report to	餐飲部經理	下屬人員 Supervises	餐務部所屬人員
工作時數 Hours	責任制	休　　假 Day Off	週日及國定假日輪休
性　　別 Sex	男	年　　齡 Age	30-45
教育程度 Education	大專畢業		
專　　業 Knowledge	各式餐具、刀叉的清潔保養，各種清潔劑的使用，餐具洗滌機的使用和保養，所屬人員的訓練督導		
工作經驗 Experience	餐務部五年以上		
工作能力 Ability	餐具及刀叉存量的管制，充分供應餐飲部營業所需的餐具及刀叉，督導所屬保持廚房之清潔衛生		
性格／儀表 Personality / Appearance	主動負責、好清潔		
體　　型 Physique	正常體位		
工作關係 Interaction	餐飲部各相關單位、人資部、財務部（成控）		
晉升關係 Advancement	餐飲部副理		
主要職掌 Responsibilities	會同財務部盤點餐具及刀叉存量，確保餐飲部所使用餐具的清潔衛生，確保廚房的清潔衛生，所屬人員的訓練督導及考核，餐具刀叉的請購		

表3-13　餐飲部餐務管理員工作說明

職　　稱 Job Title	餐務管理員	部　　門 Department	餐飲部餐務組
職　　階 Job Level	督導人員	員　　額 Manning	
上級主管 Report to	餐務主任	下屬人員 Supervises	餐務員、洗碗員、清潔員
工作時數 Hours	輪班制	休　　假 Day Off	週日及國定假日輪休
性　　別 Sex	男／女	年　　齡 Age	25-45
教育程度 Education	高中畢業		
專　　業 Knowledge	清潔劑的使用，清潔機的使用和保養		
工作經驗 Experience	餐務部洗碗員或清潔員二年以上		
工作能力 Ability	督導、訓練、考核洗碗員和清潔員，記錄清潔劑的使用量及器皿破損率，餐具器皿的儲存和請購		
性格／儀表 Personality / Appearance	主動負責		
體　　型 Physique	正常體位		
工作關係 Interaction	餐飲部各廚房人員、財務部		
晉升關係 Advancement	餐務領班		
主要職掌 Responsibilities	訓練、督導、考核洗碗員和清潔員，記錄清潔劑的使用量及器皿的破損率，餐具和器皿的儲存和請購，清潔機具的保養，廚房及工作區域整潔的確保		

表3-14　餐飲部餐務洗碗員工作說明

職　　稱 Job Title	洗碗員	部　　門 Department	餐飲部餐務組
職　　階 Job Level	操作人員	員　　額 Manning	
上級主管 Report to	餐務部主任	下屬人員 Supervises	清潔員
工作時數 Hours	輪班制	休　　假 Day Off	週日及國定假日輪休
性　　別 Sex	女	年　　齡 Age	18-45
教育程度 Education	國小畢業		
專　　業 Knowledge	洗滌機的操作，清潔劑的使用		
工作經驗 Experience	無經驗可		
工作能力 Ability	洗淨刀叉碗盤器皿，清潔地板，收集垃圾		
性格／儀表 Personality / Appearance	體健耐勞		
體　　型 Physique	正常體位		
工作關係 Interaction	餐飲部各廚房人員		
晉升關係 Advancement	餐務管理員		
主要職掌 Responsibilities	洗淨刀叉、杯、盤、器皿，清潔廚房和收集廚房垃圾，收集空瓶銀器和銅器打光		

表3-15　餐飲部餐務清潔員工作說明

職　　稱 Job Title	清潔員	部　　門 Department	餐飲部餐務組
職　　階 Job Level	操作人員	員　　額 Manning	
上級主管 Report to	餐務部主任	下屬人員 Supervises	
工作時數 Hours	輪班制	休　　假 Day Off	週日及國定假日輪休
性　　別 Sex	男	年　　齡 Age	18-45
教育程度 Education	國小畢業		
專　　業 Knowledge	清潔劑的使用，吸塵器、打蠟機的操作		
工作經驗 Experience	無經驗可		
工作能力 Ability	使用清潔劑和吸塵器、打蠟機等清潔機具清潔廚房及餐飲部公共區域地板		
性格／儀表 Personality / Appearance	體健耐勞		
體　　型 Physique	正常體位，能負重		
工作關係 Interaction	餐飲部各餐廳、廚房人員		
晉升關係 Advancement	餐務管理員		
主要職掌 Responsibilities	清潔廚房及餐飲部公共區域，收集搬運餐廳及廚房垃圾至垃圾間，垃圾車來時，將垃圾搬上車，搬運、收集和整理空瓶		

表3-16　餐飲部酒吧經理工作說明

職　稱 Job Title	酒吧經理	部　門 Department	餐飲部
職　階 Job Level	B級管理人員	員　額 Manning	1
上級主管 Report to	餐飲部經理	下屬人員 Supervises	飲務部所屬人員
工作時數 Hours	責任制	休　假 Day Off	週日及國定假日輪休
性　別 Sex	男	年　齡 Age	30-45
教育程度 Education	大專觀光科系畢業		
專　業 Knowledge	對酒、雞尾酒、葡萄酒、果汁的準備及服務有豐富的知識，酒類知識，酒吧人員的訓練督導		
工作經驗 Experience	擔任酒吧副理或領班三年以上		
工作能力 Ability	訓練督導飲務部人員依公司要求，有效的提供服務給客人，英文會話		
性格／儀表 Personality / Appearance	具高度服務熱忱、端莊穩重、積極主動		
體　型 Physique	正常體位		
工作關係 Interaction	採購部、財務部（成控）、人資部		
晉升關係 Advancement	餐飲部經理		
主要職掌 Responsibilities	飲務部服務人員之工作分派，工作班表之安排，飲務部人員之訓練、督導、考核，飲務部清潔及衛生之確保，業績之提升，成本之控制，顧客抱怨及意見之處理，酒單及飲料之推陳出新		

表3-17　餐飲部酒吧調酒員工作說明

職　　稱 Job Title	調酒員	部　　門 Department	餐飲部
職　　階 Job Level	操作人員	員　　額 Manning	
上級主管 Report to	酒吧主任	下屬人員 Supervises	助理調酒員、酒吧練習員
工作時數 Hours	輪班制	休　　假 Day Off	週日及國定假日輪休
性　　別 Sex	男／女	年　　齡 Age	20-35
教育程度 Education	高中畢業		
專　　業 Knowledge	酒和飲料的調製，杯具的使用，酒和飲料的服務，訓練督導助理調酒員		
工作經驗 Experience	助理調酒員二年以上		
工作能力 Ability	調製混合酒和飲料，酒類飲料及備品的存量控制及適當儲存，酒吧設備器具的維護，英文會話		
性格／儀表 Personality / Appearance	具高度服務熱忱、主動負責、個性開朗		
體　　型 Physique	正常體位，身高男165公分以上，女158公分以上		
工作關係 Interaction	財務部（倉庫）		
晉升關係 Advancement	酒吧主任		
主要職掌 Responsibilities	調製酒和飲料，並提供服務，酒、飲料和備品的請購、請領、儲存及存量控制，助理調酒員的訓練、督導，酒吧設備器具的維護，酒吧區域的整潔維護，顧客關係的建立維持		

表3-18　餐飲部酒吧助理調酒員工作說明

職　　稱 Job Title	助理調酒員	部　　門 Department	餐飲部
職　　階 Job Level	操作人員	員　　額 Manning	
上級主管 Report to	酒吧主任	下屬人員 Supervises	酒吧練習員
工作時數 Hours	輪班制	休　　假 Day Off	週日及國定假日輪休
性　　別 Sex	男／女	年　　齡 Age	18-30
教育程度 Education	高中畢業		
專　　業 Knowledge	酒、飲料、混合酒製作的基本概念，杯具的使用，酒吧設備的使用		
工作經驗 Experience	酒吧練習員半年以上		
工作能力 Ability	一般酒、飲料、混合酒的製作和服務		
性格／儀表 Personality / Appearance	個性開朗、有服務熱忱		
體　　型 Physique	正常體位，身高男165公分以上，女158公分以上		
工作關係 Interaction	酒吧服務人員		
晉升關係 Advancement	調酒員		
主要職掌 Responsibilities	在調酒員的督導下調製酒及飲料並提供服務給客人，吧檯酒吧桌椅和地面的整潔維護，杯具的清洗		

表3-19　餐飲部酒吧練習員工作說明

職　　稱 Job Title	酒吧練習員	部　　門 Department	餐飲部
職　　階 Job Level	操作人員	員　　額 Manning	
上級主管 Report to	酒吧主任	下屬人員 Supervises	
工作時數 Hours	輪班制	休　　假 Day Off	週日及國定假日輪休
性　　別 Sex	男／女	年　　齡 Age	18-25
教育程度 Education	國中畢業		
專　　業 Knowledge	酒單的認識，杯具的認識，桌子的擺設		
工作經驗 Experience	無經驗可		
工作能力 Ability	清理桌面		
性格／儀表 Personality / Appearance	溫文有禮		
體　　型 Physique	正常體位，身高男165公分以上，女158公分以上		
工作關係 Interaction	酒吧服務人員		
晉升關係 Advancement	助理調酒員		
主要職掌 Responsibilities	清理桌椅和吧檯，清洗杯具及打光，到倉庫領貨和備品，將製作好的飲料或酒送到客人桌上		

表3-20　餐飲部西餐廳經理工作說明

職　　稱 Job Title	西餐廳經理	部　　門 Department	餐飲部
職　　階 Job Level	B級管理人員	員　　額 Manning	1
上級主管 Report to	餐飲部經理	下屬人員 Supervises	西餐廳所屬人員
工作時數 Hours	責任制	休　　假 Day Off	週日及國定假日輪休
性　　別 Sex	男	年　　齡 Age	30-45
教育程度 Education	大專觀光科系畢業		
專　　業 Knowledge	西餐菜式、洋酒、葡萄酒、飲料、西餐服務及調理的豐富知識，人員訓練督導，成本控制，產品推銷		
工作經驗 Experience	西餐廳副理二年以上		
工作能力 Ability	訓練督導所屬人員依公司要求，有效的提供服務給客人，英文會話		
性格／儀表 Personality / Appearance	具高度服務熱忱、端莊穩重、積極主動		
體　　型 Physique	正常體位		
工作關係 Interaction	房務部、客務部、人資部、業務部		
晉升關係 Advancement	餐飲部副理		
主要職掌 Responsibilities	服務人員之工作分派，工作班表之安排，人員之訓練，督導及考核，餐廳設備之維護，備品存量之控制，餐廳服務及清潔衛生之確保，業績之提升，成本之控制，顧客抱怨及意見之處理，菜單及菜式之推陳出新		

表3-21　餐飲部中餐廳經理工作說明

職　　稱 Job Title	中餐廳經理	部　　門 Department	餐飲部
職　　階 Job Level	B級管理人員	員　　額 Manning	1
上級主管 Report to	餐飲部經理	下屬人員 Supervises	中餐廳所屬人員
工作時數 Hours	責任制	休　　假 Day Off	週日及國定假日輪休
性　　別 Sex	男／女	年　　齡 Age	30-45
教育程度 Education	大專觀光科系畢業		
專　　業 Knowledge	粵菜菜式及各類酒、飲酒之服務，服務人員之訓練督導，成本控制，產品推銷		
工作經驗 Experience	粵餐廳副理二年以上		
工作能力 Ability	訓練督導所屬人員依公司要求，有效的提供服務給客人，英文會話		
性格／儀表 Personality / Appearance	具高度服務熱忱、端莊穩重、積極主動		
體　　型 Physique	正常體位		
工作關係 Interaction	業務部、人資部、財務部（成控／出納）		
晉升關係 Advancement	餐飲部副理		
主要職掌 Responsibilities	服務人員之工作分派，工作班表之安排，人員之訓練、督導及考核，餐廳設備之維護，備品存量之控制，餐廳服務及清潔衛生之確保，業績之提升，成本之控制，顧客抱怨及意見之處理，新菜單之設計		

表3-22　餐飲部中／西餐廳副理工作說明

職　　稱 Job Title	副理	部　　門 Department	餐飲部
職　　階 Job Level	督導人員	員　　額 Manning	
上級主管 Report to	餐廳經理	下屬人員 Supervises	主任、領班、服務員、練習員
工作時數 Hours	輪班制	休　　假 Day Off	週日及國定假日輪休
性　　別 Sex	男／女	年　　齡 Age	25-35
教育程度 Education	高中畢業		
專　　業 Knowledge	菜單上食物和飲料及酒單上之酒的內容、口味、特色及服務，餐具的使用和服務人員之訓練		
工作經驗 Experience	領班二年以上		
工作能力 Ability	餐廳服務用備品及餐具存量的控制，向客人介紹菜單、酒單，推薦菜式，接受客人點餐，督導訓練領班、服務員及練習員，英文或日文會話		
性格／儀表 Personality / Appearance	有服務熱忱、積極主動負責、端莊穩重		
體　　型 Physique	正常體位		
工作關係 Interaction	業務部、人資部、財務部（成控／出納）		
晉升關係 Advancement	餐廳經理		
主要職掌 Responsibilities	訓練、督導、指揮，考核領班、服務員及練習員工作。向客人介紹，推銷菜單、酒單及推薦菜式，接受客人點餐，並分發點菜單給廚師及出納，維持餐廳服務所需備品，餐具之適當存量，維持餐廳的整潔，提供顧客餐飲服務，處理顧客抱怨和意見		

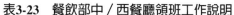

表3-23　餐飲部中／西餐廳領班工作說明

職　　稱 Job Title	領班	部　　門 Department	餐飲部
職　　階 Job Level	督導人員	員　　額 Manning	
上級主管 Report to	餐廳經理	下屬人員 Supervises	服務員、練習員
工作時數 Hours	輪班制	休　　假 Day Off	週日及國定假日輪休
性　　別 Sex	男／女	年　　齡 Age	22-35
教育程度 Education	高中畢業		
專　　業 Knowledge	菜單上食物和飲料及酒單上之酒的內容、口味、特色及服務，餐具的擺設		
工作經驗 Experience	服務員二年以上		
工作能力 Ability	維持餐廳服務所需備品，餐具的適當存量，向客人介紹菜單、酒單，推薦菜式，接受客人點餐，並將點菜單發給廚師及出納，督導訓練服務員及練習員，英文或日文會話		
性格／儀表 Personality / Appearance	有服務熱忱、主動負責		
體　　型 Physique	正常體位，身高男165公分以上，女158公分以上		
工作關係 Interaction	財務部（出納）、人資部		
晉升關係 Advancement	主任		
主要職掌 Responsibilities	訓練、督導服務員及練習員工作，向客人介紹推銷菜單、酒單及推薦菜式，接受客人點餐，並分發點菜單給廚師及出納，維持餐廳服務所需備品，餐具之適當存量，維持餐廳的整潔，提供顧客餐飲服務		

表3-24　餐飲部中／西餐廳服務員工作說明

職　　稱 **Job Title**	服務員	部　　門 **Department**	餐飲部
職　　階 **Job Level**	操作人員	員　　額 **Manning**	
上級主管 **Report to**	餐廳經理	下屬人員 **Supervises**	
工作時數 **Hours**	輪班制	休　　假 **Day Off**	週日及國定假日輪休
性　　別 **Sex**	男／女	年　　齡 **Age**	18-30
教育程度 **Education**	高中畢業		
專　　業 **Knowledge**	一般中、西餐及各類酒的服務，餐桌及餐具的擺設，菜單及酒單內容的認識，餐具的使用		
工作經驗 **Experience**	練習員六個月以上		
工作能力 **Ability**	餐桌及餐具的擺設，維持工作區域的整潔，維持工作站餐具及備品之適當存量，接受客人點餐		
性格／儀表 **Personality / Appearance**	溫文有禮、具服務熱忱		
體　　型 **Physique**	正常體位，身高男165公分以上，女158公分以上		
工作關係 **Interaction**	財務部（出納）		
晉升關係 **Advancement**	領班		
主要職掌 **Responsibilities**	擺設餐桌，接受客人點餐，提供客人餐飲服務，維持服務區域及工作站的清潔		

表3-25　餐飲部中／西餐廳練習員工作說明

職　　稱 Job Title	練習員	部　　門 Department	餐飲部
職　　階 Job Level	操作人員	員　　額 Manning	
上級主管 Report to	餐廳經理	下屬人員 Supervises	
工作時數 Hours	輪班制	休　　假 Day Off	週日及國定假日輪休
性　　別 Sex	男／女	年　　齡 Age	16-22
教育程度 Education	高中畢業		
專　　業 Knowledge	餐飲服務程序，菜單及飲料的認識，餐點的擺設，餐具的使用		
工作經驗 Experience	無經驗可		
工作能力 Ability	清理餐桌及擺設餐桌，將食物或飲料從廚房送到餐廳，為顧客送茶水、咖啡、麵包和奶油		
性格／儀表 Personality / Appearance	溫文有禮、有服務熱忱		
體　　型 Physique	正常體位，身高男165公分以上，女158公分以上		
工作關係 Interaction	餐廳服務人員		
晉升關係 Advancement	服務員		
主要職掌 Responsibilities	將食物或飲料從廚房送到餐廳，清理及擺設餐桌，收拾使用過的餐具備品至廚房，為客人送茶水、咖啡、麵包和奶油		

表3-26　餐飲部執行主廚／副主廚工作說明

職　稱 Job Title	執行主廚／副主廚	部　門 Department	餐飲部
職　階 Job Level	B級管理人員	員　額 Manning	1
上級主管 Report to	餐飲部經理	下屬人員 Supervises	廚房所屬人員
工作時數 Hours	責任制	休　假 Day Off	週日及國定假日輪休
性　別 Sex	男	年　齡 Age	35-45
教育程度 Education	旅館學校畢業或高中畢業		
專　業 Knowledge	菜單的設計，食品及廚房用具的請購，食品用量和份量的控制，廚房人員的訓練督導及人力控制，廚房衛生管理		
工作經驗 Experience	國際觀光旅館執行副主廚二年以上		
工作能力 Ability	依營運況狀總預估廚房人力和食品需要，妥善安排人力和物資，訓練督導廚房人員，廚房設備的配置安排，英文說寫		
性格／儀表 Personality / Appearance	積極、主動、負責		
體　型 Physique	正常體位		
工作關係 Interaction	採購部、財務部、人資部		
晉升關係 Advancement	餐飲部副理		
主要職掌 Responsibilities	制定廚房政策，工作職掌，作業程序，製作菜單，食品用量和份量的控制，食品存量的控制，廚房人員的訓練、督導和考核，廚房人員的工作分配和工作班表的安排，填製食品請購單		

表3-27　餐飲部日本料理經理工作說明

職　稱 Job Title	日本料理經理	部　門 Department	餐飲部
職　階 Job Level	B級管理人員	員　額 Manning	1
上級主管 Report to	餐飲部經理	下屬人員 Supervises	日本料理餐廳及廚房人員
工作時數 Hours	責任制	休　假 Day Off	週日及國定假日輪休
性　別 Sex	男	年　齡 Age	30-45
教育程度 Education	大專觀光科系畢業		
專　業 Knowledge	日本料理之調理及服務，餐廳及廚房人員之訓練、督導，成本之控制，餐飲推銷		
工作經驗 Experience	日本料理廚房十年以上，餐廳服務二年以上		
工作能力 Ability	訓練督導餐廳及廚房人員依公司要求，有效的提供服務給客人，日文會話		
性格／儀表 Personality / Appearance	具高度服務熱忱、端莊穩重、積極主動		
體　型 Physique	正常體位		
工作關係 Interaction	採購部、人資部、財務部（成控）		
晉升關係 Advancement	餐飲部副理		
主要職掌 Responsibilities	服務人員及廚房人員之工作分派，工作班表之安排，日本料理屬下人員之訓練、督導、考核，餐廳及廚房設備之維護，餐廳清潔衛生之確保，業績之提升，成本之控制，顧客抱怨及意見之處理，菜單及菜式之推陳出新		

表3-28　餐飲部日本料理一廚工作說明

職　　稱 Job Title	日本料理一廚	部　　門 Department	餐飲部
職　　階 Job Level	督導人員	員　　額 Manning	1
上級主管 Report to	日本料理主廚	下屬人員 Supervises	日本料理二廚、三廚及學徒
工作時數 Hours	輪班制	休　　假 Day Off	輪休
性　　別 Sex	男	年　　齡 Age	25-32
教育程度 Education	國中畢業		
專　　業 Knowledge	日本料理烹調製作，廚房衛生管理		
工作經驗 Experience	日本料理工作五年以上		
工作能力 Ability	烹調製作日本料理		
性格／儀表 Personality / Appearance	端莊穩重、個性開朗		
體　　型 Physique	正常體位		
工作關係 Interaction	餐廳服務人員		
晉升關係 Advancement	日本料理副主廚		
主要職掌 Responsibilities	烹調製作日本料理，準備製作日本料理所需的材料，保持工作區域的整潔、衛生，確保食物的新鮮衛生		

表3-29　餐飲部日本料理二廚工作說明

職　　稱 **Job Title**	日本料理二廚	部　　門 **Department**	餐飲部
職　　階 **Job Level**	作業人員	員　　額 **Manning**	
上級主管 **Report to**	日本料理一廚	下屬人員 **Supervises**	三廚及學徒
工作時數 **Hours**	輪班制	休　　假 **Day Off**	輪休
性　　別 **Sex**	男	年　　齡 **Age**	28歲以下
教育程度 **Education**	國中畢業		
專　　業 **Knowledge**	日本料理烹調，廚房衛生管理		
工作經驗 **Experience**	日本料理工作三年以上		
工作能力 **Ability**	日本料理材料的準備、份量控制及烹調，廚房用具設備的使用		
性格／儀表 **Personality /** **Appearance**	端莊穩重、個性開朗		
體　　型 **Physique**	正常體位		
工作關係 **Interaction**	餐廳服務人員		
晉升關係 **Advancement**	日本料理一廚		
主要職掌 **Responsibilities**	烹調日本料理，準備日本料理材料，控制日本料理材料份量，維持工作區域的整潔		

表3-30　餐飲部日本料理三廚工作說明

職　　稱 Job Title	日本料理三廚	部　　門 Department	餐飲部
職　　階 Job Level	作業人員	員　　額 Manning	
上級主管 Report to	日本料理二廚	下屬人員 Supervises	學徒
工作時數 Hours	輪班制	休　　假 Day Off	輪休
性　　別 Sex	男	年　　齡 Age	28歲以下
教育程度 Education	國中畢業		
專　　業 Knowledge	日本料理烹調，廚房衛生管理		
工作經驗 Experience	日本料理工作一年以上		
工作能力 Ability	日本料理材料的準備、份量控制及烹調，廚房用具設備的使用		
性格／儀表 Personality / Appearance	個性開朗、儀態端莊穩重		
體　　型 Physique	正常體位		
工作關係 Interaction	廚房相關人員		
晉升關係 Advancement	日本料理二廚		
主要職掌 Responsibilities	烹調日本料理，準備日本料理材料，控制日本料理材料份量，維持工作區域的整潔		

表3-31　餐飲部日本料理學徒工作說明

職　　稱 Job Title	日本料理學徒	部　　門 Department	餐飲部
職　　階 Job Level	作業人員	員　　額 Manning	
上級主管 Report to	日本料理三廚	下屬人員 Supervises	
工作時數 Hours	責任制	休　　假 Day Off	輪休
性　　別 Sex	男	年　　齡 Age	23歲以下
教育程度 Education	國中畢業		
專　　業 Knowledge	廚房各種器具設備的使用清理，熟知廚房各種器具材料的名稱，食物材料的準備、清理		
工作經驗 Experience	無經驗可		
工作能力 Ability	清理、準備食物材料，清潔廚房用具和設備，維持廚房整潔		
性格／儀表 Personality / Appearance	個性開朗、服從		
體　　型 Physique	正常體位		
工作關係 Interaction	廚房相關人員、財務部（倉庫）		
晉升關係 Advancement	日本料理三廚		
主要職掌 Responsibilities	準備廚師所需的各種用具和材料，清潔、整理食物材料，清潔廚房所使用的廚具、設備，維持工作區域的整潔，到驗收處或倉庫驗貨領料，將未用完的食物正確儲存以保持新鮮		

表3-32　餐飲部中廚房主廚工作說明

職　　稱 Job Title	中廚房主廚	部　　門 Department	餐飲部
職　　階 Job Level	督導人員	員　　額 Manning	
上級主管 Report to	執行主廚	下屬人員 Supervises	中廚房所屬人員
工作時數 Hours	責任制	休　　假 Day Off	輪休
性　　別 Sex	男	年　　齡 Age	35-50
教育程度 Education	國中畢業		
專　　業 Knowledge	中廚房的作業流程，粵菜的烹調，廚房衛生管理，成本控制，庫存管理，廚房人員的管理，食物材料儲存		
工作經驗 Experience	粵式中廚房各種工作十五年以上		
工作能力 Ability	訓練、督導、指揮、考核中廚房所屬人員工作，製作粵菜食譜，預估每日食品材料需求量，控制廚房成本，制定部門工作職掌和工作流程		
性格／儀表 Personality / Appearance	個性開朗、端莊穩重、主動負責		
體　　型 Physique	正常體位		
工作關係 Interaction	採購部、財務部（成控）		
晉升關係 Advancement	執行副主廚		
主要職掌 Responsibilities	訓練、督導、指揮、考核中廚房所屬人員工作，食品需求量的計算及申購請領，食物成本的控制，確保廚房的清潔衛生及生產過程的衛生安全，制定中廚房工作流程和職掌，新菜式的研究發展		

表3-33　餐飲部中廚房中式點心一廚工作說明

職　　稱 Job Title	中式點心一廚	部　　門 Department	餐飲部
職　　階 Job Level	督導人員	員　　額 Manning	
上級主管 Report to	中廚房主廚	下屬人員 Supervises	點心二廚、三廚、助手／學徒
工作時數 Hours	輪班制	休　　假 Day Off	輪休
性　　別 Sex	男	年　　齡 Age	30-40
教育程度 Education	國中畢業		
專　　業 Knowledge	粵式點心的製作、準備和烹調過程的衛生和安全，廚房用具和設備的使用、清潔、保養，食品材料的控制，食物的擺飾		
工作經驗 Experience	中式點心工作八年以上		
工作能力 Ability	製作各種粵式點心，指導、督導屬下工作，保持工作區域及所使用器具和設備的整潔		
性格／儀表 Personality / Appearance	個性開朗、舉止端莊穩重		
體　　型 Physique	正常體位		
工作關係 Interaction	餐廳服務人員、廚房相關人員		
晉升關係 Advancement	中廚房主廚		
主要職掌 Responsibilities	檢查廚房食品材料存量，不足時提出申請，訓練、督導、檢查屬下工作，製作各種粵式點心，點心式樣的研究和推陳出新，維持工作區域及使用器具的整潔，確保烹調過程的安全和衛生		

表3-34　餐飲部中廚房中式點心二廚工作說明

職　　稱 Job Title	中式點心二廚	部　　門 Department	餐飲部
職　　階 Job Level	督導人員	員　　額 Manning	
上級主管 Report to	中式點心一廚	下屬人員 Supervises	點心三廚、助手／學徒
工作時數 Hours	輪班制	休　　假 Day Off	輪休
性　　別 Sex	男	年　　齡 Age	35歲以下
教育程度 Education	國中畢業		
專　　業 Knowledge	粵式點心的製作、準備和烹調過程的衛生和安全，廚房用具和設備的使用、清潔、保養，食品材料的控制，食物的擺飾		
工作經驗 Experience	中式點心工作五年以上		
工作能力 Ability	製作各種粵式點心，準備點心材料，食品材料用量的控制，保持工作區域及所使用器具和設備的整潔		
性格／儀表 Personality / Appearance	個性開朗、舉止端莊穩重		
體　　型 Physique	正常體位		
工作關係 Interaction	餐廳服務人員、廚房相關人員		
晉升關係 Advancement	中式點心一廚		
主要職掌 Responsibilities	準備點心材料，製作各種粵式點心，點心的擺飾，維持工作區域的整潔，確保烹調過程的衛生和安全，訓練、督導三廚		

表3-35　餐飲部中廚房中式點心三廚工作說明

職　　稱 Job Title	中式點心三廚	部　　門 Department	餐飲部
職　　階 Job Level	作業人員	員　　額 Manning	
上級主管 Report to	中式點心二廚	下屬人員 Supervises	助手／學徒
工作時數 Hours	輪班制	休　　假 Day Off	輪休
性　　別 Sex	男	年　　齡 Age	30歲以下
教育程度 Education	國中畢業		
專　　業 Knowledge	粵式點心的製作、準備和烹調過程的衛生和安全，廚房用具和設備的使用、清潔、保養		
工作經驗 Experience	中式點心三年以上		
工作能力 Ability	製作各種粵式點心，準備點心材料，保持工作區域及所使用器具和設備的整潔		
性格／儀表 Personality / Appearance	個性開朗、舉止端莊穩重		
體　　型 Physique	正常體位		
工作關係 Interaction	餐廳服務人員、廚房相關人員		
晉升關係 Advancement	中式點心二廚		
主要職掌 Responsibilities	準備點心材料，製作各種粵式點心，點心的擺飾，維持工作區域的整潔		

表3-36　餐飲部中廚房助手／學徒工作說明

職　　稱 Job Title	助手／學徒	部　　門 Department	餐飲部
職　　階 Job Level	作業人員	員　　額 Manning	
上級主管 Report to	主廚	下屬人員 Supervises	
工作時數 Hours	輪班制	休　　假 Day Off	輪休
性　　別 Sex	男	年　　齡 Age	30歲以下
教育程度 Education	國中畢業		
專　　業 Knowledge	廚房衛生常識，蔬菜肉類等食物材料的清理，粵菜烹調程序		
工作經驗 Experience	無經驗可		
工作能力 Ability	清理及準備烹調所需的食物材料		
性格／儀表 Personality / Appearance	個性開朗		
體　　型 Physique	正常體位		
工作關係 Interaction	廚房相關人員、財務部（倉庫）		
晉升關係 Advancement	中式點心三廚		
主要職掌 Responsibilities	清理及準備烹調所需的食物材料，清潔廚房各種器具、器皿、設備，依主管指示到倉庫或驗收處領料驗貨		

表3-37　餐飲部中廚房頭砧工作說明

職　　稱 Job Title	頭砧	部　　門 Department	餐飲部
職　　階 Job Level	督導人員	員　　額 Manning	
上級主管 Report to	中廚房主廚	下屬人員 Supervises	二砧、三砧
工作時數 Hours	輪班制	休　　假 Day Off	輪休
性　　別 Sex	男	年　　齡 Age	35歲以下
教育程度 Education	國中畢業		
專　　業 Knowledge	廚房衛生管理，各種肉類的切割、份量的控制，肉類之冷藏冷凍，肉類品質鑑定，粵菜菜單的內容和烹調流程		
工作經驗 Experience	中廚房砧板工作八年以上		
工作能力 Ability	依菜單需要正確切割肉材，完成烹調前準備工作，正確分割牛、豬、雞、魚等肉類利用率達到標準，鑑定肉類品質		
性格／儀表 Personality／Appearance	個性開朗、舉止穩重		
體　　型 Physique	正常體位		
工作關係 Interaction	廚房相關人員		
晉升關係 Advancement	中廚房副主廚		
主要職掌 Responsibilities	依菜單需要切割肉料，完成烹調前的準備工作，清理、分割各種肉材之使用，控制菜量的分配，正確的儲藏肉類，鑑定肉類品質，控制肉品庫存		

旅館 人力資源管理

表3-38　餐飲部中廚房二砧工作說明

職　　稱 Job Title	二砧	部　　門 Department	餐飲部
職　　階 Job Level	作業人員	員　　額 Manning	
上級主管 Report to	頭砧	下屬人員 Supervises	
工作時數 Hours	輪班制	休　　假 Day Off	輪休
性　　別 Sex	男	年　　齡 Age	30歲以下
教育程度 Education	國中畢業		
專　　業 Knowledge	廚房衛生管理，各種肉類的切割、份量的控制，肉類冷藏冷凍，肉類品質鑑定		
工作經驗 Experience	中廚房砧板工作五年以上		
工作能力 Ability	依菜單需要正確切割肉品，完成烹調前的準備工作，正確分割牛、豬、雞、魚等肉類利用率達到標準		
性格／儀表 Personality / Appearance	個性開朗、穩重		
體　　型 Physique	正常體位		
工作關係 Interaction	廚房相關人員		
晉升關係 Advancement	頭砧		
主要職掌 Responsibilities	依菜單需要切割肉材，完成烹調前的準備工作，清理、分割各種肉材之使用，控制菜量的分配，正確的儲藏肉類		

表3-39　餐飲部西點主廚工作說明

職　稱 Job Title	西點主廚	部　門 Department	餐飲部
職　階 Job Level	督導人員	員　額 Manning	1
上級主管 Report to	執行主廚	下屬人員 Supervises	西點房所有廚師
工作時數 Hours	輪班制	休　假 Day Off	週日及國定假日輪休
性　別 Sex	男	年　齡 Age	28-45
教育程度 Education	高中畢業		
專　業 Knowledge	廚房衛生管理，西式糕點製作，烤箱與冰箱等設備的操作、使用和維護		
工作經驗 Experience	八年以上西點製作經驗		
工作能力 Ability	安排部屬工作班表，分配工作，訓練督導部屬工作，製作標準食譜，西式糕點製作		
性格／儀表 Personality / Appearance	主動、負責、有創意		
體　型 Physique	正常體位		
工作關係 Interaction	採購部、財務部、人資部		
晉升關係 Advancement	執行副主廚		
主要職掌 Responsibilities	西式糕點、冰淇淋、巧克力的製作裝飾，點心廚師的訓練、督導、考核，製作標準食譜，糕點材料之請購，份量之控制，糕點材料和產品的正確儲存冷藏，廚房衛生的維護，廚師服裝儀容和個人衛生的檢查、督導		

表3-40　餐飲部西點一廚工作說明

職　稱 Job Title	西點一廚	部　門 Department	餐飲部
職　階 Job Level	督導人員	員　額 Manning	1
上級主管 Report to	西點主廚	下屬人員 Supervises	西點二廚、三廚
工作時數 Hours	輪班制	休　假 Day Off	週日及國定假日輪休
性　別 Sex	男	年　齡 Age	24-40
教育程度 Education	國中畢業		
專　業 Knowledge	各式西點、冰淇淋、巧克力之製作，烤箱、冰箱等西點廚房設備的使用與維護		
工作經驗 Experience	五年以上西點製作經驗		
工作能力 Ability	西式糕點製作，西點食譜的製作		
性格／儀表 Personality / Appearance	主動、負責		
體　型 Physique	正常體位		
工作關係 Interaction	廚房相關人員		
晉升關係 Advancement	西點副主廚		
主要職掌 Responsibilities	依西點主廚指示製作西點，協助主廚訓練與督導西點二廚、三廚，確保西點的製作與食譜及工作程序一致，降低材料耗損，維持工作場所及製造過程的衛生，正確的儲存冷藏西點材料和成品及半成品，維持西點材料的適當存量		

表3-41　餐飲部西點二廚工作說明

職　　稱 Job Title	西點二廚	部　　門 Department	餐飲部
職　　階 Job Level	操作人員	員　　額 Manning	
上級主管 Report to	西點主廚	下屬人員 Supervises	西點三廚
工作時數 Hours	輪班制	休　　假 Day Off	週日及國定假日輪休
性　　別 Sex	男	年　　齡 Age	23-35
教育程度 Education	國中畢業		
專　　業 Knowledge	各式西點、冰淇淋、巧克力之製作，烤箱、冰箱等設備的使用與維護，廚房衛生管理		
工作經驗 Experience	三年以上西點製作經驗		
工作能力 Ability	西式糕點製作		
性格／儀表 Personality / Appearance	主動、負責、敬業樂群		
體　　型 Physique	正常體位		
工作關係 Interaction	廚房相關人員		
晉升關係 Advancement	西點一廚		
主要職掌 Responsibilities	依西點主廚指示製作西點，並確保西點的製作符合食譜及工作程序要求，儘量降低材料耗損，並確保工作場所及製造過程的衛生，正確的儲存冷藏西點材料和成品、半成品		

表3-42 餐飲部西點三廚工作說明

職　　稱 **Job Title**	西點三廚	部　　門 **Department**	餐飲部
職　　階 **Job Level**	操作人員	員　　額 **Manning**	
上級主管 **Report to**	西點主廚	下屬人員 **Supervises**	
工作時數 **Hours**	輪班制	休　　假 **Day Off**	週日及國定假日輪休
性　　別 **Sex**	男	年　　齡 **Age**	23-35
教育程度 **Education**	國中畢業		
專　　業 **Knowledge**	各式西點、蛋糕、巧克力之製作，烤箱、冰箱等設備的使用		
工作經驗 **Experience**	二年以上西點製作經驗		
工作能力 **Ability**	西式糕點製作		
性格／儀表 **Personality /** **Appearance**	主動、負責、敬業樂群		
體　　型 **Physique**	正常體位		
工作關係 **Interaction**	廚房相關人員		
晉升關係 **Advancement**	西點二廚		
主要職掌 **Responsibilities**	依西點主廚指示製作西點，並確保西點的製作符合食譜及工作程序要求，儘量降低材料耗損，並確保工作場所及製造過程的衛生		

第二節　客務部門組織與工作職能

客務部門相關人員之職務包括：經理、副理、前檯值勤經理、主任、櫃檯接待、櫃檯出納、訂房員、話務員、行李員、門衛、機場接待、駕駛員等。其職能為確保訂房系統網路之暢通、協助顧客事前規劃適切的住宿及旅遊計畫、適當處理顧客委託品，並迅速傳送顧客的信件、傳眞及留言，並隨時提供顧客訊息與意見給相關單位管理當局等。本節擬分組織架構及工作說明，分別加以詳述。

一、組織架構

客務部組織架構圖是將客務部最常見的組織架構，以樹狀圖來表示，吾人即可由組織圖中瞭解上司及下屬間的從屬關係。茲將客務部之組織架構圖詳示如圖3-2。

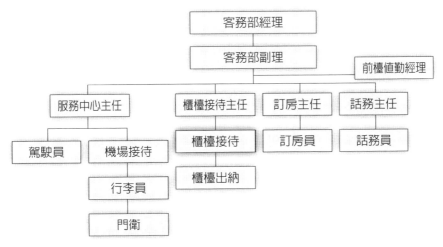

圖3-2　客務部組織圖

二、工作說明

　　組織架構圖是為明瞭整個部門的組織及主管與從屬間的關係。至
於部門內各相關人員的工作內容，擬以工作說明列表表示，其內容包
括：職稱、部門、職階、員額、上級主管、下屬人員、工作時數、休
假、性別、年齡、教育程度、專業、工作經驗、工作能力、性格、儀
表、體型、工作關係、晉升關係、主要職掌等各項。茲將客務部之工
作說明詳列如**表3-43**至**表3-57**，以提供實務操作時之參考，如研擬個案
時應依實際操作時的需要，適度加以調整。

表3-43　客務部經理工作說明

職　　稱 Job Title	客務部經理	部　　門 Department	客務部
職　　階 Job Level	A級管理人員	員　　額 Manning	1
上級主管 Report to	副總經理	下屬人員 Supervises	客務部所屬人員
工作時數 Hours	輪班制	休　　假 Day Off	週日及國定假日輪休
性　　別 Sex	男／女	年　　齡 Age	30-45
教育程度 Education	大專畢業，主修旅館相關科系或同等學經歷		
專　　業 Knowledge	前檯行政和作業程序，電腦基本概念，各種前檯報表的製作與使用		
工作經驗 Experience	同級旅館前檯經理一年以上或前檯副理二年以上，或次級旅館前檯經理二年以上		
工作能力 Ability	接待旅館客人，解決顧客抱怨，英日文說寫流利，操作前檯電腦系統		
性格／儀表 Personality / Appearance	儀表端正、個性開朗，樂於助人、積極主動		
體　　型 Physique	體位正常，可長時間（每日二、三小時）站立工作		
工作關係 Interaction	房務部、業務部、財務部、安全室、餐飲部、人資部、總經理辦公室		
晉升關係 Advancement	客房部經理		
主要職掌 Responsibilities	控制訂房和折扣，督導接待人員分配客房，制定前檯的作業程序，所屬人員的任用、訓練、督導與考核，各種有關前檯的資料記錄、存檔及整理，與相關部門如房務部、業務部及財務部溝通協調，製作住房預測、住客名單等報表，處理旅客各項疑難及抱怨事件，製作客務部作業流程、標準、政策及規定		

表3-44　客務部副理工作說明

職　　稱 Job Title	客務部副理	部　　門 Department	客務部
職　　階 Job Level	B級管理人員	員　　額 Manning	1
上級主管 Report to	客務部經理	下屬人員 Supervises	客務部所屬人員
工作時數 Hours	輪班制	休　　假 Day Off	週日及國定假日輪休
性　　別 Sex	男／女	年　　齡 Age	30-45
教育程度 Education	大專畢業，主修旅館相關科系或同等學經歷		
專　　業 Knowledge	前檯行政和作業程序，電腦基本概念，各種前檯資料之整理與使用		
工作經驗 Experience	同級旅館前檯副理一年以上或接待主任／櫃檯主任二年以上，或次級旅館前檯經理二年以上		
工作能力 Ability	溝通、協調、接待旅客、解決顧客抱怨，英日文說寫流利，操作前檯電腦系統		
性格／儀表 Personality / Appearance	儀表端正、個性開朗，樂於助人、積極主動		
體　　型 Physique	體位正常，可長時間（每日二、三小時）站立工作		
工作關係 Interaction	房務部、業務部、財務部、安全室、餐飲部、人資部、總經理辦公室		
晉升關係 Advancement	客務部經理		
主要職掌 Responsibilities	協助或代理客務部經理控制訂房和折扣，督導接待人員、櫃檯人員、服務中心人員、總機人員、訂房人員及調度室人員，各種有關前檯的資料記錄、存檔及整理報告，處理旅客各項疑難及抱怨事件，招待貴賓並抽查空房		

表3-45　客務部前檯值勤經理工作說明

職　　稱 Job Title	前檯值勤經理	部　　門 Department	客務部
職　　階 Job Level	B級管理人員	員　　額 Manning	1
上級主管 Report to	客務部經理	下屬人員 Supervises	值勤經理以下人員
工作時數 Hours	輪班制	休　　假 Day Off	週日及國定假日輪休
性　　別 Sex	男／女	年　　齡 Age	30-45
教育程度 Education	大專畢業		
專　　業 Knowledge	前檯作業流程，前檯電腦系統基本概念，各種前檯資料之整理與使用		
工作經驗 Experience	前檯各組主任二年以上		
工作能力 Ability	英文日文會話，督導所屬處理旅客抱怨及各種緊急事件，接待貴賓，操作前檯電腦系統，溝通協調		
性格／儀表 Personality / Appearance	主動負責、獨立、果斷、穩重、品貌端正		
體　　型 Physique	體位正常，男身高170公分以上，女身高160公分以上，可長時間（每日五小時以上）站立工作		
工作關係 Interaction	房務部、業務部、財務部、安全室		
晉升關係 Advancement	客務部副理		
主要職掌 Responsibilities	巡視旅館區域，確保旅館各服務單位正常運作，各項設施正常運作，並防止各種意外事件發生，處理旅客抱怨，處理各種緊急或意外事件，準備各式前檯報表、資料，招待貴賓並抽查空房		

表3-46　客務部櫃檯接待主任工作說明

職　　稱 Job Title	櫃檯接待主任	部　　門 Department	客務部接待組
職　　階 Job Level	督導人員	員　　額 Manning	1
上級主管 Report to	客務部經理	下屬人員 Supervises	櫃檯接待、櫃檯出納
工作時數 Hours	輪班制	休　　假 Day Off	週日及國定假日輪休
性　　別 Sex	男／女	年　　齡 Age	25-35
教育程度 Education	大專畢業，主修觀光相關科系或外文系		
專　　業 Knowledge	旅客住宿登記，旅客接待，旅客抱怨處理、電腦操作的基本概念		
工作經驗 Experience	二年以上接待經驗		
工作能力 Ability	督導、訓練所屬人員，與旅客之應對，英日文會話，旅客住房電腦系統之操作		
性格／儀表 Personality / Appearance	端莊大方、熱心、開朗、反應靈敏		
體　　型 Physique	體位正常，男身高170公分、女身高160公分以上，可長時間（每日五小時以上）站立工作		
工作關係 Interaction	房務部、櫃檯出納、業務部		
晉升關係 Advancement	客務部副理		
主要職掌 Responsibilities	訓練、督導、考核和協助接待人員工作，處理旅客抱怨，接待人員人力安排與工作班表之排定，與房務部核對房間狀況保持電腦資料之正確性，記錄保存接待組資料，並製作與接待組有關之報表供主管或相關部門使用，協助櫃檯詢問之各項工作		

表3-47　客務部櫃檯接待工作說明

職　稱 Job Title	櫃檯接待	部　門 Department	客務部接待組
職　階 Job Level	事務人員	員　額 Manning	4
上級主管 Report to	櫃檯接待主任	下屬人員 Supervises	
工作時數 Hours	輪班制	休　假 Day Off	週日及國定假日輪休
性　別 Sex	男／女	年　齡 Age	25-35
教育程度 Education	大專觀光或外文科系畢業		
專　業 Knowledge	旅館住宿登錄基本概念，電腦操作基本概念		
工作經驗 Experience	接待工作一年以上		
工作能力 Ability	英日文流利，電腦基本操作，中英文輸入		
性格／儀表 Personality / Appearance	開朗、愉快、反應敏銳、樂於助人、端莊謙和、有禮		
體　型 Physique	體位正常，男身高170公分以上，女身高160公分以上		
工作關係 Interaction	房務部、財務部、業務部、人資部		
晉升關係 Advancement	櫃檯接待主任		
主要職掌 Responsibilities	住客登錄、房間分配，與房務部核對客戶狀況，回答住客詢問，旅館設施介紹，客房銷售，房價輸入，協助櫃檯之日常工作，各項資料輸入電腦，VIP之接待工作		

表3-48 客務部檯櫃出納工作說明

職　　稱 Job Title	櫃檯出納	部　　門 Department	客務部接待組
職　　階 Job Level	事務人員	員　　額 Manning	2
上級主管 Report to	櫃檯接待主任	下屬人員 Supervises	
工作時數 Hours	輪班制	休　　假 Day Off	週日及國定假日輪休
性　　別 Sex	女	年　　齡 Age	22-35
教育程度 Education	大專畢業		
專　　業 Knowledge	櫃檯結帳作業程序、外幣兌換作業程序、信用卡作業、保險箱作業		
工作經驗 Experience	餐廳出納二年以上		
工作能力 Ability	使用電腦終端機和收銀機，英文或日文會話，辨別信用卡、支票及現金		
性格／儀表 Personality / Appearance	開朗、正直、謹慎、細心		
體　　型 Physique	體位正常，身高160公分以上		
工作關係 Interaction	客務部、房務部及餐飲部		
晉升關係 Advancement	櫃檯接待		
主要職掌 Responsibilities	正確記錄房帳，並及時輸入電腦，為客人結帳、收受房客兌換外幣及旅行支票，查驗客人使用之信用卡、支票及現金，處理客用保險箱工作		

表3-49 客務部服務中心主任工作說明

職　　稱 Job Title	服務中心主任	部　　門 Department	客務部服務中心
職　　階 Job Level	督導人員	員　　額 Manning	1
上級主管 Report to	客務部經理	下屬人員 Supervises	機場接待、門衛、行李員
工作時數 Hours	輪班制	休　　假 Day Off	週日及國定假日輪休
性　　別 Sex	男／女	年　　齡 Age	28-40
教育程度 Education	大專畢業		
專　　業 Knowledge	旅館內各項服務時間及價目，交通安排，旅館附近旅遊之建議及安排，操作電腦終端機之基本概念		
工作經驗 Experience	櫃檯員工作二年以上		
工作能力 Ability	英文、日文會話，督導及訓練所屬人員，提供服務中心詢問服務		
性格／儀表 Personality / Appearance	主動負責、謙和有禮、有服務熱忱、品貌端正		
體　　型 Physique	體位正常，男身高170公分以上，女身高160公分以上，可長時間（每日五小時以上）站立工作		
工作關係 Interaction	機場、車站、航空公司、郵局、租車公司、高鐵		
晉升關係 Advancement	前檯值勤經理		
主要職掌 Responsibilities	訓練、督導及考核所屬人員及協助所屬人員工作，安排服務中心人員工作，有效調度車輛及定期保養檢查車輛之正常運作		

表3-50 客務部行李員工作說明

職　　稱 Job Title	行李員	部　　門 Department	客務部服務中心
職　　階 Job Level	操作人員	員　　額 Manning	5
上級主管 Report to	服務中心主任	下屬人員 Supervises	
工作時數 Hours	輪班制	休　　假 Day Off	週日及國定假日輪休
性　　別 Sex	男 / 女	年　　齡 Age	16-35
教育程度 Education	高中畢業		
專　　業 Knowledge	旅館設施、各項服務內容及服務時間，周邊各項設施的位置		
工作經驗 Experience	無經驗可		
工作能力 Ability	簡單英日文應對，介紹旅館設施和服務，操作電梯和使用行李車，及自用小客車駕照		
性格 / 儀表 Personality / Appearance	有服務熱忱、敏捷勤勞、謙和有禮、品貌端正、個性開朗		
體　　型 Physique	體位正常，身高165公分以上，能負重，可長時間（每日五小時以上）站立工作		
工作關係 Interaction	房務部		
晉升關係 Advancement	機場接待		
主要職掌 Responsibilities	為進出旅館正門旅客開門，輸送旅客行李，指引旅客，引導旅客至客房，操作電梯，為住客簡介旅館，為住客遞送書報信件，協助門衛之日常工作，預約交通車及支援機場接待工作		

表3-51　客務部門衛工作說明

職　　稱 Job Title	門衛		部　　門 Department	客務部服務中心
職　　階 Job Level	操作人員		員　　額 Manning	2
上級主管 Report to	服務中心主任		下屬人員 Supervises	
工作時數 Hours	輪班制		休　　假 Day Off	週日及國定假日輪休
性　　別 Sex	男／女		年　　齡 Age	18-35
教育程度 Education	高中畢業			
專　　業 Knowledge	旅館設施、各項服務內容及服務時間，旅館周遭設備、交通			
工作經驗 Experience	無經驗可			
工作能力 Ability	簡單英日文應對，介紹旅館設施和服務，具自用小客車駕駛執照，可駕駛各型轎車			
性格／儀表 Personality / Appearance	有服務熱忱、敏捷勤勞、謙和有禮、品貌端正、個性開朗			
體　　型 Physique	體位正常，男身高170公分以上，女身高160公分以上，能負重，可長時間（每日五小時以上）站立工作			
工作關係 Interaction	行李員、櫃檯接待			
晉升關係 Advancement	機場接待			
主要職掌 Responsibilities	保持旅館門前車道暢通，代客停車，在門前迎接客人，為客人開車門、提行李、指引門前車輛，協助行李員之日常工作，並負責升、降旗			

表3-52 客務部機場接待工作說明

職　　稱 Job Title	機場接待	部　　門 Department	客務部服務中心
職　　階 Job Level	事務人員	員　　額 Manning	1
上級主管 Report to	服務中心主任	下屬人員 Supervises	
工作時數 Hours	輪班制	休　　假 Day Off	週日及國定假日輪休
性　　別 Sex	男／女	年　　齡 Age	22-35
教育程度 Education	大專畢業		
專　　業 Knowledge	機場、高鐵、台鐵票務，行李處理，交通安排		
工作經驗 Experience	無經驗可		
工作能力 Ability	英文、日文基本會話，可獨立作業		
性格／儀表 Personality / Appearance	自我約束、主動負責、有服務熱忱、品貌端正、個性開朗		
體　　型 Physique	體位正常，男身高170公分以上，女身高160公分以上		
工作關係 Interaction	機場及航空公司		
晉升關係 Advancement	服務中心主任		
主要職掌 Responsibilities	在機場接待上下飛機或火車站上下車的旅館旅客，並協助旅客解決在行李運送中遇到的問題，在機場歡送登機的旅館旅客，並協助旅客解決在行李或機位方面的問題，幫忙VIP代辦C／I手續及行李託運事務		

表3-53　客務部駕駛員工作說明

職　　稱 **Job Title**	駕駛員	部　　門 **Department**	客務部服務中心
職　　階 **Job Level**	操作人員	員　　額 **Manning**	2
上級主管 **Report to**	服務中心主任	下屬人員 **Supervises**	
工作時數 **Hours**	輪班制	休　　假 **Day Off**	週日及國定假日輪休
性　　別 **Sex**	男	年　　齡 **Age**	25-45
教育程度 **Education**	高中畢業		
專　　業 **Knowledge**	大巴士、中型巴士、轎車之駕駛、保養、調度		
工作經驗 **Experience**	三年以上職業大巴士駕駛		
工作能力 **Ability**	具職業大客車駕照		
性格／儀表 **Personality / Appearance**	沉著、穩重、整潔、有禮		
體　　型 **Physique**	體位正常，身高160公分以上，可擔當每日六小時以上長途駕駛		
工作關係 **Interaction**	財務部、總經理辦公室、人資部		
晉升關係 **Advancement**	服務中心行李員		
主要職掌 **Responsibilities**	定期保養檢查車輛使車輛能正常運作，依交通規則之有關條例駕駛車輛，在時限內安全運送人員或物品至指定地點，洗車工作，員工交通車之行駛，支援採購車之行駛，播放旅館介紹錄影帶或錄音帶		

表3-54 客務部話務主任工作說明

職 稱 Job Title	話務主任	部 門 Department	客務部話務組
職 階 Job Level	督導人員	員 額 Manning	1
上級主管 Report to	客務部經理	下屬人員 Supervises	話務員
工作時數 Hours	輪班制	休 假 Day Off	週日及國定假日輪休
性 別 Sex	女	年 齡 Age	25-40
教育程度 Education	專科畢業		
專 業 Knowledge	旅館前檯作業及旅館整體服務基本概念，交換機系統基本概念		
工作經驗 Experience	二年以上話務員經驗		
工作能力 Ability	英文日文會話，操作交換機，處理進出的長途及越洋電話		
性格／儀表 Personality / Appearance	態度親切有禮、有耐性、反應靈敏、主動負責		
體 型 Physique	可適應輪值大夜班工作，口齒清晰，聲音悅耳		
工作關係 Interaction	櫃檯接待、房務部、工程部、電腦室		
晉升關係 Advancement	客務部副理		
主要職掌 Responsibilities	督導、訓練、考核話務員工作，並協助話務員工作，話務員工作班表之安排，緊急事故廣播，支援訂房組之訂房工作		

表3-55 客務部話務員工作說明

職　　　稱 **Job Title**	話務員	部　　　門 **Department**	客務部話務組
職　　　階 **Job Level**	操作人員	員　　　額 **Manning**	3
上級主管 **Report to**	話務主任	下屬人員 **Supervises**	
工作時數 **Hours**	輪班制	休　　　假 **Day Off**	週日及國定假日輪休
性　　　別 **Sex**	女	年　　　齡 **Age**	25-35
教育程度 **Education**	高中畢業		
專　　　業 **Knowledge**	熟悉旅館整體服務內容及服務時間，操作交換機的基本知識		
工作經驗 **Experience**	無經驗可		
工作能力 **Ability**	英文日文會話，操作交換機		
性格／儀表 **Personality / Appearance**	態度親切有禮、有耐性、反應靈敏		
體　　　型 **Physique**	可適應輪值大夜班工作，口齒清晰，聲音悅耳		
工作關係 **Interaction**	櫃檯接待、房務部		
晉升關係 **Advancement**	話務主任		
主要職掌 **Responsibilities**	操作電話交換機設備，轉接撥進及撥出的電話及計算電話費用，為住客及員工收發電話傳真及計算傳真費用，提供電話留言喚醒，過濾及廣播的服務，支援訂房組接受訂房，負責日常之剪報工作並送交訓練部、總經理辦公室及各部門傳閱		

表3-56　客務部訂房主任工作說明

職　稱 Job Title	訂房主任	部　門 Department	客務部訂房組
職　階 Job Level	督導人員	員　額 Manning	1
上級主管 Report to	客務部經理	下屬人員 Supervises	訂房員
工作時數 Hours	輪班制	休　假 Day Off	週日及國定假日輪休
性　別 Sex	女	年　齡 Age	25-40
教育程度 Education	專科畢業		
專　業 Knowledge	旅館客房種類、房價、訂房政策及程序，餐飲及休閒服務內容及價格		
工作經驗 Experience	二年以上訂房工作		
工作能力 Ability	訂房之預測，可銷售房間之掌握及銷售，電腦終端機之操作，英日文會話		
性格／儀表 Personality / Appearance	反應靈敏、態度親切有禮、有耐心、主動負責		
體　型 Physique	口齒清晰、聲音悅耳		
工作關係 Interaction	業務部、餐飲部		
晉升關係 Advancement	客務部副理		
主要職掌 Responsibilities	訓練、督導、考核訂房員工作，並協助訂房員工作，記錄及分析各種訂房資料，提供建議給業務部、客務部及有關主管，有效的控制及銷售客房，協助總機之日常工作		

表3-57　客務部訂房員工作說明

職　　稱 Job Title	訂房員	部　　門 Department	客務部訂房組
職　　階 Job Level	事務人員	員　　額 Manning	2
上級主管 Report to	訂房主任	下屬人員 Supervises	
工作時數 Hours	輪班制	休　　假 Day Off	週日及國定假日輪休
性　　別 Sex	女	年　　齡 Age	25-35
教育程度 Education	高中畢業		
專　　業 Knowledge	旅館客房種類、房價、訂房政策及程序，餐飲及休閒服務內容及價格		
工作經驗 Experience	無經驗可		
工作能力 Ability	接受、更改、取消、確認訂房，操作電腦終端機，英日文會話		
性格／儀表 Personality / Appearance	反應靈敏、態度親切有禮、有耐心		
體　　型 Physique	口齒清晰、聲音悅耳		
工作關係 Interaction	業務部、餐飲部		
晉升關係 Advancement	訂房主任		
主要職掌 Responsibilities	接受、更改、取消、確認訂房及處理保證訂房，製作列印各式有關訂房之報表，代收訂房訂金，開立並郵寄收據，協助總機之日常工作		

第三節　育樂部門組織與工作職能

　　育樂部門相關人員之職務包括：活動經理、活動主任、活動指導員、救生員、櫃檯接待員、三溫暖管理員、護士等。主要是負責各項休閒活動之計畫、推廣、執行，以及各項休閒活動器材的維護管理；並且負責協力廠商及外界運動社團關係之建立、開發新的休閒活動項目、建立與落實泳池、三溫暖的管理等。本節擬分組織架構及工作說明，分別加以詳述。

一、組織架構

　　育樂部組織架構圖是將育樂部最常見的組織架構，以樹狀圖來表示，吾人即可由組織圖中瞭解上司及下屬間的從屬關係。茲將育樂部之組織架構圖詳示如**圖3-3**。

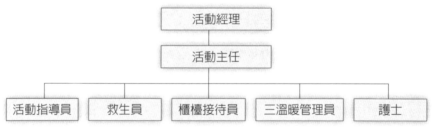

圖3-3　育樂部組織圖

二、工作說明

　　組織架構圖是為明瞭整個部門的組織及主管與從屬間的關係。至於部門內各相關人員的工作內容，擬以工作說明列表表示，其內容包括：職稱、部門、職階、員額、上級主管、下屬人員、工作時數、休假、性別、年齡、教育程度、專業、工作經驗、工作能力、性格、儀表、體型、工作關係、晉升關係、主要職掌等各項。茲將育樂部之工作說明詳列如**表3-58**至**表3-64**，以提供實務操作時之參考，如研擬個案時應依實際操作時的需要，適度加以調整。

表3-58　育樂部活動經理工作說明

職　　稱 Job Title	活動經理	部　　門 Department	育樂部
職　　階 Job Level	B級管理人員	員　　額 Manning	1
上級主管 Report to	副總經理	下屬人員 Supervises	育樂部所屬人員
工作時數 Hours	責任制	休　　假 Day Off	週日及國定假日輪休
性　　別 Sex	男／女	年　　齡 Age	30歲以上
教育程度 Education	大專畢業		
專　　業 Knowledge	游泳池管理、水上活動、各項活動之安排與教練，健身器材之使用與維護		
工作經驗 Experience	國內、外同級旅館相關工作三年以上		
工作能力 Ability	游泳能力、各項活動指導，緊急救護，通英、日語		
性格／儀表 Personality / Appearance	活潑、開朗、有親和力		
體　　型 Physique	正常體位，男身高170公分以上，女身高160公分以上		
工作關係 Interaction	業務部、客務部、財務部、安全室、工程部		
晉升關係 Advancement	客務部副理		
主要職掌 Responsibilities	育樂部作業程序之制定，協力廠商、外界運動社團關係之建立，泳池安全衛生之維護，育樂部人員之訓練、督導、考核與工作安排，旅館各項休閒活動之計畫推廣及執行		

表3-59　育樂部活動主任工作說明

職　　稱 Job Title	活動主任	部　　門 Department	育樂部
職　　階 Job Level	督導人員	員　　額 Manning	1
上級主管 Report to	活動經理	下屬人員 Supervises	育樂部所屬人員
工作時數 Hours	輪班制	休　　假 Day Off	週日及國定假日輪休
性　　別 Sex	男／女	年　　齡 Age	25-40
教育程度 Education	大專畢業		
專　　業 Knowledge	游泳池管理，水上活動、救生、健身器材之使用與維護		
工作經驗 Experience	活動企劃工作二年以上		
工作能力 Ability	游泳、射箭、高爾夫、網球、健身器材使用的教練，緊急救護，通英、日語		
性格／儀表 Personality / Appearance	活潑、開朗、有親和力		
體　　型 Physique	正常體位，男身高170公分以上，女身高158公分以上		
工作關係 Interaction	業務部、客務部、財務部、安全室、工程部		
晉升關係 Advancement	活動經理		
主要職掌 Responsibilities	育樂部作業程序之制定，育樂部人員之訓練、督導、考核及工作之安排，休閒活動之計畫推廣及執行，休閒設施及器材之維護管理，協助與廠商及外界運動社團關係之建立，泳池安全衛生及育樂部環境清潔之維護		

表3-60　育樂部活動指導員工作說明

職　　稱 Job Title	活動指導員	部　　門 Department	育樂部
職　　階 Job Level	操作人員	員　　額 Manning	1
上級主管 Report to	活動主任	下屬人員 Supervises	
工作時數 Hours	輪班制	休　　假 Day Off	週日及國定假日輪休
性　　別 Sex	男／女	年　　齡 Age	25-35
教育程度 Education	高中畢業		
專　　業 Knowledge	游泳池管理，各項活動之安排與教練		
工作經驗 Experience	教練相關工作二年以上		
工作能力 Ability	救生執照、緊急救護、休閒活動之安排與教練，略通英、日文會話		
性格／儀表 Personality / Appearance	活潑、開朗、有親和力		
體　　型 Physique	正常體位，男身高170公分以上，女身高160公分以上		
工作關係 Interaction	房務部、安全室、工程部		
晉升關係 Advancement	活動主任		
主要職掌 Responsibilities	各項休閒活動之安排與教練，確保泳客之安全，維持泳池內外之清潔，泳池設施及休閒運動設施之保養維護，泳池水質之量測與記錄，海灘巾提供，防止外客入池或池畔逗留，活動器材之維護與管理		

表3-61　育樂部救生員工作說明

職　　稱 Job Title	救生員	部　　門 Department	育樂部
職　　階 Job Level	操作人員	員　　額 Manning	2
上級主管 Report to	活動主任	下屬人員 Supervises	
工作時數 Hours	輪班制	休　　假 Day Off	週日及國定假日輪休
性　　別 Sex	男／女	年　　齡 Age	25-35
教育程度 Education	高中畢業		
專　　業 Knowledge	游泳池管理，水中活動、各項活動之教練		
工作經驗 Experience	救生員工作一年以上		
工作能力 Ability	救生執照、緊急救護、休閒活動之教練，略通英、日文會話		
性格／儀表 Personality / Appearance	活潑、開朗		
體　　型 Physique	正常體位，男身高170公分以上，女身高160公分以上		
工作關係 Interaction	房務部、安全室、工程部		
晉升關係 Advancement	活動指導員		
主要職掌 Responsibilities	確保泳客安全及防止外客使用泳池，泳池水質之檢查與記錄，維持泳池內外清潔，海灘巾之保管及客人借用之記錄，各項設施、器材及泳池設施之保養，協助辦理休閒活動		

表3-62　育樂部櫃檯接待員工作說明

職　　稱 Job Title	櫃檯接待員	部　　門 Department	育樂部
職　　階 Job Level	操作人員	員　　額 Manning	2
上級主管 Report to	活動主任	下屬人員 Supervises	
工作時數 Hours	輪班制	休　　假 Day Off	週日及國定假日輪休
性　　別 Sex	男／女	年　　齡 Age	22-30
教育程度 Education	高中畢業		
專　　業 Knowledge	旅館內及渡假地區休閒活動和各項設施之使用		
工作經驗 Experience	接待工作一年以上		
工作能力 Ability	休閒活動之介紹及安排，簡單英日會話		
性格／儀表 Personality / Appearance	活潑、開朗		
體　　型 Physique	正常體位，女身高160公分以上		
工作關係 Interaction	財務部、房務部、工程部		
晉升關係 Advancement	客務部櫃檯接待		
主要職掌 Responsibilities	介紹及安排旅館內及渡假地區之休閒活動，休閒活動器材之保管及客人借用之記錄，現金收入之保管、記錄、繳庫，育樂部環境整潔，協助護士處理房客及員工發生意外事故處理，接受場地預約或器材之租借		

表3-63　育樂部三溫暖管理員工作說明

職　　稱 Job Title	三溫暖管理員	部　　門 Department	育樂部
職　　階 Job Level	操作人員	員　　額 Manning	1
上級主管 Report to	活動主任	下屬人員 Supervises	
工作時數 Hours	輪班制	休　　假 Day Off	週日及國定假日輪休
性　　別 Sex	男	年　　齡 Age	20-40
教育程度 Education	高中畢業		
專　　業 Knowledge	三溫暖設備之操作		
工作經驗 Experience	三溫暖管理相關工作一年以上		
工作能力 Ability	操作三溫暖之設備		
性格／儀表 Personality / Appearance	親切、熱誠		
體　　型 Physique	正常體位，體健耐勞		
工作關係 Interaction	工程部、房務部		
晉升關係 Advancement	活動主任		
主要職掌 Responsibilities	三溫暖設備之操作與管理，三溫暖室整潔之維護，浴巾及備品之準備及送洗，協助櫃檯接待之工作，支援各項活動		

表3-64 育樂部護士工作說明

職　稱 Job Title	護士	部　門 Department	育樂部
職　階 Job Level	技術人員	員　額 Manning	1
上級主管 Report to	活動主任	下屬人員 Supervises	
工作時數 Hours	輪班制	休　假 Day Off	週日及國定假日輪休
性　別 Sex	女	年　齡 Age	22-45
教育程度 Education	護士學校畢業		
專　業 Knowledge	緊急救護，一般醫療		
工作經驗 Experience	醫院護理工作一年以上		
工作能力 Ability	心肺復甦術、救護常識		
性格／儀表 Personality / Appearance	耐心、細心、親切有禮		
體　型 Physique	正常體位		
工作關係 Interaction	客務部、房務部、醫院		
晉升關係 Advancement			
主要職掌 Responsibilities	協助客人和員工一般醫療和提供諮詢服務，處理客人和員工輕度外傷，協助救生員做心肺復甦術，保持醫療室整潔，協助櫃檯接待工作，旅館內各急救箱內藥品之管理與補充，急救訓練及醫療衛生之訓練		

第四節 房務部門組織與工作職能

　　房務部門相關人員之職務包括：經理、副理、主任、領班、房務服務員、清潔員、洗衣技術員、制服管理員等。其職能為負責客房清理、備品供應等服務，並對備品之供應及儲存作有效控管；並且隨時保持客房狀況之正確記錄，與櫃檯及客房樓層保持密切聯繫。此外，亦負責維持旅館建築內外區域的清潔維護、損壞請修或更新申請，並督導外包之清潔、除蟲、鮮花盆景公司達成委任合約的要求；對所有客衣、職工制服及各部門布品之供應、清洗整熨作有效控制等。本節擬分組織架構及工作說明，分別加以詳述。

一、組織架構

　　房務部組織架構圖是將房務部最常見的組織架構，以樹狀圖來表示，吾人即可由組織圖中瞭解上司及下屬間的從屬關係。茲將房務部之組織架構圖詳示如**圖3-4**。

二、工作說明

　　組織架構圖為明瞭整個部門的組織及主管與從屬間的關係。至於部門內各相關人員的工作內容，擬以工作說明列表表示，其內容包括：職稱、部門、職階、員額、上級主管、下屬人員、工作時數、休假、性別、年齡、教育程度、專業、工作經驗、工作能力、性格、儀表、體型、工作關係、晉升關係、主要職掌等各項。茲將房務部之工作說明詳列如**表3-65**至**表3-80**，以提供實務操作時之參考，如研擬個案

時應依實際操作時的需要，適度加以調整。

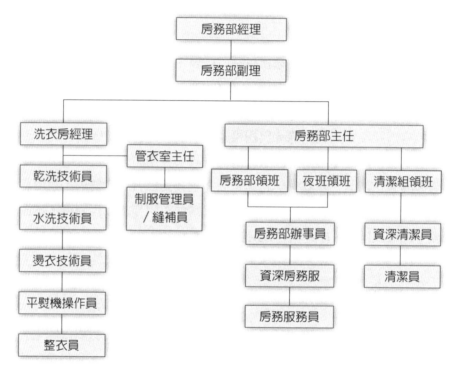

圖3-4　房務部組織圖

表3-65　房務部經理工作說明

職　　稱 Job Title	房務部經理	部　　門 Department	房務部
職　　階 Job Level	A級管理人員	員　　額 Manning	1
上級主管 Report to	客房部經理或副總經理	下屬人員 Supervises	房務部所屬人員
工作時數 Hours	每日九小時（含用餐時間）	休　　假 Day Off	週日及國定假日輪休
性　　別 Sex	男／女	年　　齡 Age	30-50
教育程度 Education	高中畢業以上		
專　　業 Knowledge	客務、餐飲及公共區域之家具、裝潢及員工制服、布品之清潔、保養與維護，部門預算之編制		
工作經驗 Experience	同級旅館房務部經理一年以上或副理二年以上經驗，或次級旅館房務部經理二年以上經驗		
工作能力 Ability	督導、激勵部屬、處理顧客意見和抱怨，控制餐飲成本，英文說寫流利		
性格／儀表 Personality / Appearance	忠誠、主動、盡責、關懷部屬、公正		
體　　型 Physique	正常體位，體健，每日三小時以上之行走或站立		
工作關係 Interaction	前檯、客房餐飲、人資部、工程部、安全室、採購部、財務部		
晉升關係 Advancement	客房部經理		
主要職掌 Responsibilities	督導部門員工達成客房及公共區域的日常清理及定期保養，布品制服及客衣之清潔及控制，部門計畫及預算之編制，人員之任用、訓練與考核，記錄之保存，報表之製作，部門制度及工作程序之制定		

表3-66　房務部副理工作說明

職　　　稱 Job Title	房務部副理	部　　　門 Department	房務部
職　　　階 Job Level	B級管理人員	員　　　額 Manning	1
上級主管 Report to	房務部經理	下屬人員 Supervises	房務部副理以下人員
工作時數 Hours	每日九小時（含用餐時間）	休　　　假 Day Off	週日及國定假日輪休
性　　　別 Sex	男／女	年　　　齡 Age	28-40
教育程度 Education	高中畢業以上		
專　　　業 Knowledge	房務部所負責區域之清理、保養工作程序及檢查標準和檢查方法		
工作經驗 Experience	同級旅館房務部副理一年以上或領班三年以上，或次級旅館房務部副理二年以上或領班四年以上		
工作能力 Ability	督導、訓練房務人員，工作之分配，人員之安排，英文、日文溝通		
性格／儀表 Personality / Appearance	忠誠、主動、盡責、關懷部屬、公正		
體　　　型 Physique	正常體位，體健，每日三小時以上之行走或站立		
工作關係 Interaction	前檯、客房餐飲、人資部、工程部、安全室、採購部、財務部		
晉升關係 Advancement	房務部經理		
主要職掌 Responsibilities	代理房務部經理，指揮及督導房務人員達成清理客房及公共區域的任務，合理的分配工作及有效的人力安排，洗衣房、布品間、辦事員之督導		

表3-67 房務部主任工作說明

職　　稱 Job Title	房務部主任	部　　門 Department	房務部
職　　階 Job Level	督導人員	員　　額 Manning	1
上級主管 Report to	房務部經理／或房務部副理	下屬人員 Supervises	房務部主任以下所屬人員
工作時數 Hours	每日九小時（含用餐時間）	休　　假 Day Off	週日及國定假日輪休
性　　別 Sex	男／女	年　　齡 Age	20-40
教育程度 Education	高中畢業		
專　　業 Knowledge	具備房務部所負責單位之清理與保養工作之流程檢查與監督		
工作經驗 Experience	同級旅館房務部主任一年以上或領班三年以上，次級旅館房務部主任二年以上或領班四年以上		
工作能力 Ability	督導、訓練房務人員，工作的分配指派，人力之安排，英、日文溝通		
性格／儀表 Personality / Appearance	端正、主動忠誠、盡責、具愛心、公正		
體　　型 Physique	體健，每日需三小時以上之行走或站立		
工作關係 Interaction	櫃檯、餐飲部、工程部、安全室、採購部、財務部		
晉升關係 Advancement	房務部副理		
主要職掌 Responsibilities	代理房務部副理工作，製作領班及房務員的班表，指揮及督導房務部人員達成清理客房及公共區域的任務，協調各領班有效分配人力與工作，與洗衣房經理協調達成交待之工作，安排房務部人員專業知識的訓練		

表3-68　房務部領班工作說明

職　　稱 Job Title	房務部領班	部　　門 Department	房務部
職　　階 Job Level	督導人員	員　　額 Manning	4
上級主管 Report to	房務部主任	下屬人員 Supervises	資深房務員／房務員
工作時數 Hours	每日九小時（含一小時用餐）輪班制	休　　假 Day Off	週日及國定假日輪休
性　　別 Sex	女	年　　齡 Age	25-40
教育程度 Education	高中畢業		
專　　業 Knowledge	清理客房的專業知識		
工作經驗 Experience	房務服務員二年以上經驗		
工作能力 Ability	與房客英、日文簡單應對，基礎英文之讀寫，有督導能力		
性格／儀表 Personality / Appearance	勤儉、端莊、有禮、主動負責		
體　　型 Physique	正常體位，體健耐勞，可長時間站立工作		
工作關係 Interaction	前檯、工程部、客房餐飲、安全室		
晉升關係 Advancement	房務部主任		
主要職掌 Responsibilities	督導指揮房務員之工作，檢查清理好的房間樓層，備品之管制，房務員之訓練，維持房務員之儀容標準和工作紀律，客房及客人財物之看管，與房務員溝通，疏導房務員情緒		

表3-69　房務部辦事員工作說明

職　稱 Job Title	房務部辦事員	部　門 Department	房務部
職　階 Job Level	事務人員	員　額 Manning	1
上級主管 Report to	房務部主任	下屬人員 Supervises	
工作時數 Hours	每日九小時（含用餐時間）	休　假 Day Off	週日及國定假日輪休
性　別 Sex	女	年　齡 Age	20-35
教育程度 Education	高中畢業		
專　業 Knowledge	電腦操作基本概念，檔案管理		
工作經驗 Experience	無經驗可		
工作能力 Ability	英、日文基本會話，英文打字，文書處理，電腦操作		
性格／儀表 Personality / Appearance	開朗、端莊、有禮		
體　型 Physique	正常體位		
工作關係 Interaction	前檯、工程部、客房餐飲		
晉升關係 Advancement	櫃檯接待員		
主要職掌 Responsibilities	操作電腦輸入電腦資料，準備電腦報表，主鑰匙（master key）的發放，VIP鮮花之安排，部門檔案管理，部門內對上及對下訊息的傳達，冰箱飲料和食品帳的電腦輸入		

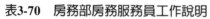

表3-70　房務部房務服務員工作說明

職　　稱 Job Title	房務服務員	部　　門 Department	房務部
職　　階 Job Level	操作人員	員　　額 Manning	25
上級主管 Report to	房務部領班	下屬人員 Supervises	
工作時數 Hours	每日九小時（含用餐時間）	休　　假 Day Off	週日及國定假日輪休
性　　別 Sex	男／女	年　　齡 Age	18-40
教育程度 Education	國中畢業		
專　　業 Knowledge	認識英文字		
工作經驗 Experience	無經驗可		
工作能力 Ability	清理客房		
性格／儀表 Personality / Appearance	個性開朗、勤儉耐勞、好整潔		
體　　型 Physique	正常體位，體健耐勞，可長時間站立工作		
工作關係 Interaction	前檯、工程部、客房餐飲		
晉升關係 Advancement	資深房務員、房務部辦事員		
主要職掌 Responsibilities	清潔及整理客房，看管客房內之財物及故障之報修		

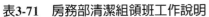

表3-71　房務部清潔組領班工作說明

職　　稱 Job Title	清潔組領班	部　　門 Department	房務部
職　　階 Job Level	督導人員	員　　額 Manning	2
上級主管 Report to	房務部主任	下屬人員 Supervises	清潔員
工作時數 Hours	每日九小時（含用餐時間）	休　　假 Day Off	週日及國定假日輪休
性　　別 Sex	男	年　　齡 Age	30-50
教育程度 Education	國中畢業		
專　　業 Knowledge	具備地板打蠟、清洗地毯、吸塵、清洗的專業知識，清潔劑、清潔機具使用的專業知識		
工作經驗 Experience	清潔員二年以上		
工作能力 Ability	具英、日語簡單應對及督導、溝通、協調的能力		
性格／儀表 Personality / Appearance	主動、負責、勤勞、好整潔		
體　　型 Physique	體健耐勞，能負重60公斤以上		
工作關係 Interaction	工程部		
晉升關係 Advancement	夜班領班		
主要職掌 Responsibilities	清潔組之工作分配、檢查、記錄、工作報表之排定，清潔機具備品之請領保管、分發，清潔員之訓練與工作之督導，清潔員工作情緒之疏導		

表3-72　房務部清潔員工作說明

職　稱 Job Title	清潔員	部　門 Department	房務部
職　階 Job Level	操作人員	員　額 Manning	10
上級主管 Report to	清潔組領班	下屬人員 Supervises	
工作時數 Hours	每日九小時（含用餐時間）	休　假 Day Off	週日及國定假日輪休
性　別 Sex	男／女	年　齡 Age	18-45
教育程度 Education	國中畢業		
專　業 Knowledge	清潔工作		
工作經驗 Experience	無經驗可		
工作能力 Ability	能操作使用各項清潔打蠟機具及洗劑		
性格／儀表 Personality / Appearance	勤勞、好整潔		
體　型 Physique	體健耐勞		
工作關係 Interaction	工程部		
晉升關係 Advancement	資深清潔員、清潔組領班		
主要職掌 Responsibilities	旅館二樓以下地區、地面、牆面、門窗、欄杆、扶手、電梯、鏡子、客用及員工用廁所、員工更衣室、餐廳地面及各辦公室之清潔		

表3-73　房務部洗衣房經理工作說明

職　　稱 **Job Title**	洗衣房經理	部　　門 **Department**	房務部洗衣房
職　　階 **Job Level**	技術性管理人員	員　　額 **Manning**	1
上級主管 **Report to**	房務部經理	下屬人員 **Supervises**	洗衣房所屬人員
工作時數 **Hours**	每日九小時（含用餐時間）	休　　假 **Day Off**	週日及國定假日輪休
性　　別 **Sex**	男	年　　齡 **Age**	25-55
教育程度 **Education**	高中畢業		
專　　業 **Knowledge**	洗衣房設備的操作及養護，對各種材質布品的洗燙處理，各種洗劑的使用，部門預算編制及成本控制		
工作經驗 **Experience**	四年以上洗燙經驗		
工作能力 **Ability**	依公司政策管理運作洗衣房，保存洗衣成本記錄，製作報表及提供意見，洗衣房設備的空間安排並確保工作品質		
性格／儀表 **Personality / Appearance**	勤勞、好整潔		
體　　型 **Physique**	體健耐勞，可以在較高溫度的環境下工作		
工作關係 **Interaction**	採購部、餐飲部、工程部、財務部		
晉升關係 **Advancement**	房務部副理		
主要職掌 **Responsibilities**	督導部門員工在最低的成本下提供客衣洗燙，及旅館內所使用各種布品及員工制服之洗燙服務		

表3-74 房務部乾洗技術員工作說明

職　　稱 **Job Title**	乾洗技術員	部　　門 **Department**	房務部洗衣房
職　　階 **Job Level**	技術人員	員　　額 **Manning**	1
上級主管 **Report to**	洗衣房經理	下屬人員 **Supervises**	
工作時數 **Hours**	每日九小時（含用餐時間）	休　　假 **Day Off**	週日及國定假日輪休
性　　別 **Sex**	男	年　　齡 **Age**	20-55
教育程度 **Education**	國中畢業		
專　　業 **Knowledge**	衣料識別、乾洗機、毛燙機及整型機之操作及維護		
工作經驗 **Experience**	三年以上洗衣房工作經驗		
工作能力 **Ability**	以乾洗機、毛燙機及整型機清理及處理客衣或制服		
性格／儀表 **Personality / Appearance**	勤勞、好整潔		
體　　型 **Physique**	體健耐勞，可以在較高溫度的環境下長時間站立工作		
工作關係 **Interaction**	工程部		
晉升關係 **Advancement**	洗衣房經理		
主要職掌 **Responsibilities**	旅館客衣及制服之乾洗工作，乾洗品質的檢查及乾洗機器設備的清潔維護		

表3-75　房務部水洗技術員工作說明

職　　稱 Job Title	水洗技術員	部　　門 Department	房務部洗衣房
職　　階 Job Level	技術人員	員　　額 Manning	2
上級主管 Report to	洗衣房經理	下屬人員 Supervises	
工作時數 Hours	每日九小時（含用餐時間）	休　　假 Day Off	週日及國定假日輪休
性　　別 Sex	男	年　　齡 Age	20-55
教育程度 Education	國中畢業		
專　　業 Knowledge	衣料識別、洗劑使用，水洗機、脫水機、烘乾機、去汙機的操作及維護		
工作經驗 Experience	二年以上洗衣房工作經驗		
工作能力 Ability	以水洗機及其他有關設備洗淨客衣、制服及旅館所使用之布品		
性格／儀表 Personality / Appearance	勤勞、好整潔		
體　　型 Physique	體健耐勞，可以在較高溫度的環境下長時間站立工作		
工作關係 Interaction	工程部		
晉升關係 Advancement	洗衣房經理		
主要職掌 Responsibilities	旅館客衣、制服及布品的水洗工作，水洗品質的檢查及水洗機器設備的清潔維護		

表3-76　房務部燙衣技術員工作說明

職　　稱 Job Title	燙衣技術員	部　　門 Department	房務部洗衣房
職　　階 Job Level	操作人員	員　　額 Manning	1
上級主管 Report to	洗衣房經理	下屬人員 Supervises	
工作時數 Hours	每日九小時（含用餐時間）	休　　假 Day Off	週日及國定假日輪休
性　　別 Sex	男／女	年　　齡 Age	20-55
教育程度 Education	國中畢業		
專　　業 Knowledge	衣料識別，各種燙衣設備之操作與維護，各種布料對熱水及蒸氣之反應		
工作經驗 Experience	三年以上洗衣房工作經驗		
工作能力 Ability	使用各種燙衣設備，以適當的溫度及蒸氣燙平各式衣物		
性格／儀表 Personality / Appearance	勤勞		
體　　型 Physique	體健耐勞，可以在較高溫度的環境下長時間站立工作		
工作關係 Interaction	工程部		
晉升關係 Advancement	乾洗技術員		
主要職掌 Responsibilities	旅館客衣及制服之整燙，所使用機器設備的清潔及維護，整燙後衣物之摺疊與包裝		

表3-77　房務部平燙機操作員工作說明

職　　稱 Job Title	平燙機操作員	部　　門 Department	房務部洗衣房
職　　階 Job Level	操作人員	員　　額 Manning	5
上級主管 Report to	洗衣房經理	下屬人員 Supervises	
工作時數 Hours	每日九小時（含用餐時間）	休　　假 Day Off	週日及國定假日輪休
性　　別 Sex	男／女	年　　齡 Age	18-40
教育程度 Education	國中畢業		
專　　業 Knowledge	衣料識別、大型平燙機及烘乾機之操作及維護		
工作經驗 Experience	一年以上洗衣房工作經驗		
工作能力 Ability	使用平燙機燙理布品		
性格／儀表 Personality / Appearance	勤勞		
體　　型 Physique	體健耐勞，可以在較高溫度的環境下長時間站立工作		
工作關係 Interaction	燙衣技術員		
晉升關係 Advancement	燙衣技術員		
主要職掌 Responsibilities	旅館內使用布品之整燙、摺疊及分類，所使用機器設備之清潔及維護		

 旅館 人力資源管理

表3-78　房務部整衣員工作說明

職　　稱 Job Title	整衣員	部　　門 Department	房務部洗衣房
職　　階 Job Level	操作人員	員　　額 Manning	1
上級主管 Report to	洗衣房經理	下屬人員 Supervises	
工作時數 Hours	每日九小時（含用餐時間）	休　　假 Day Off	週日及國定假日輪休
性　　別 Sex	男／女	年　　齡 Age	18-40
教育程度 Education	國中畢業		
專　　業 Knowledge	衣料識別		
工作經驗 Experience	無經驗可		
工作能力 Ability	布料識別，初級簿記		
性格／儀表 Personality / Appearance	勤勞、細心		
體　　型 Physique	體健耐勞，可以在較高溫度的環境下長時間站立工作		
工作關係 Interaction	洗衣房服務人員		
晉升關係 Advancement	房務部辦事員		
主要職掌 Responsibilities	客衣之整理分類及收發		

表3-79　房務部管衣室主任工作說明

職　　稱 **Job Title**	管衣室主任	部　　門 **Department**	房務部布品間
職　　階 **Job Level**	督導人員	員　　額 **Manning**	1
上級主管 **Report to**	洗衣房經理	下屬人員 **Supervises**	制服管理員、縫補員
工作時數 **Hours**	每日九小時（含用餐時間）	休　　假 **Day Off**	週日及國定假日輪休
性　　別 **Sex**	女	年　　齡 **Age**	25-40
教育程度 **Education**	高中畢業		
專　　業 **Knowledge**	布品管理的專業知識		
工作經驗 **Experience**	制服管理員／縫補員二年以上		
工作能力 **Ability**	具辨識布品質料能力，簡易簿記能力		
性格／儀表 **Personality / Appearance**	細心、負責		
體　　型 **Physique**	正常體位		
工作關係 **Interaction**	人資部、採購部、財務部		
晉升關係 **Advancement**			
主要職掌 **Responsibilities**	旅館內換洗布品之收發、清點、汰換、縫補、保管，旅館內制服之申請、收發、清點、汰換、修補、保管、記錄，洗衣房月報表之製作，員工制服賠償金額之計算		

表3-80　房務部制服管理員／縫補員工作說明

職　　稱 Job Title	制服管理員／縫補員	部　　門 Department	房務部布品間
職　　階 Job Level	操作人員	員　　額 Manning	2
上級主管 Report to	管衣室主任	下屬人員 Supervises	
工作時數 Hours	每日九小時（含用餐時間）	休　　假 Day Off	週日及國定假日輪休
性　　別 Sex	女	年　　齡 Age	20-40
教育程度 Education	國中畢業		
專　　業 Knowledge	縫紉機之操作		
工作經驗 Experience	無經驗可		
工作能力 Ability	具布品縫補能力		
性格／儀表 Personality / Appearance	細心		
體　　型 Physique	正常體位		
工作關係 Interaction	人資部		
晉升關係 Advancement	管衣室主任		
主要職掌 Responsibilities	員工制服及旅館內布品破損之收發及記錄，制服卡之記錄，制服及布品清潔與破損之檢查與縫補，布品間之清潔		

第五節　業務部門組織與工作職能

　　業務部門相關人員之職務包括：經理、秘書、副理、業務代表、公關經理、副理及主任等。主要是負責業務拜訪並提供完善的售後服務、開發新客源以增加公司收入，蒐集顧客意見、分析市場情況、預測市場趨勢以確保旅館提供滿足客人並合乎潮流的服務與設備。此外，尚須擬定並執行年度行銷策略和計畫，強化公共關係，以提升公司形象及業績等。本節擬分組織架構及工作說明，分別加以詳述。

一、組織架構

　　業務部組織架構圖是將業務部最常見的組織架構，以樹狀圖來表示，吾人即可由組織圖中瞭解上司及下屬間的從屬關係。茲將業務部之組織架構圖詳示如**圖3-5**。

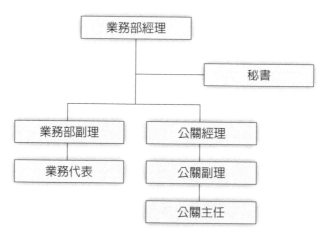

圖3-5　業務部組織圖

二、工作說明

　　組織架構圖是為明瞭整個部門的組織及主管與從屬間的關係。至於部門內各相關人員的工作內容，擬以工作說明列表表示，其內容包括：職稱、部門、職階、員額、上級主管、下屬人員、工作時數、休假、性別、年齡、教育程度、專業、工作經驗、工作能力、性格、儀表、體型、工作關係、晉升關係、主要職掌等各項。茲將業務部之工作說明詳列如**表3-81**至**表3-85**，以提供實務操作時之參考，如研擬個案時應依實際操作時的需要，適度加以調整。

表3-81　業務部經理工作說明

職　　稱 Job Title	業務部經理	部　　門 Department	業務部
職　　階 Job Level	A級管理人員	員　　額 Manning	1
上級主管 Report to	副總經理	下屬人員 Supervises	業務部所屬人員
工作時數 Hours	正常班	休　　假 Day Off	週日及國定假日
性　　別 Sex	男／女	年　　齡 Age	30-45
教育程度 Education	大學企管系畢業		
專　　業 Knowledge	行銷計畫之擬定，業務人員之訓練與激勵，市場分析，行銷政策與程序		
工作經驗 Experience	客房部經理一年以上或旅館業務工作三年以上		
工作能力 Ability	與同業及旅行業建立廣泛的關係，蒐集市場資料及競爭對手資料，策劃及執行業務推廣活動，英文或日文說寫流利		
性格／儀表 Personality / Appearance	擅交際、活潑愉快		
體　　型 Physique	正常體位		
工作關係 Interaction	旅行業者、主要客戶及公關部		
晉升關係 Advancement	副總經理		
主要職掌 Responsibilities	訂定特惠專案、價格政策、折扣政策、業務推廣計畫，執行業務行銷預算之擬訂，業務人員之管理，業務月報告，市場評估，業績預測		

表3-82　業務部秘書工作說明

職　稱 Job Title	業務部秘書	部　門 Department	業務部
職　階 Job Level	事務人員	員　額 Manning	1
上級主管 Report to	業務部經理	下屬人員 Supervises	
工作時數 Hours	正常班	休　假 Day Off	週日及國定假日
性　別 Sex	女	年　齡 Age	25-35
教育程度 Education	大專畢業		
專　業 Knowledge	文書處理，檔案管理		
工作經驗 Experience	秘書工作一年以上		
工作能力 Ability	英文打字每分鐘45字以上，使用個人電腦及文書處理套裝軟體，英文說寫流利		
性格／儀表 Personality / Appearance	端莊穩重、個性開朗、有耐性		
體　型 Physique	正常體位		
工作關係 Interaction	客務部、餐飲部、人事部		
晉升關係 Advancement	執行秘書		
主要職掌 Responsibilities	辦公室文件收發，客人接待，接聽電話，安排主管約會，檔案管理，文書處理，安排主管差旅的交通、證照、住宿		

表3-83　業務部業務代表工作說明

職　　稱 Job Title	業務代表	部　　門 Department	業務部
職　　階 Job Level	事務人員	員　　額 Manning	
上級主管 Report to	業務部經理	下屬人員 Supervises	
工作時數 Hours	正常班	休　　假 Day Off	週日及國定假日
性　　別 Sex	男／女	年　　齡 Age	25-35
教育程度 Education	大專畢業		
專　　業 Knowledge	旅館硬體設備與服務項目，各項設施與服務之收費標準及折扣政策，業務推廣技巧		
工作經驗 Experience	行銷業務工作一年以上		
工作能力 Ability	訂定及執行客戶拜訪計畫，客戶拜訪績效報告，蒐集市場資訊及顧客意見		
性格／儀表 Personality / Appearance	活潑樂觀		
體　　型 Physique	正常體位		
工作關係 Interaction	客戶及旅行業者		
晉升關係 Advancement	業務部副理		
主要職掌 Responsibilities	藉由經常性的客戶拜訪來增加新客戶，蒐集市場資料、客戶意見，處理客戶抱怨，製作客戶拜訪績效報告		

表3-84 業務部公關經理工作說明

職　稱 Job Title	公關經理	部　門 Department	業務部
職　階 Job Level	B級管理人員	員　額 Manning	1
上級主管 Report to	業務部經理	下屬人員 Supervises	公關副理
工作時數 Hours	正常班	休　假 Day Off	週日及國定假日
性　別 Sex	男／女	年　齡 Age	30-40
教育程度 Education	大學新聞或大眾傳播系畢業		
專　業 Knowledge	廣告及各種宣傳品之設計製作，大眾傳播媒體與公共關係之應用		
工作經驗 Experience	公關或大眾傳播工作三年以上		
工作能力 Ability	廣告文案及新聞稿之撰寫，廣告之計畫及預算之編制，英文或日文說寫流利		
性格／儀表 Personality / Appearance	擅交際		
體　型 Physique	正常體位		
工作關係 Interaction	媒體、廣告代理、美工、印刷、廠商		
晉升關係 Advancement	業務部經理		
主要職掌 Responsibilities	接待媒體人員，撰寫廣告文案及新聞稿，編輯對內員工刊物和對外宣傳刊物，廣告計畫及預算編制，旅館各項宣傳活動之策劃及報導		

表3-85 業務部公關主任工作說明

職　　稱 Job Title	公關主任	部　　門 Department	業務部
職　　階 Job Level	事務人員	員　　額 Manning	1
上級主管 Report to	公關經理	下屬人員 Supervises	
工作時數 Hours	正常班	休　　假 Day Off	週日及國定假日
性　　別 Sex	男／女	年　　齡 Age	25-35
教育程度 Education	大學新聞或大眾傳播系畢業		
專　　業 Knowledge	廣告及宣傳品之製作		
工作經驗 Experience	公關或大眾傳播工作一年以上		
工作能力 Ability	廣告文案及新聞稿之撰寫，旅館對內及對外刊物之編輯		
性格／儀表 Personality / Appearance	擅交際		
體　　型 Physique	正常體位		
工作關係 Interaction	媒體、廣告代理、美工、印刷、廠商		
晉升關係 Advancement	公關副理		
主要職掌 Responsibilities	接待媒體人員，並與媒體人員建立維持良好關係，旅館對內及對外刊物之編輯、廣告文案及新聞稿之撰寫，與廣告代理、美工及印刷廠商聯繫協調		

第四章

旅館後場部門的組織與工作說明

本章將介紹財務部、採購部、工程部、人資部、安全室等五個部門，分別加以說明。

第一節　財務部門組織與工作職能

財務部門相關人員之職務包括：財務長、副財務長、成本控制主任、會計主任、電腦室經理、應收帳款員、收入稽核、倉庫管理員、驗收員等。主要是負責建立、執行並改善公司會計制度、內部會計稽核制度，以確保財務報表及會計記錄有效管理；並隨時注意政府法令規章變動情況、適當調整會計作業，避免公司權益受到損害或觸犯政府的法令規章。另外，必須提供全公司預算的彙總、控制、差異分析及資訊給與管理當局參考，妥善保存公司相關財務合約以確保公司之權利與義務，並進行流動資金管理創造公司營業收入、查核旅館各項收支作業流程、管理控制倉庫貨品及其發放程序等。本節擬分組織架構及工作說明，分別加以詳述。

一、組織架構

財務部組織架構圖是將財務部最常見的組織架構，以樹狀圖來表示，吾人即可由組織圖中瞭解上司及下屬間的從屬關係。茲將財務部之組織架構圖詳示如圖4-1。

二、工作說明

組織架構圖是為明瞭整個部門的組織及主管與從屬間的關係。至於部門內各相關人員的工作內容，擬以工作說明列表表示，其內容包

括：職稱、部門、職階、員額、上級主管、下屬人員、工作時數、休
假、性別、年齡、教育程度、專業、工作經驗、工作能力、性格、儀
表、體型、工作關係、晉升關係、主要職掌等各項。茲將財務部之工
作說明詳列如**表4-1**至**表4-20**，以提供實務操作時之參考，如研擬個案
時應依實際操作時的需要，適度加以調整。

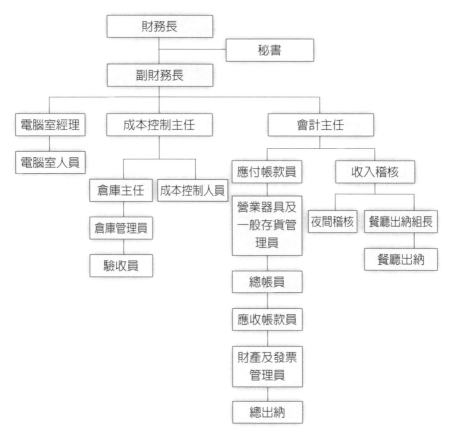

圖4-1　財務部組織圖

表4-1　財務部財務長工作說明

職　　稱 Job Title	財務長	部　　門 Department	財務部
職　　階 Job Level	A級管理人員	員　　額 Manning	1
上級主管 Report to	總經理	下屬人員 Supervises	財務部所有人員
工作時數 Hours	正常班	休　　假 Day Off	週日及國定假日
性　　別 Sex	男／女	年　　齡 Age	30-50
教育程度 Education	大學會計系或財務相關科系畢業以上		
專　　業 Knowledge	會計制度，會計流程，控制及稽核制度，財務分析，會計原理準則，稅法，投資理財及一般商事法與旅館有關的法規		
工作經驗 Experience	會計師事務所五年以上或國際觀光旅館財務部門五年以上工作經驗		
工作能力 Ability	編制公司預算，製作財務報表，提供管理所需之財務資訊，建立會計制度與會計作業流程，預算控制及現金流量控制，財產管理		
性格／儀表 Personality / Appearance	正直、謹慎、細心		
體　　型 Physique	正常體位		
工作關係 Interaction	公司各部門及會計師事務所、律師、銀行、稅捐處、保險公司、證券公司		
晉升關係 Advancement	財務總監		
主要職掌 Responsibilities	財務部之計畫、組織、人員安排、訓練、考核督導、指揮，建立會計制度及控制稽核系統，製作財務報表，財產之控制與管理		

表4-2　財務部會計主任工作說明

職　　稱 Job Title	會計主任	部　　門 Department	財務部
職　　階 Job Level	B級管理人員	員　　額 Manning	1
上級主管 Report to	財務長	下屬人員 Supervises	會計組人員
工作時數 Hours	正常班	休　　假 Day Off	週日及國定假日
性　　別 Sex	男／女	年　　齡 Age	28-45
教育程度 Education	大學會計系或財務相關科系畢業		
專　　業 Knowledge	會計制度準則，會計制度，會計流程，營運分析，旅館會計實務		
工作經驗 Experience	會計師事務所三年以上或國際觀光旅館會計工作三年以上		
工作能力 Ability	編制試算表、營運分析表，盤點庫存，內部控制、管理		
性格／儀表 Personality / Appearance	正直、謹慎、細心		
體　　型 Physique	正常體位		
工作關係 Interaction	會計師、銀行、稅捐處		
晉升關係 Advancement	副財務長		
主要職掌 Responsibilities	根據會計原理原則建立會計總帳，每月製作試算表、損益表和資產負債表		

表4-3　財務部電腦室經理工作說明

職　稱 **Job Title**	電腦室經理	部　門 **Department**	財務部
職　階 **Job Level**	B級管理人員	員　額 **Manning**	1
上級主管 **Report to**	財務長	下屬人員 **Supervises**	
工作時數 **Hours**	輪班制	休　假 **Day Off**	週日及國定假日輪休
性　別 **Sex**	男／女	年　齡 **Age**	26-40
教育程度 **Education**	大專電腦相關科系畢業		
專　業 **Knowledge**	程式設計，電腦操作系統，電腦周邊設備的基本維修		
工作經驗 **Experience**	程式設計三年以上		
工作能力 **Ability**	迷你電腦的操作，應用程式的設計維護		
性格／儀表 **Personality / Appearance**	正直、謹慎、細心		
體　型 **Physique**	正常體位		
工作關係 **Interaction**	客務部、人資部、餐飲部		
晉升關係 **Advancement**			
主要職掌 **Responsibilities**	維持電腦硬體和軟體的正常運作，系統的開發設計與硬體、 軟體公司的溝通協調，各部門電腦使用人員的訓練		

表4-4　財務部電腦室人員工作說明

職　　稱 Job Title	電腦室人員	部　　門 Department	財務部
職　　階 Job Level	事務人員	員　　額 Manning	1
上級主管 Report to	電腦室經理	下屬人員 Supervises	
工作時數 Hours	輪班制	休　　假 Day Off	週日及國定假日輪休
性　　別 Sex	男／女	年　　齡 Age	26-40
教育程度 Education	大專電腦相關科系畢業		
專　　業 Knowledge	程式設計，電腦操作系統，電腦周邊設備的基本維修		
工作經驗 Experience	程式設計一年以上		
工作能力 Ability	迷你電腦的操作，應用程式的設計維護		
性格／儀表 Personality / Appearance	正直、謹慎、細心		
體　　型 Physique	正常體位		
工作關係 Interaction	客務部、人資部、餐飲部		
晉升關係 Advancement			
主要職掌 Responsibilities	維持電腦硬體和軟體的正常運作，各部門電腦使用人員的溝通		

表4-5 財務部應付帳款員工作說明

職　　稱 **Job Title**	應付帳款員	部　　門 **Department**	財務部
職　　階 **Job Level**	事務人員	員　　額 **Manning**	2
上級主管 **Report to**	會計主任	下屬人員 **Supervises**	
工作時數 **Hours**	正常班	休　　假 **Day Off**	週日及國定假日
性　　別 **Sex**	男／女	年　　齡 **Age**	20-35
教育程度 **Education**	高商以上畢業		
專　　業 **Knowledge**	簿記與會計原則，銀行收付款程序，進口文件，扣繳實務		
工作經驗 **Experience**	出納工作一年以上		
工作能力 **Ability**	查核採購單、驗收單、統一發票等各種付款憑證，開立支票及傳票，製作費用明細表、扣繳憑單，操作電腦終端機		
性格／儀表 **Personality /** **Appearance**	正直、謹慎、細心		
體　　型 **Physique**	正常體位		
工作關係 **Interaction**	採購部、銀行、會計師、供應廠商		
晉升關係 **Advancement**	會計主任		
主要職掌 **Responsibilities**	各種費用帳單憑證之審查處理，代扣及繳納各種稅款，製作應付帳款、應付票據及應付費用明細表、銀行收支日報表、預付款及分期付款明細表		

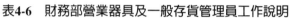

表4-6　財務部營業器具及一般存貨管理員工作說明

職　　稱 Job Title	營業器具及一般存貨管理員	部　　門 Department	財務部
職　　階 Job Level	事務人員	員　　額 Manning	1
上級主管 Report to	會計主任	下屬人員 Supervises	
工作時數 Hours	正常班	休　　假 Day Off	週日及國定假日
性　　別 Sex	男／女	年　　齡 Age	20-35
教育程度 Education	高商以上畢業		
專　　業 Knowledge	驗收及領料之核對及計算，每季盤點之須知		
工作經驗 Experience	倉庫管理員或驗收員之經驗		
工作能力 Ability	營業器具及一般存貨之管理與控制		
性格／儀表 Personality / Appearance	正直、謹慎、細心		
體　　型 Physique	正常體位		
工作關係 Interaction	倉庫、採購部、客務部、房務部及餐飲部		
晉升關係 Advancement	會計主任		
主要職掌 Responsibilities	財產之購進、領用逐一記錄，每月與倉庫核帳是否一致，每季配合倉庫及營業單位實施盤點		

表4-7 財務部總帳員工作說明

職　　稱 Job Title	總帳員	部　　門 Department	財務部
職　　階 Job Level	事務人員	員　　額 Manning	1
上級主管 Report to	會計主任	下屬人員 Supervises	
工作時數 Hours	正常班	休　　假 Day Off	週日及國定假日
性　　別 Sex	男／女	年　　齡 Age	20-35
教育程度 Education	高商以上畢業		
專　　業 Knowledge	電腦一般概念，會計流程		
工作經驗 Experience	應付帳款或應收帳款一年以上		
工作能力 Ability	操作電腦終端機，核對帳的記載是否正確		
性格／儀表 Personality / Appearance	正直、謹慎、細心		
體　　型 Physique	正常體位		
工作關係 Interaction	各會計員		
晉升關係 Advancement	會計主任		
主要職掌 Responsibilities	過客房餐飲日記簿、總出納日記簿、應付帳款日記簿及轉帳傳票至總帳，並迅速結帳，查核總帳與明細分類帳使其一致		

表4-8　財務部應收帳款員工作說明

職　　稱 Job Title	應收帳款員	部　　門 Department	財務部
職　　階 Job Level	事務人員	員　　額 Manning	1
上級主管 Report to	會計主任	下屬人員 Supervises	
工作時數 Hours	正常班	休　　假 Day Off	週日及國定假日
性　　別 Sex	男／女	年　　齡 Age	20-35
教育程度 Education	高商以上畢業		
專　　業 Knowledge	簿記與會計原則		
工作經驗 Experience	出納工作一年以上		
工作能力 Ability	確保各項應收帳款的正確性，計算信用卡手續費，製作信用卡彙總申請單，計算旅行社佣金		
性格／儀表 Personality / Appearance	正直、謹慎、細心		
體　　型 Physique	正常體位		
工作關係 Interaction	信用卡公司、賣店承租商、旅行社、簽帳之公司行號		
晉升關係 Advancement	會計主任		
主要職掌 Responsibilities	對於旅館之各種應收帳款如外客簽帳、員工簽帳、信用卡、賣店租金等，保持完整的記錄並按時收取帳款		

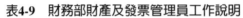

表4-9 財務部財產及發票管理員工作說明

職　　稱 Job Title	財產及發票管理員	部　　門 Department	財務部
職　　階 Job Level	事務人員	員　　額 Manning	1
上級主管 Report to	會計主任	下屬人員 Supervises	
工作時數 Hours	正常班	休　　假 Day Off	週日及國定假日
性　　別 Sex	男／女	年　　齡 Age	22-35
教育程度 Education	高商以上畢業		
專　　業 Knowledge	財產之分類、折舊之計算，財產卡之記錄，統一發票之整理及申報須知		
工作經驗 Experience	出納工作一年以上		
工作能力 Ability	財產之盤點與財產流向之追蹤，熟悉營業稅法		
性格／儀表 Personality / Appearance	正直、謹慎、細心		
體　　型 Physique	正常體位		
工作關係 Interaction	各財產之保管部門、稅捐處		
晉升關係 Advancement	會計主任		
主要職掌 Responsibilities	財產之購買、移轉、報廢記錄，財產之盤點、折舊之計算，配合使用單位、驗收人員驗收，每二個月定期申報營業稅		

表4-10　財務部總出納工作說明

職　　稱 Job Title	總出納	部　　門 Department	財務部
職　　階 Job Level	事務人員	員　　額 Manning	1
上級主管 Report to	會計主任	下屬人員 Supervises	
工作時數 Hours	正常班	休　　假 Day Off	週日及國定假日
性　　別 Sex	男／女	年　　齡 Age	22-35
教育程度 Education	高商以上畢業		
專　　業 Knowledge	操作計算機，假鈔之辨認，外幣之兌換		
工作經驗 Experience	前檯出納或餐廳出納一年以上		
工作能力 Ability	製作總出納日報表，清點及整理所收到之現金及支票，零用金發放與補充		
性格／儀表 Personality / Appearance	穩定、正直、細心		
體　　型 Physique	正常體位		
工作關係 Interaction	銀行、餐廳出納、櫃檯出納		
晉升關係 Advancement	會計主任		
主要職掌 Responsibilities	收集及存入每日營業現金及支票，零用金及支票之發放及補充，零錢之兌換及外幣之兌換		

表4-11 財務部收入稽核工作說明

職　　稱 Job Title	收入稽核	部　　門 Department	財務部
職　　階 Job Level	B級管理人員	員　　額 Manning	1
上級主管 Report to	財務長	下屬人員 Supervises	夜間稽核、餐廳出納
工作時數 Hours	正常班	休　　假 Day Off	週日及國定假日
性　　別 Sex	男／女	年　　齡 Age	26-35
教育程度 Education	大專會計及相關科系畢業		
專　　業 Knowledge	會計原理原則，會計流程，旅館出納實務		
工作經驗 Experience	總出納或夜間稽核工作二年以上		
工作能力 Ability	查核營收作業流程及各式收入報表，查核應收帳款、折讓、代支、退款，建立營收流程和制度		
性格／儀表 Personality / Appearance	穩定、正直、細心		
體　　型 Physique	正常體位		
工作關係 Interaction	客務部、餐飲部、房務部		
晉升關係 Advancement	會計主任		
主要職掌 Responsibilities	收入作業流程查核，製作各種營收日報表及做每日營收狀況檢討、營收作業流程，以防止缺失		

表4-12　財務部夜間稽核工作說明

職　　稱 Job Title	夜間稽核	部　　門 Department	財務部
職　　階 Job Level	事務人員	員　　額 Manning	2
上級主管 Report to	收入稽核	下屬人員 Supervises	
工作時數 Hours	輪班制	休　　假 Day Off	週日及國定假日輪休
性　　別 Sex	男	年　　齡 Age	22-35
教育程度 Education	大專商科畢業		
專　　業 Knowledge	會計稽核與控制之基本概念		
工作經驗 Experience	出納工作三年以上		
工作能力 Ability	操作電腦，製作每日營收報表，查核出納之報表與單據，執行出納工作		
性格／儀表 Personality / Appearance	正直、謹慎、細心		
體　　型 Physique	正常體位，身高170公分以上		
工作關係 Interaction	客務部、房務部、餐飲部		
晉升關係 Advancement	收入稽核		
主要職掌 Responsibilities	查核前檯出納與餐廳出納之營收報表與單據，製作每日營收報表，執行前檯出納和餐廳出納工作		

表4-13　財務部餐廳出納組長工作說明

職　　稱 Job Title	餐廳出納組長	部　　門 Department	財務部
職　　階 Job Level	事務人員	員　　額 Manning	1
上級主管 Report to	收入稽核	下屬人員 Supervises	餐廳出納
工作時數 Hours	輪班制	休　　假 Day Off	週日及國定假日輪休
性　　別 Sex	女	年　　齡 Age	22-35
教育程度 Education	商科畢業		
專　　業 Knowledge	餐廳出納作業程序，餐廳出納之督導訓練		
工作經驗 Experience	餐廳出納二年以上		
工作能力 Ability	使用電腦終端機和收銀機，辨別信用卡、支票及現金		
性格／儀表 Personality / Appearance	開朗、愉快、謹慎、細心		
體　　型 Physique	正常體位，身高160公分以上		
工作關係 Interaction	前檯出納及餐飲部		
晉升關係 Advancement	收入稽核		
主要職掌 Responsibilities	執行餐廳出納工作，訓練及督導餐廳出納，安排餐廳出納工作及排班		

表4-14　財務部餐廳出納工作說明

職　　稱 Job Title	餐廳出納	部　　門 Department	財務部
職　　階 Job Level	事務人員	員　　額 Manning	12
上級主管 Report to	餐廳出納組長	下屬人員 Supervises	
工作時數 Hours	輪班制	休　　假 Day Off	週日及國定假日輪休
性　　別 Sex	女	年　　齡 Age	22-35
教育程度 Education	商科畢業		
專　　業 Knowledge	餐廳出納作業程序		
工作經驗 Experience	無經驗可		
工作能力 Ability	電腦終端機及收銀機之使用，信用卡、支票及現金之辨別		
性格／儀表 Personality / Appearance	開朗、愉快、謹慎、細心		
體　　型 Physique	正常體位，身高160公分以上		
工作關係 Interaction	餐飲部		
晉升關係 Advancement	餐廳出納組長		
主要職掌 Responsibilities	記錄客人在餐廳消費的帳並及時輸入電腦，為餐廳客人結帳並開立發票，查驗客人所使用之信用卡、支票及現金		

表4-15　財務部成本控制主任工作說明

職　　稱 Job Title	成本控制主任	部　　門 Department	財務部
職　　階 Job Level	B級管理人員	員　　額 Manning	1
上級主管 Report to	財務長	下屬人員 Supervises	成本控制人員、倉庫人員
工作時數 Hours	正常班	休　　假 Day Off	週日及國定假日
性　　別 Sex	男／女	年　　齡 Age	25-40
教育程度 Education	大專商科畢業		
專　　業 Knowledge	食品和飲料成本之計算，食品及飲料之盤點，食品和飲料之價格和品質之市場調查，製作成本控制報告		
工作經驗 Experience	成本控制人員二年以上，或倉庫主任一年以上，或驗收員二年以上		
工作能力 Ability	製作成本控制日報表及月報表，建立標準成本制度		
性格／儀表 Personality / Appearance	正直、謹慎、細心		
體　　型 Physique	正常體位		
工作關係 Interaction	餐飲部、採購部、食品及飲料供應商		
晉升關係 Advancement	會計主任		
主要職掌 Responsibilities	查驗驗收人員是否依規定驗收食品和飲料，查驗食品和飲料採購單價是否合理，每月至少盤點一次食品與飲料之庫存及廚房和酒吧之存量，製作每日及每月成本控制報表		

表4-16 財務部成本控制人員工作說明

職　　稱 Job Title	成本控制人員	部　　門 Department	財務部
職　　階 Job Level	事務人員	員　　額 Manning	2
上級主管 Report to	成本控制主任	下屬人員 Supervises	
工作時數 Hours	正常班	休　　假 Day Off	週日及國定假日
性　　別 Sex	男／女	年　　齡 Age	22-25
教育程度 Education	高商畢業		
專　　業 Knowledge	食品和飲料成本之計算、價格之查核、Order單之核對		
工作經驗 Experience	驗收員或倉管員		
工作能力 Ability	編制成本控制日報表及月報表		
性格／儀表 Personality / Appearance	正直、謹慎、細心		
體　　型 Physique	正常體位		
工作關係 Interaction	餐飲部、採購部、倉庫		
晉升關係 Advancement	成本控制主任		
主要職掌 Responsibilities	查驗驗收人員是否依規定驗收所訂購之數量及稽核單價是否合理，查核飲料是否有浪費之嫌，稽核Order單是否漏開、短開，每月至少盤點乙次，庫存量是否與帳載相符		

表4-17　財務部倉庫主任工作說明

職　　稱 Job Title	倉庫主任	部　　門 Department	財務部
職　　階 Job Level	事務人員	員　　額 Manning	1
上級主管 Report to	成本控制主任	下屬人員 Supervises	倉庫管理員、驗收員
工作時數 Hours	輪班制	休　　假 Day Off	週日及國定假日輪休
性　　別 Sex	男	年　　齡 Age	25-45
教育程度 Education	高商畢業		
專　　業 Knowledge	簿記原理、驗收程序、庫存管理、存貨盤點		
工作經驗 Experience	倉庫管理二年以上		
工作能力 Ability	控制庫存量，計算經濟採購量，物料收發之記錄與管制，適時發出採購單補充庫存		
性格／儀表 Personality / Appearance	穩重、謹慎、細心、正直		
體　　型 Physique	正常體位，能負重		
工作關係 Interaction	採購部、廠商、安全室		
晉升關係 Advancement	成本控制主任、採購主任		
主要職掌 Responsibilities	確保入庫物料依驗收程序驗收，發放物料依領料程序處理，維持安全庫存，依經濟採購量適時發出請購單，隨時記錄更新存貨帳卡、存量卡及肉卡，保持倉庫之整潔及適當的溫度和濕度，定期盤存		

表4-18　財務部倉庫管理員工作說明

職　　稱 Job Title	倉庫管理員	部　　門 Department	財務部
職　　階 Job Level	事務人員	員　　額 Manning	2
上級主管 Report to	倉庫主任	下屬人員 Supervises	
工作時數 Hours	輪班制	休　　假 Day Off	週日及國定假日輪休
性　　別 Sex	男	年　　齡 Age	20-35
教育程度 Education	高中畢業		
專　　業 Knowledge	簿記原理，庫存盤點		
工作經驗 Experience	倉庫管理一年以上		
工作能力 Ability	記錄存貨卡、存量卡及肉卡，依領貨單正確發貨，盤點庫存		
性格／儀表 Personality / Appearance	穩重、謹慎、細心、正直		
體　　型 Physique	正常體位，能負重		
工作關係 Interaction	採購部、廠商、安全室		
晉升關係 Advancement	倉庫主任、成本控制員		
主要職掌 Responsibilities	依領貨程序發貨，保持倉庫之整潔及適當之溫度、濕度，隨時記錄更新存貨帳卡及肉卡，盤點存貨		

表4-19 財務部驗收員工作說明

職　　稱 Job Title	驗收員	部　　門 Department	財務部
職　　階 Job Level	事務人員	員　　額 Manning	1
上級主管 Report to	倉庫主任	下屬人員 Supervises	
工作時數 Hours	輪班制	休　　假 Day Off	週日及國定假日輪休
性　　別 Sex	男	年　　齡 Age	22-35
教育程度 Education	高中畢業		
專　　業 Knowledge	驗收程序與驗收標準		
工作經驗 Experience	驗收工作一年以上		
工作能力 Ability	確保進入旅館之物品有充分之文件，在單價、數量、品質、交貨日期均合乎要求		
性格／儀表 Personality / Appearance	穩重、謹慎、細心、正直		
體　　型 Physique	正常體位		
工作關係 Interaction	物品使用部門、廠商		
晉升關係 Advancement	倉庫主任		
主要職掌 Responsibilities	旅館採購物品及文件單據之查驗，製作進貨日報表		

表4-20　財務部秘書工作說明

職　　稱 Job Title	秘書		部　　門 Department	財務部
職　　階 Job Level	事務人員		員　　額 Manning	1
上級主管 Report to	財務長		下屬人員 Supervises	
工作時數 Hours	正常班		休　　假 Day Off	週日及國定假日
性　　別 Sex	女		年　　齡 Age	23-35
教育程度 Education	大專畢業			
專　　業 Knowledge	檔案管理			
工作經驗 Experience	秘書工作一年以上			
工作能力 Ability	英文說寫流利，打字，使用個人電腦處理文書及數字，會議記錄			
性格／儀表 Personality / Appearance	開朗、愉快、細心			
體　　型 Physique	正常體位			
工作關係 Interaction	各部門			
晉升關係 Advancement	執行秘書			
主要職掌 Responsibilities	負責計算員工薪資，部門檔案管理，協助財務長溝通聯繫，公文收發，協助財務長製作財務報表			

第二節　採購部門組織與工作職能

　　採購部門相關人員之職務包括：採購部經理、副理、採購代表等。其職能為負責掌理各部門物品、勞務、設備之採購工作，並定期作市場調查，以瞭解產地、產季、品質及價格等狀況，以利制定適當的採購決策。此外，必須隨時開發新貨源、確保貨源，依其條件建立廠商紀錄以利篩選；並且負責規劃及改善各類物件採購程序與辦法，確保有效達成採購任務等。本節擬分組織架構及工作說明，分別加以詳述。

一、組織架構

　　採購部組織架構圖是將採購部最常見的組織架構，以樹狀圖來表示，吾人即可由組織圖中瞭解上司及下屬間的從屬關係。茲將採購部之組織架構圖詳示如**圖4-2**。

圖4-2　採購部組織圖

二、工作說明

　　組織架構圖是為明瞭整個部門的組織及主管與從屬間的關係。至於部門內各相關人員的工作內容，擬以工作說明列表表示，其內容包括：職稱、部門、職階、員額、上級主管、下屬人員、工作時數、休假、性別、年齡、教育程度、專業、工作經驗、工作能力、性格、儀表、體型、工作關係、晉升關係、主要職掌等各項。茲將採購部之工作說明詳列如**表4-21**至**表4-23**，以提供實務操作時之參考，如研擬個案時應依實際操作時的需要，適度加以調整。

表4-21　採購部經理工作說明

職　稱 Job Title	採購部經理	部　門 Department	採購部
職　階 Job Level	B級管理人員	員　額 Manning	1
上級主管 Report to	財務長	下屬人員 Supervises	採購部所屬人員
工作時數 Hours	正常班	休　假 Day Off	週日及國定假日
性　別 Sex	男／女	年　齡 Age	30-45
教育程度 Education	大專畢業		
專　業 Knowledge	庫存、發料及驗收程序，各項採購物品規格和品質標準，採購程序和採購人員之管理，採購合約之擬定，進口程序		
工作經驗 Experience	採購工作五年以上		
工作能力 Ability	在合理價格和付款條件下將旅館所需之物品依規格、品質和交期採購進來，擅長於協商、議價		
性格／儀表 Personality / Appearance	有操守、正直		
體　型 Physique	正常體位		
工作關係 Interaction	廠商、倉庫、各部門		
晉升關係 Advancement	成本控制主任		
主要職掌 Responsibilities	詢價、議價、選擇供應廠商、發採購單、與廠商協調以確保所採購之物品，依品質、數量及時間要求送達使用單位		

表4-22　採購部副理工作說明

職　　稱 Job Title	採購部副理	部　　門 Department	採購部
職　　階 Job Level	督導人員	員　　額 Manning	1
上級主管 Report to	採購部經理	下屬人員 Supervises	採購部所屬人員
工作時數 Hours	正常班	休　　假 Day Off	週日及國定假日
性　　別 Sex	男／女	年　　齡 Age	30-45
教育程度 Education	大專畢業		
專　　業 Knowledge	庫存、發料及驗收程序，各項採購物品規格和品質標準，採購程序和採購人員之管理，採購合約之擬定，進口程序		
工作經驗 Experience	採購工作三年以上		
工作能力 Ability	擅長溝通協調與議價		
性格／儀表 Personality / Appearance	有操守、正直		
體　　型 Physique	正常體位		
工作關係 Interaction	廠商、倉庫、各部門		
晉升關係 Advancement	採購部經理		
主要職掌 Responsibilities	詢價、議價、選擇供應廠商、發採購單、與廠商協調以確保所採購之物品，依品質、數量及時間要求送達使用單位		

表4-23　採購部採購代表工作說明

職　　稱 Job Title	採購代表	部　　門 Department	採購部
職　　階 Job Level	事務人員	員　　額 Manning	2
上級主管 Report to	採購部經理	下屬人員 Supervises	
工作時數 Hours	正常班	休　　假 Day Off	週日及國定假日
性　　別 Sex	男／女	年　　齡 Age	23-40
教育程度 Education	高中職以上畢業		
專　　業 Knowledge	採購程序，驗收，庫存，發貨程序		
工作經驗 Experience	倉庫管理員或驗收員一年以上		
工作能力 Ability	蒐集供應廠商資料、商品型錄、價格等資料，整理採購記錄，與廠商聯繫，稽催交貨		
性格／儀表 Personality / Appearance	正直、有操守		
體　　型 Physique	正常體位		
工作關係 Interaction	廠商		
晉升關係 Advancement	採購部副理		
主要職掌 Responsibilities	蒐集各項採購物品之廠商資料、型錄及詢價、比價、稽催廠商交貨		

第三節　工程部門組織與工作職能

工程部門相關人員之職務包括：總工程師、副總工程師、領班、組長、技術員等。主要是負責旅館內部整修工作，確保汙水處理廠設備、機電類及電器設備的正常運轉，並督導及進行旅館內任何工程施工，以維護工程品質及施工場所安全。此外，必須定期檢查防颱、消防設備，實施防災訓練與演習，同時參與必要之專業技術訓練以取得所需要之證照，提升工作之能力等。本節擬分組織架構及工作說明，分別加以詳述。

一、組織架構

工程部組織架構圖是將工程部最常見的組織架構，以樹狀圖來表示，吾人即可由組織圖中瞭解上司及下屬間的從屬關係。茲將工程部之組織架構圖詳示如圖4-3。

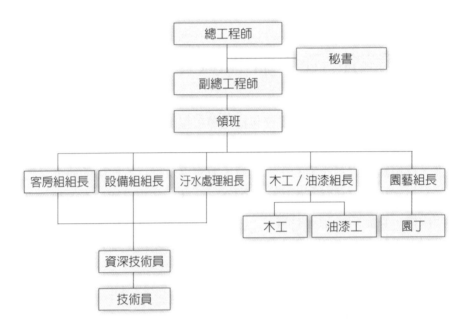

圖4-3　工程部組織圖

二、工作說明

　　組織架構圖是為明瞭整個部門的組織及主管與從屬間的關係。至於部門內各相關人員的工作內容，擬以工作說明列表表示，其內容包括：職稱、部門、職階、員額、上級主管、下屬人員、工作時數、休假、性別、年齡、教育程度、專業、工作經驗、工作能力、性格、儀表、體型、工作關係、晉升關係、主要職掌等各項。茲將工程部之工作說明詳列如**表4-24**至**表4-36**，以提供實務操作時之參考，如研擬個案時應依實際操作時的需要，適度加以調整。

表4-24 工程部總工程師工作說明

職　　稱 Job Title	總工程師	部　　門 Department	工程部
職　　階 Job Level	A級管理人員	員　　額 Manning	1
上級主管 Report to	總經理	下屬人員 Supervises	工程部所屬人員
工作時數 Hours	輪班制	休　　假 Day Off	週日及國定假日輪休
性　　別 Sex	男	年　　齡 Age	30-50
教育程度 Education	大學電機相關科系畢業		
專　　業 Knowledge	鍋爐、冷凍、空調、水電等工程學理及旅館設施之維修管理，工程製圖，工業安全		
工作經驗 Experience	國際觀光旅館副總工程師二年以上工作經驗		
工作能力 Ability	安排工程部工作流程、保養、維護及檢查進度，督導所屬工程人員，重要工程施工時之監督及完工時之驗收，書寫流利		
性格／儀表 Personality / Appearance	果斷、反應敏捷、思慮周密		
體　　型 Physique	正常體位		
工作關係 Interaction	採購部、承包商、環保署		
晉升關係 Advancement			
主要職掌 Responsibilities	編制工程部預算，製作維護保養報告及能源報告，安排部門工作計畫，督導所屬達成工作目標，部門人員之安排訓練、考核，經常檢查旅館各項設備以確保正常及安全運作，確保消防及汙水處理設施之正常運作		

163

表4-25　工程部副總工程師工作說明

職　　稱 Job Title	副總工程師	部　　門 Department	工程部
職　　階 Job Level	B級管理人員	員　　額 Manning	1
上級主管 Report to	總工程師	下屬人員 Supervises	工程部所屬人員
工作時數 Hours	輪班制	休　　假 Day Off	週日及國定假日輪休
性　　別 Sex	男	年　　齡 Age	28-40
教育程度 Education	大學電機相關科系畢業		
專　　業 Knowledge	鍋爐、冷凍、空調、水電等工程學理及旅館設施之維修管理，工程製圖，工業安全		
工作經驗 Experience	國際觀光旅館工程領班二年以上工作經驗		
工作能力 Ability	督導訓練所屬員工，安排飯店內各項工作進度保養計畫及分派各項設施之操作檢查		
性格／儀表 Personality / Appearance	果斷、反應敏捷、思慮周密		
體　　型 Physique	正常體位		
工作關係 Interaction	採購部、承包商		
晉升關係 Advancement	總工程師		
主要職掌 Responsibilities	協助總工程師編制部門預算、工作計畫，人員之訓練、督導考核、工作安排分配，機器設備之檢查		

表4-26　工程部秘書工作說明

職　稱 Job Title	秘書	部　門 Department	工程部
職　階 Job Level	事務人員	員　額 Manning	1
上級主管 Report to	總工程師	下屬人員 Supervises	
工作時數 Hours	正常班	休　假 Day Off	週日及國定假日
性　別 Sex	女	年　齡 Age	23-30
教育程度 Education	大專畢業		
專　業 Knowledge	檔案管理，公文收發，文書處理		
工作經驗 Experience	秘書工作一年以上		
工作能力 Ability	溝通協調，整理資料，製作報表		
性格／儀表 Personality / Appearance	開朗、愉快、細心		
體　型 Physique	正常體位		
工作關係 Interaction	採購部、人資部		
晉升關係 Advancement	執行秘書		
主要職掌 Responsibilities	文書處理，檔案管理，公文收發，溝通聯繫		

表4-27　工程部領班工作說明

職　稱 Job Title	領班	部　門 Department	工程部
職　階 Job Level	督導人員	員　額 Manning	1
上級主管 Report to	總工程師	下屬人員 Supervises	工程部所屬人員
工作時數 Hours	輪班制	休　假 Day Off	週日及國定假日輪休
性　別 Sex	男	年　齡 Age	26-35
教育程度 Education	大專工科畢業		
專　業 Knowledge	各項機器設備之操作、保養、故障排除		
工作經驗 Experience	資深技術員二年以上		
工作能力 Ability	技術員工作之分派、督導、各項機器設備之檢查		
性格／儀表 Personality / Appearance	體健、正直		
體　型 Physique	正常體位		
工作關係 Interaction	工程部所屬人員、房務部		
晉升關係 Advancement	副總工程師		
主要職掌 Responsibilities	訓練、督導、考核技術員，機器設備之操作、檢查、保養與故障排除，技術員工具之分發與保管，技術員工作之檢查		

表4-28 工程部客房組組長工作說明

職 稱 **Job Title**	客房組組長	部 門 **Department**	工程部
職 階 **Job Level**	技術人員	員 額 **Manning**	1
上級主管 **Report to**	領班	下屬人員 **Supervises**	技術員、資深技術員
工作時數 **Hours**	輪班制	休 假 **Day Off**	週日及國定假日輪休
性 別 **Sex**	男	年 齡 **Age**	23-35
教育程度 **Education**	高工畢業		
專 業 **Knowledge**	水電、空調、鍋爐、音響、總機、汙水處理、裝配、發電機、消防等設施之操作、保養及故障		
工作經驗 **Experience**	技術員四年以上		
工作能力 **Ability**	訓練及督導技術員		
性格／儀表 **Personality / Appearance**	體健、正直		
體 型 **Physique**	正常體位		
工作關係 **Interaction**	房務部		
晉升關係 **Advancement**	領班		
主要職掌 **Responsibilities**	水電、空調、鍋爐、音響、總機、汙水處理、裝配、發電機、消防設施等之檢查、操作、維護、故障排除，訓練督導技術員與練習員		

表4-29　工程部設備組組長工作說明

職　稱 Job Title	設備組組長	部　門 Department	工程部
職　階 Job Level	技術人員	員　額 Manning	1
上級主管 Report to	領班	下屬人員 Supervises	資深技術員、技術員
工作時數 Hours	輪班制	休　假 Day Off	週日及國定假日輪休
性　別 Sex	男	年　齡 Age	23-35
教育程度 Education	高工畢業		
專　業 Knowledge	水電、空調、鍋爐、音響、總機、汙水處理、裝配、發電機、消防等設施之操作、保養及故障		
工作經驗 Experience	技術員四年以上		
工作能力 Ability	訓練及督導技術員		
性格／儀表 Personality / Appearance	體健、正直		
體　型 Physique	正常體位		
工作關係 Interaction	房務部、餐飲部		
晉升關係 Advancement	領班		
主要職掌 Responsibilities	水電、空調、鍋爐、音響、總機、汙水處理、裝配、發電機、消防設施等之檢查、操作、維護、故障排除，訓練督導技術員與練習員		

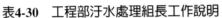

表4-30　工程部汙水處理組長工作說明

職　　稱 Job Title	汙水處理組長	部　　門 Department	工程部
職　　階 Job Level	技術人員	員　　額 Manning	1
上級主管 Report to	領班	下屬人員 Supervises	技術員
工作時數 Hours	輪班制	休　　假 Day Off	週日及國定假日輪休
性　　別 Sex	男	年　　齡 Age	23-35
教育程度 Education	高工畢業		
專　　業 Knowledge	汙水處理設施之檢查、操作、保養及故障排除		
工作經驗 Experience	技術員四年以上		
工作能力 Ability	訓練及督導技術員和練習員		
性格／儀表 Personality / Appearance	體健、正直		
體　　型 Physique	正常體位		
工作關係 Interaction	環保署		
晉升關係 Advancement	領班		
主要職掌 Responsibilities	汙水處理設施之檢查、保養、操作及故障排除，技術員之督導和訓練		

表4-31　工程部資深技術員工作說明

職　　稱 Job Title	資深技術員	部　　門 Department	工程部
職　　階 Job Level	技術人員	員　　額 Manning	
上級主管 Report to	領班	下屬人員 Supervises	技術員
工作時數 Hours	輪班制	休　　假 Day Off	週日及國定假日輪休
性　　別 Sex	男	年　　齡 Age	23-35
教育程度 Education	高中畢業		
專　　業 Knowledge	水電、空調、鍋爐、音響、總機、汙水處理、裝配、發電機、消防等設施之操作、保養及故障排除		
工作經驗 Experience	技術員三年以上		
工作能力 Ability	訓練及督導技術員		
性格／儀表 Personality / Appearance	體健、正直		
體　　型 Physique	正常體位		
工作關係 Interaction	房務部		
晉升關係 Advancement	領班		
主要職掌 Responsibilities	水電、空調、鍋爐、音響、總機、汙水處理、裝配、發電機、消防設施等之檢查、操作、維護、故障排除，訓練督導技術員與練習員		

表4-32　工程部技術員工作說明

職　稱 Job Title	技術員	部　門 Department	工程部
職　階 Job Level	技術人員	員　額 Manning	
上級主管 Report to	領班	下屬人員 Supervises	
工作時數 Hours	輪班制	休　假 Day Off	週日及國定假日輪休
性　別 Sex	男	年　齡 Age	20-35
教育程度 Education	高工畢業		
專　業 Knowledge	水電、空調、鍋爐、音響、汙水處理、發電機及消防設備設施之操作		
工作經驗 Experience	練習員一年以上		
工作能力 Ability	各項水電設施之操作		
性格／儀表 Personality / Appearance	體健、耐勞		
體　型 Physique	正常體位		
工作關係 Interaction	餐飲部、房務部		
晉升關係 Advancement	資深技術員		
主要職掌 Responsibilities	水電、空調、鍋爐、音響、汙水處理、發電機及消防設施之操作，實施檢查、保養及修護工作		

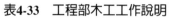

表4-33　工程部木工工作說明

職　　稱 Job Title	木工	部　　門 Department	工程部
職　　階 Job Level	技術人員	員　　額 Manning	1
上級主管 Report to	領班	下屬人員 Supervises	
工作時數 Hours	輪班制	休　　假 Day Off	週日及國定假日輪休
性　　別 Sex	男	年　　齡 Age	22-40
教育程度 Education	國中畢業		
專　　業 Knowledge	木料品質之辨別及估價，木質製品之設計施工，簡易水泥之設計與施工，油漆工作		
工作經驗 Experience	從事木工三年以上		
工作能力 Ability	訓練及督導木工		
性格／儀表 Personality / Appearance	體健、耐勞		
體　　型 Physique	正常體位，能負重		
工作關係 Interaction	客務部、房務部、餐飲部		
晉升關係 Advancement	木工／油漆工組長		
主要職掌 Responsibilities	依上級指示負責木質製品之設計、施工及養護，簡易水泥之設計施工及養護，木料之估價，外包木工之估價、監工		

表4-34　工程部油漆工工作說明

職　　稱 Job Title	油漆工	部　　門 Department	工程部
職　　階 Job Level	技術人員	員　　額 Manning	1
上級主管 Report to	領班	下屬人員 Supervises	
工作時數 Hours	輪班制	休　　假 Day Off	週日及國定假日輪休
性　　別 Sex	男	年　　齡 Age	22-40
教育程度 Education	國中畢業		
專　　業 Knowledge	油漆品質的辨別、選擇、調色		
工作經驗 Experience	從事油漆工三年以上		
工作能力 Ability	油漆粉刷		
性格／儀表 Personality / Appearance	體健、耐勞		
體　　型 Physique	正常體位		
工作關係 Interaction	房務部		
晉升關係 Advancement	木工／油漆工組長		
主要職掌 Responsibilities	依上級指示負責木料、牆壁、天花板、金屬等油漆粉刷，油漆外包之估價、監工		

表4-35 工程部園藝組長工作說明

職　　稱 Job Title	園藝組長	部　　門 Department	工程部
職　　階 Job Level	督導人員	員　　額 Manning	1
上級主管 Report to	領班	下屬人員 Supervises	園丁
工作時數 Hours	輪班制	休　　假 Day Off	週日及國定假日輪休
性　　別 Sex	男	年　　齡 Age	35-50
教育程度 Education	國中畢業		
專　　業 Knowledge	園藝造景		
工作經驗 Experience	園丁工作二年以上		
工作能力 Ability	訓練、督導、指揮園丁工作		
性格／儀表 Personality / Appearance	能負重、可在日光下長時間工作		
體　　型 Physique	正常體位		
工作關係 Interaction	工程部相關人員、房務部（清潔組）		
晉升關係 Advancement	領班		
主要職掌 Responsibilities	依上級指示負責園藝造景之設計、施工及維護，訓練、督導、指揮園丁工作		

表4-36　工程部園丁工作說明

職　稱 Job Title	園丁	部　門 Department	工程部
職　階 Job Level	操作人員	員　額 Manning	
上級主管 Report to	園藝組長	下屬人員 Supervises	
工作時數 Hours	輪班制	休　假 Day Off	週日及國定假日輪休
性　別 Sex	男	年　齡 Age	35-50
教育程度 Education	小學畢業		
專　業 Knowledge	園藝工作		
工作經驗 Experience	實習園丁一年以上		
工作能力 Ability	花木修剪、種植		
性格／儀表 Personality / Appearance	體健耐勞、能負重、可在日光下長時間工作		
體　型 Physique	正常體位		
工作關係 Interaction	工程部相關人員、房務部（清潔組）		
晉升關係 Advancement	園藝組長		
主要職掌 Responsibilities	花木之修剪、種植、澆水，保持庭園及旅館周圍清潔，修補 道路及負重，簡易水泥工作		

第四節　人資部門組織與工作職能

　　人力資源部門（簡稱人資部）相關人員之職務包括：人力資源經理、人力資源副理、訓練主任、訓練專員、人事主任、專員等。其主要是負責人事制度的規劃與改善、有效規劃執行人員聘僱，以及運用各部門人力、改善人力之發展及培訓計畫、提升員工技術及知識層次。另外，亦負責建立與改善員工福利制度、員工團體活動，並與各學校、政府機關保持良好關係等。本節擬分組織架構及工作說明，分別加以詳述。

一、組織架構

　　人資部組織架構圖是將人資部最常見的組織架構，以樹狀圖來表示，吾人即可由組織圖中瞭解上司及下屬間的從屬關係。茲將人資部之組織架構圖詳示如**圖4-4**。

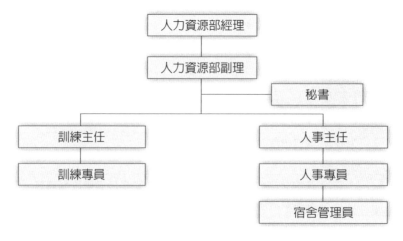

圖4-4　人資部組織圖

二、工作說明

　　組織架構圖是爲明瞭整個部門的組織及主管與從屬間的關係。至於部門內各相關人員的工作內容，擬以工作說明列表表示，其內容包括：職稱、部門、職階、員額、上級主管、下屬人員、工作時數、休假、性別、年齡、教育程度、專業、工作經驗、工作能力、性格、儀表、體型、工作關係、晉升關係、主要職掌等各項。茲將人資部之工作說明詳列如**表4-37**至**表4-43**，以提供實務操作時之參考，如研擬個案時應依實際操作時的需要，適度加以調整。

表4-37　人資部人力資源經理工作說明

職　　稱 Job Title	人力資源經理	部　　門 Department	人力資源部
職　　階 Job Level	A級管理人員	員　　額 Manning	1
上級主管 Report to	副總經理	下屬人員 Supervises	人力資源部所屬人員
工作時數 Hours	正常班	休　　假 Day Off	週日及國定假日
性　　別 Sex	男／女	年　　齡 Age	30-45
教育程度 Education	大學企管相關科系畢業		
專　　業 Knowledge	勞工法令，勞工保險，人事管理，員工訓練發展		
工作經驗 Experience	人事訓練管理五年以上		
工作能力 Ability	制定及執行人事制度，安排員工休閒活動和員工福利，招募訓練新進員工，處理員工問題，擅長於溝通和人際關係，英文說寫流利		
性格／儀表 Personality / Appearance	沉穩、有親和力、公正		
體　　型 Physique	正常體位		
工作關係 Interaction	學校、職訓機構、就業輔導機構、政府相關單位		
晉升關係 Advancement	副總經理		
主要職掌 Responsibilities	制定及執行人事制度，招募任用人員，促進勞資關係，處理員工問題，安排員工休閒活動和員工福利，醫療保健，編列及控制人事訓練費用，訓練、督導、考核所屬部門人員達成工作績效		

表4-38　人資部秘書工作說明

職　　稱 **Job Title**	秘書	部　　門 **Department**	人力資源部
職　　階 **Job Level**	事務人員	員　　額 **Manning**	1
上級主管 **Report to**	人力資源經理	下屬人員 **Supervises**	
工作時數 **Hours**	正常班	休　　假 **Day Off**	週日及國定假日
性　　別 **Sex**	女	年　　齡 **Age**	25-35
教育程度 **Education**	大專畢業		
專　　業 **Knowledge**	電腦操作，檔案管理		
工作經驗 **Experience**	秘書工作一年以上		
工作能力 **Ability**	英文說寫、英文打字		
性格／儀表 **Personality / Appearance**	細心、謙和有禮		
體　　型 **Physique**	正常體位		
工作關係 **Interaction**	人力資源相關人員		
晉升關係 **Advancement**	人事專員		
主要職掌 **Responsibilities**	員工試用考核作業，部門檔案的管理，員工更衣室鑰匙之管理，年度考核和薪資調整表格和資料之準備，公文收發，溝通聯繫		

表4-39 人資部人事主任工作說明

職　　稱 Job Title	人事主任	部　　門 Department	人力資源部
職　　階 Job Level	督導人員	員　　額 Manning	1
上級主管 Report to	人力資源經理	下屬人員 Supervises	
工作時數 Hours	正常班	休　　假 Day Off	週日及國定假日
性　　別 Sex	男／女	年　　齡 Age	30-50
教育程度 Education	大專相關科系畢業		
專　　業 Knowledge	員工報到，離職手續，勞工保險、團體保險手續		
工作經驗 Experience	人事工作三年以上		
工作能力 Ability	處理員工問題		
性格／儀表 Personality / Appearance	細心、謙和有禮		
體　　型 Physique	正常體位		
工作關係 Interaction	經濟部投審會、警察局刑事科、交通部觀光局、內政部外務 領事處		
晉升關係 Advancement	人力資源副理		
主要職掌 Responsibilities	辦理外籍聘僱人員工作許可、簽證、居留、宿舍租賃和管 理，員工餐廳之管理，辦理員工休閒活動，人事廣告之刊 登，對外公文之草擬與處理		

表4-40　人資部人事專員工作說明

職　　稱 Job Title	人事專員	部　　門 Department	人力資源部
職　　階 Job Level	事務人員	員　　額 Manning	1
上級主管 Report to	人力資源經理	下屬人員 Supervises	辦事員
工作時數 Hours	正常班	休　　假 Day Off	週日及國定假日
性　　別 Sex	男／女	年　　齡 Age	28-40
教育程度 Education	大專相關科系畢業		
專　　業 Knowledge	辦理外籍聘僱人員工作許可、簽證、居留、宿舍租賃和管理，處理與人事有關之對外公文		
工作經驗 Experience	人事或總務工作一年以上		
工作能力 Ability	草擬公文、合約		
性格／儀表 Personality / Appearance	細心、有耐性		
體　　型 Physique	正常體位		
工作關係 Interaction	勞保局、保險公司		
晉升關係 Advancement	人事主任		
主要職掌 Responsibilities	辦理新進人員報到手續及員工離職手續，辦理員工團體保險及勞工保險加退保及變更手續，員工人事檔案的管理，臨時餐券之核發		

表4-41 人資部訓練主任工作說明

職　　稱 Job Title	訓練主任	部　　門 Department	人力資源部
職　　階 Job Level	督導人員	員　　額 Manning	1
上級主管 Report to	人力資源經理	下屬人員 Supervises	訓練專員
工作時數 Hours	正常班	休　　假 Day Off	週日及國定假日
性　　別 Sex	男 / 女	年　　齡 Age	28-45
教育程度 Education	大學企管相關科系畢業		
專　　業 Knowledge	旅館各部門各階層人員之訓練計畫及執行		
工作經驗 Experience	訓練工作三年以上		
工作能力 Ability	人際關係，溝通協調，英文語言流利		
性格 / 儀表 Personality / Appearance	有親和力		
體　　型 Physique	正常體位		
工作關係 Interaction	教育訓練機構、職訓中心、有觀光相關科系之各級學校		
晉升關係 Advancement	人力資源副理		
主要職掌 Responsibilities	旅館各部門各階層之訓練計畫、督導及執行，學生實習之安排，員工發展之諮詢		

表4-42　人資部訓練專員工作說明

職　　稱 Job Title	訓練專員	部　　門 Department	人力資源部
職　　階 Job Level	事務人員	員　　額 Manning	1
上級主管 Report to	人力資源經理	下屬人員 Supervises	辦事員
工作時數 Hours	正常班	休　　假 Day Off	週日及國定假日
性　　別 Sex	男／女	年　　齡 Age	25-40
教育程度 Education	大學企管相關科系畢業		
專　　業 Knowledge	訓練教材之編制與管理，訓練課程之規劃與教導		
工作經驗 Experience	訓練工作一年以上		
工作能力 Ability	具有策劃訓練課程與執行的能力，英語流利，具溝通能力		
性格／儀表 Personality / Appearance	儀表端正、親和		
體　　型 Physique	正常體位		
工作關係 Interaction	旅館各單位、學校、各種師資來源相關機構、教育訓練機構		
晉升關係 Advancement	訓練主任		
主要職掌 Responsibilities	在訓練主任督導下規劃與執行旅館各單位之訓練活動，編制訓練教材，製作訓練活動月報表，管理訓練檔案，旅館圖書之採購與管理，安排學生實習之相關事宜，協助員工刊物之編制		

 人力資源管理

表4-43 人資部宿舍管理員工作說明

職　　稱 Job Title	宿舍管理員	部　　門 Department	人力資源部
職　　階 Job Level	事務人員	員　　額 Manning	1
上級主管 Report to	人事主任	下屬人員 Supervises	
工作時數 Hours	輪班制	休　　假 Day Off	輪休
性　　別 Sex	男／女	年　　齡 Age	35-50
教育程度 Education	國中以上或同等學歷		
專　　業 Knowledge	略諳水電維修或木工技術		
工作經驗 Experience	宿舍管理一年以上		
工作能力 Ability	溝通協調、有責任感		
性格／儀表 Personality / Appearance	儀表端正		
體　　型 Physique	正常體位		
工作關係 Interaction	工程部		
晉升關係 Advancement			
主要職掌 Responsibilities	負責宿舍門禁管制，負責宿舍設備之正常運作，維持宿舍環境整潔，宿舍財產之管理，經常性巡視宿舍以確保宿舍安全，處理住宿人員相關資料及宿舍扣款事宜，維持宿舍紀律		

第五節　安全室組織與工作職能

　　安全室相關人員之職務包括：安全室主任、警衛組組長、警衛組領班、文書辦事員、警衛等。其職能為負責淨化內部、實施員工查核及突發事件後的調查處理，負責門禁管制與監督員工出入、攜物檢查、會客處理以及警衛人員與一般員工之安全教育；旅館內秩序的維持、旅館活動區域的管制、發生天然災害時的警戒事宜。此外，亦包括交通指揮管制、停車場之管理及安全設施、器材之使用與維護等。本節擬分組織架構及工作說明，分別加以詳述。

一、組織架構

　　安全室組織架構圖是將安全室最常見的組織架構，以樹狀圖來表示，吾人即可由組織圖中瞭解上司及下屬間的從屬關係。茲將安全室之組織架構圖詳示如圖4-5。

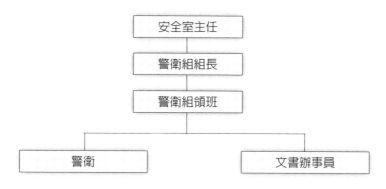

圖4-5　安全室組織圖

二、工作說明

　　組織架構圖是為明瞭整個部門的組織及主管與從屬間的關係。至於部門內各相關人員的工作內容，擬以工作說明列表表示，其內容包括：職稱、部門、職階、員額、上級主管、下屬人員、工作時數、休假、性別、年齡、教育程度、專業、工作經驗、工作能力、性格、儀表、體型、工作關係、晉升關係、主要職掌等各項。茲將安全室之工作說明詳列如**表4-44**至**表4-48**，以提供實務操作時之參考，如研擬個案時應依實際操作時的需要，適度加以調整。

表4-44　安全室主任工作說明

職　稱 Job Title	安全室主任	部　門 Department	安全室
職　階 Job Level	B級管理人員	員　額 Manning	1
上級主管 Report to	副總經理	下屬人員 Supervises	安全室所屬人員
工作時數 Hours	正常班	休　假 Day Off	週日及國定假日輪休
性　別 Sex	男	年　齡 Age	45-55
教育程度 Education	大專畢業或同等學歷		
專　業 Knowledge	旅館安全制度和安全器材設備的使用，旅館建築的詳細配置、調查，旅館安全有關情報分析判斷，意外事件和緊急事故的預防與處理		
工作經驗 Experience	軍事或警察單位任職，營長級或分局長以上任主管二年以上，或在情治單位工作五年以上經驗者		
工作能力 Ability	具有領導統御、策定有關安全各種計畫並督導實施之能力		
性格／儀表 Personality / Appearance	儀表端正穩健、機警果敢		
體　型 Physique	正常體位		
工作關係 Interaction	警察局、派出所等情治單位、人力資源部		
晉升關係 Advancement			
主要職掌 Responsibilities	處理或調查與旅館安全有關之事件並提出報告，與警察局及情治單位維持良好關係，指揮、督導安全室所屬人員，做好旅館安全維護勤務，實施員工安全查核及適當之布建，掌握全體員工之動態，並與人資部配合實施員工安全訓練		

旅館 人力資源管理

表4-45 安全室警衛組組長工作說明

職 稱 Job Title	警衛組組長	部 門 Department	安全室
職 階 Job Level	督導人員	員 額 Manning	1
上級主管 Report to	安全室主任	下屬人員 Supervises	全體警衛人員
工作時數 Hours	輪班制	休 假 Day Off	週日及國定假日輪休
性 別 Sex	男	年 齡 Age	40-50
教育程度 Education	專科以上或同等學歷		
專 業 Knowledge	旅館安全制度和安全設施及器材的使用,旅館建築的詳細配置,意外事件和緊急事故的處理		
工作經驗 Experience	安全領班三年以上		
工作能力 Ability	調查或處理與旅館安全有關的事件並提出報告		
性格／儀表 Personality / Appearance	正直、果敢、機警		
體 型 Physique	正常體位		
工作關係 Interaction	警察局、派出所等情治單位、人力資源部		
晉升關係 Advancement	安全室主任		
主要職掌 Responsibilities	安全室人員之在職訓練,警衛勤務之督導,行政事務之處理,突發事件之處理與反應		

表4-46　安全室警衛組領班工作說明

職　　稱 Job Title	警衛組領班	部　　門 Department	安全室
職　　階 Job Level	督導人員	員　　額 Manning	3
上級主管 Report to	警衛組組長	下屬人員 Supervises	警衛
工作時數 Hours	輪班制	休　　假 Day Off	週日及國定假日輪休
性　　別 Sex	男	年　　齡 Age	30-45
教育程度 Education	高中畢業		
專　　業 Knowledge	旅館安全制度和器材之使用，意外災害和緊急事故的處理		
工作經驗 Experience	警衛二年以上		
工作能力 Ability	突發事件之處理與預防，使用安全器材，自我防衛，緊急救護		
性格／儀表 Personality / Appearance	正直、果敢、機警		
體　　型 Physique	正常體位，身高170公分以上		
工作關係 Interaction	客務部、服務中心		
晉升關係 Advancement	警衛組組長		
主要職掌 Responsibilities	督導訓練警衛人員，警衛人員之考勤及工作分配，以站崗、巡邏、檢查方式維持旅館內外之秩序，防止火災、盜竊、破壞、滋擾等事件之發生		

表4-47 安全室文書辦事員工作說明

職　　稱 Job Title	文書辦事員	部　　門 Department	安全室
職　　階 Job Level	操作人員	員　　額 Manning	2
上級主管 Report to	安全室主任	下屬人員 Supervises	
工作時數 Hours	輪班制	休　　假 Day Off	週日及國定假日輪休
性　　別 Sex	女	年　　齡 Age	25-35
教育程度 Education	高中畢業		
專　　業 Knowledge	文書，電腦打字，安全器材之維修		
工作經驗 Experience	文書處理一年以上		
工作能力 Ability	使用安全器材，緊急救護		
性格／儀表 Personality / Appearance	正直、果敢、機警		
體　　型 Physique	正常體位，身高160公分以上		
工作關係 Interaction	安全室相關人員		
晉升關係 Advancement	警衛組領班		
主要職掌 Responsibilities	文書業務，門禁管制，員工打卡之監督，閉路電視監視系統之操作監看，備用鑰匙及安全器材之保管		

表4-48　安全室警衛工作說明

職　　稱 Job Title	警衛	部　　門 Department	安全室
職　　階 Job Level	操作人員	員　　額 Manning	11
上級主管 Report to	警衛組領班	下屬人員 Supervises	
工作時數 Hours	輪班制	休　　假 Day Off	週日及國定假日輪休
性　　別 Sex	男	年　　齡 Age	25-40
教育程度 Education	高中畢業		
專　　業 Knowledge	安全器材之使用		
工作經驗 Experience	無經驗可		
工作能力 Ability	使用安全器材，自我防衛，緊急救護		
性格／儀表 Personality / Appearance	正直、果敢、機警		
體　　型 Physique	正常體位，身高170公分以上		
工作關係 Interaction	門衛、行李員		
晉升關係 Advancement	警衛組領班		
主要職掌 Responsibilities	執行站崗、巡邏、監視及門禁管制，維持大廳和公共區域之秩序，防患竊盜破壞、火災等意外事件		

第三篇

旅館人力資源規劃
與管理

　　人力資源可分為「內在」與「外在」兩大部分。「內在」人力資源係指企業內部的人力規劃及運用。「外在」人力資源係指企業之外的社會上之人力開發、吸收及運用等。但經營環境改變，經營所需的人力也隨著改變，試想：未來的世界會變成如何？我們的工作環境與生產技術將如何改變？旅館需要什麼學歷與技能的人員？這些人員如何運用？旅館在未來能招募到所需人才嗎？可以自行訓練現有人員嗎？這一連串的問題都說明人力資源管理的重要。

　　目前台灣地區的觀光旅館產業規模日益龐大和大環境的具體改變，服務項目的發展則傾向多樣化，勞基法的納入，將對業者帶來很大的衝擊，此外，在「顧客為上」及「消費者意識抬頭」的現今，越來越多客戶希望獲得個人化的尊貴服務，使得市場競爭策略瞬息萬變，每家旅館無不推陳出新，提供顧客五花八門的尊貴性服務，以期望不但能安撫老客戶同時還能羅致其他競爭者的新客戶來，同時亦加快了高科技的發展腳步，使組織的虛擬化更能加速進行。

　　人才流動高是旅館業最頭痛的問題，如何招募人才、留住人才，成為旅館經營上的一大挑戰。旅館人力資源管理的意義在於為組織提供有勞動能力、服務意識、才能、創造力和推動力的人，即是有系統和步驟地實施旅館內的人員招募、遴選、任用、績效評估、薪資、福利、升遷制度、培訓計畫和員工關係等計畫，使得員工都能各得其所，人盡其才。可由下圖得知其互相之間的關係是密不可分的。

　　本篇裡，將深入探討觀光渡假旅館的人力規劃、人員任用計畫。

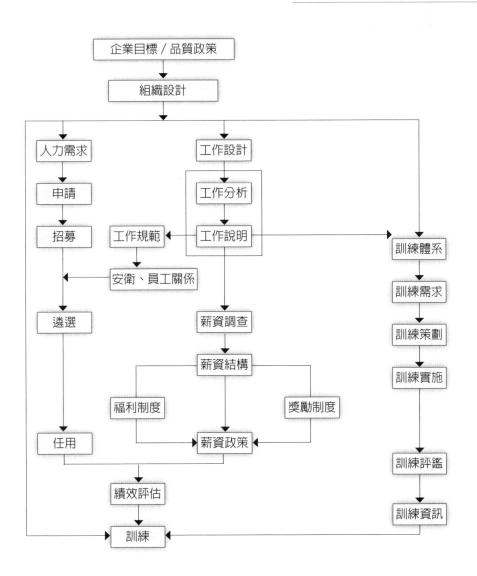

第五章

優質人力配置規劃

　　旅館業必須面對消費者喜好的多樣性，產品的種類也必須不斷推陳出新，在觀光渡假旅館因淡、旺季的明顯，使得在服務流程上變得更複雜，工作的安排也就更困難。安排的不妥當，常會造成閒置人力的浪費。爲了使人力的配置合理，人力的規劃就顯得非常重要。

第一節　優質人力配置

　　人力計畫可分爲短程、中程及長程三種；短程多以一年爲期，中程則以三年至五年爲期，長程則以五年以上爲期。不論短程、中程或長程，均須在旅館開幕前一年編制完成，以便旅館開幕後逐一執行；但中程及長程計畫則需每年調整編制，期使未來數年均有完整之人力計畫。

一、人力計畫

　　在訂定人力計畫時，需考慮下列因素：

1. 未來發展：必須與業務部門密切配合，瞭解旅館的未來發展所需的人力。
2. 以往人力異動之情形。
3. 專業技術人員：廚師、救生人員、護士、鍋爐、水電、汙水處理等特殊技術人員的聘僱。
4. 外在環境之變化：
   (1) 未來人口及勞動供需之變化。
   (2) 整體經濟環境之變化。
   (3) 政府之勞工政策及勞工法令之修訂。

制定出各部門所需的崗位設置和員額編制。

為使人力的適量、適質、適時的補充。可依下列幾項數值建立人力運用標準：

1.生產量。

2.生產力指數。

3.目標生產力指數。

4.最大生產力指數。

(一)範例

B旅館為建立餐飲部與房務部之人力運用標準，其計算方式參考如下：

1.生產量：營業部門的產量。例如：

　(1)房務部的生產量計算單位：住房數。

　(2)各餐廳／酒吧／廚房的生產量計算單位：銷售份數。

2.生產力指數：這段期間內的生產量除以這段期間內之人員工作天數（含臨時人員）。

3.目標生產力指數：去年同期的生產力指數。

4.最大生產力指數：過去兩年的最高生產力指數。

(二)程序

1.人力資源部於年底時備妥下年度每一部門相關的人員編制表、最大生產力指數、目標生產力指數和預計生產營業總值等資訊，並分發予相關部門。

2.業務部依據訂房情形及其最佳評估判斷，於月底時製作下個月一號至月底的客房銷售預估報表給與人力資源部。

3.人力資源部於收到業務部製作的客房銷售預估表後，分發此報表予餐飲部和房務部。

4.相關部門／單位主管可將預估生產量、人力需求和生產力連同客房銷售預估表於每月月底由負責排班之人員，依據需求排班或有必要時申請臨時人員。

5.人力資源部於每月製作餐飲部與房務部之生產力分析報告，以評估部門人力安排之績效。

二、人力資料分析

為了做好人力的規劃，對員工各方面的資料進行收集及分析。與人力計畫及控制相關的資料分析工作主要有以下幾項：

(一)員額編制表

員額編制標準之訂定，可分為以下六種方式訂定：

1.以組織職稱為設置標準。例如：總經理○人，副總經理○人，餐廳經理○人。

2.以標準工作量為設置標準。例如：電腦打字員，每人每天打字數來訂定。

3.以部門業務量為設置標準。例如：餐飲部服務人員，以餐廳每天的銷售份數及顧客數來訂定；房務部房務員，以每天的客人住房數來訂定。

4.以工作區域、面積，作為設置標準。例如：清潔員，以旅館公共區域、餐廳坪數、廚房坪數來訂定。

5.以機械設備作為設置標準。例如：工程部設備操作人員，按機械設備數量配置人數。

6.以值班工作時間內所需之人員數，作為設置標準。

此一報表用來表示某一部門聘用的在職人員數目及人員變化情況。員額編制表如**表5-1**，填寫部門、工作職稱、預編人數、實際人數、差值等，預編人數即某一部門被允許僱用的人數。超出和不足的差值可在此表中標示出來。人力資源部門和有關部門主管根據這份報表可以瞭解到目前人力的利用情況。

(二)勞務成本分析

勞務成本分析是「員額編制表」的發展，需要由人力資源部門和財務部門共同編制完成。勞務成本分析能反映出旅館所設計的用人方案的效率和服務的績效。一般來說，在中、小型的旅館，勞務成本平均占年收入的18%～32%，在五星級的旅館中占25%～35%。如果沒有特殊情況，超出以上範圍，則應對勞務成本進行有效的控制。

(三)員工離職率分析

進行員工離職率分析有助於發現存在問題的部門，及時採取措施補充人力，穩定士氣。

在這一分析中包括每一部門以及整個旅館的人員流動率，公式如下：

$$\frac{該時期離職人員的數目}{該時期僱用人員的平均數} \times 100\%$$

表5-1　員額編制表

部門	工作職稱	預編人數	實際人數	差值
餐飲部辦公室	餐飲部經理	1	1	0
	秘書	1	1	0
	總數	2	2	0
西餐廳	經理	1	1	0
	副理	1		1
	主任	1	1	0
	資深領班	1	1	0
	領班	2	2	0
	資深服務員	1	2	(1)
	服務員	7	3	4
	練習員	2	4	(2)
	總數	16	14	2
中餐廳	經理	1	1	0
	副理	1	1	0
	主任	1		1
	領班	2	2	0
	資深服務員	1	2	(1)
	服務員	4	1	3
	練習員	1	1	0
	總數	11	8	3
日本料理	經理	1		1
	主任		1	(1)
	領班		1	(1)
	資深服務員	1	1	0
	服務員	2		2
	總數	4	3	1
飲務部	經理	1	1	0
	副理	1	1	0
	酒吧主任	1	1	0
	資深調酒員	1	1	0
	調酒員	2	2	0
	助理調酒員	2	1	1
	資深服務員	4	4	0
	總數	12	11	1

（續）表5-1　員額編制表

部門	工作職稱	預編人數	實際人數	差值
餐務組	主任	1	1	0
	領班		1	(1)
	資深餐務員	2	1	1
	餐務員	6	7	(1)
	總數	9	10	(1)
西廚房	行政主廚	1	1	0
	主廚	1	1	0
	副主廚	1	2	(1)
	主任廚師	1		1
	No.1廚師	2	2	0
	No.2廚師	2	2	0
	No.3廚師	2	2	0
	練習生	2	1	1
	總數	12	11	1
西點房	西點房主廚	1	1	0
	主任廚師	1	1	0
	No.1廚師	1	1	0
	No.2廚師	1	1	0
	No.3廚師	1	1	0
	總數	5	5	0
中廚房	行政主廚	1	1	0
	主廚	1	1	0
	副主廚	1	1	0
	主任廚師	2	2	0
	No.1廚師	1	1	0
	No.2廚師	1	1	0
	No.3廚師	1	1	0
	No.3砧板廚師	2	2	0
	總數	10	10	0
日本料理廚房	日本料理主廚&經理	1	1	0
	No.1廚師			0
	No.2廚師			0
	No.3廚師	1	1	0
	No.2壽司廚師	1		1

（續）表5-1　員額編制表

部門	工作職稱	預編人數	實際人數	差值
	No.3壽司廚師	1		1
	No.2鐵板燒廚師	1	1	0
	練習生	1	2	(1)
	總數	6	5	1
員工廚房	No.1廚師	1	1	0
	No.2廚師	1	1	0
	助理廚師	2	3	(1)
	總數	4	5	(1)
	餐飲部總數	91	84	7
客務部	客務部經理	1	1	0
	客務部副理	2	1	1
	夜間主任	1	1	0
	櫃檯主任	1	1	0
	櫃檯接待組長	2	2	0
	櫃檯接待	5	7	(2)
	服務中心主任	1	1	0
	駕駛員	4	4	0
	話務主任	1	1	0
	話務員	4	3	1
	訂房主任	1	1	0
	訂房員	2	2	0
	服務中心領班	2	2	0
	行李員	2	2	0
	機場接待	1	1	0
	門衛組長	1	1	0
	門衛	2	2	0
	總數	33	33	0
育樂部	活動經理	1	1	0
	主任	1	1	0
	資深活動指導&救生員	1	2	(1)
	活動指導&救生員	2	2	0
	指壓師	1	1	0
	資深櫃檯接待	1		1
	櫃檯接待	2	3	(1)
	總數	9	10	(1)

（續）表5-1　員額編制表

部門	工作職稱	預編人數	實際人數	差值
房務部	房務部經理	1	1	0
	房務部副理	1		1
	主任			0
	儲備幹部		1	(1)
	領班	4	2	2
	夜間領班		1	(1)
	樓長	6	6	0
	資深房務員	2	2	0
	房務員	17	15	2
	環保組領班	3	3	0
	資深清潔員	2	2	0
	清潔員	10	10	0
	管衣室主任	1	1	0
	縫衣員	1	1	0
	辦事員	1	1	0
	總數	49	46	3
洗衣房	洗衣房經理	1	1	0
	水洗技術員	2	2	0
	乾洗技術員	1	1	0
	平燙員	5	5	0
	收衣員	1	1	0
	總數	10	10	0
	客房&育樂部總數	101	99	2
總經理辦公室	總經理	1	1	0
	副總經理	2	2	0
	總經理秘書	1	1	0
	秘書	2	2	0
	企劃經理	1	1	0
	資深美術設計師	1	1	0
	美術設計師	1	1	0
	總數	9	9	0
財務部	財務長	1	1	0
	會計主任	1	1	0
	成控主任	1	1	0
	電腦主任	1	1	0
	收入稽核主任	1	1	0

（續）表5-1　員額編制表

部門	工作職稱	預編人數	實際人數	差值
	秘書	1	1	0
	會計專員	1		1
	會計員	7	7	0
	總出納	1	1	0
	餐廳出納組長	1	1	0
	餐廳出納	9	9	0
	夜間稽核	1	1	0
	倉庫組長	1	1	0
	資深倉管員	1	1	0
	倉管員	1	1	0
	總數	29	28	1
工程部	總工程師	1	1	0
	副總工程師	1	1	0
	秘書	1	1	0
	儲備幹部	1	1	0
	總領班	1	1	0
	汙水處理組長	1	1	0
	客房修護組長	1	1	0
	設備修護組長	1	1	0
	裝潢組長	1	1	0
	資深技術員	5	6	(1)
	資深油漆匠	1	1	0
	助理油漆匠	1	1	0
	技術員	1	1	0
	園藝組長	1	1	0
	園藝副領班	1	1	0
	園藝工	1	1	0
	總數	20	21	(1)
採購部	採購部經理	1	1	0
	採購部主任		1	(1)
	採購代表	2	2	0
	辦事員	1	1	0
	資深駕駛員	1	1	0
	總數	5	6	(1)

（續）表5-1　員額編制表

部門	工作職稱	預編人數	實際人數	差值
人力資源部	人力資源部經理	1	1	0
	秘書	1	1	0
	人事主任	1	1	0
	訓練主任	1	1	0
	人事專員	1	1	0
	訓練專員			0
	總務專員			0
	宿舍管理員	2	2	0
	總數	7	7	0
業務部	業務部經理	1	1	0
	業務經理－高雄	1	1	0
	政府，商務－經理	1	1	0
	客務，商務－經理	1	1	0
	日本市場－經理	1	1	0
	秘書	1	1	0
	業務代表	2	2	0
	訂房員－台北	1	1	0
	訂房員－高雄	1	1	0
	訂房員－台中		1	(1)
	辦事員	1	1	0
	總數	11	12	(1)
公關	公關副理	1	1	0
	公關專員	1	1	0
	總數	2	2	0
安全室	安全室主任	1	1	0
	安全室組長	1	1	0
	安全室領班	3	3	0
	安全室副領班	3	3	0
	警衛兼文書	2	2	0
	警衛	5	5	0
	總數	15	15	0
	後勤單位總人數	98	100	(2)
	儲備幹部	3	2	1
	總數	293	285	8

　　另外，如能對員工年齡和在館內工作時間之關係（**表5-2**）及離職的原因（**表5-3**）做一分析，會更方便組織找到適當的人選。例如，就個人而言，離職原因可分為自願性離職，例如找到薪資較高、工作條件較好的工作，或是因家庭的因素（在家照顧小孩或懷孕，或配偶調職）等原因而離職；其次是非自願性離職，例如遭到解僱、強迫退休、嚴重疾病以及死亡等原因而離職。

表5-2　離職人員年資─年齡分析表

年齡	年資						
	～3/12	3/12～1	1～3	3～6	6～9	9～	
60～			1		2		
50～55							
45～50	1		1		1		
40～45	4	1	1	4	3		
35～40	1	3	4	3	1		
30～35	1	1	4	7	2		
25～30	7	6	6	5	3		
20～25	7	12	12	2			
18～20	6	5	4				
～18	3	1	2				
TOTAL	30	29	35	21	12	0	127

表5-3　離職原因

原因	94年	95年	原因	94年	95年
試用不合格	5	1	另謀生計	1	
行為不檢			自己創業	4	4
違反作業規定		1	私人心理因素	1	
連續三天不上班	1	1	家庭因素	23	25
違反人事規定			興趣不符	2	
解僱	4	3	調回母公司	1	
進修	21	13	契約期滿	1	2
薪資	4	6	服兵役	2	

（續）表5-3　離職原因

原因	94年	95年	原因	94年	95年
生病	9	6	退休	2	
復學		1	返鄉	1	
工作太重	1	3	出國	2	
工作環境	8	8	移民	1	
工作時間	1		結婚	1	
工作倦怠	3	1	懷孕	1	
另有高就	17	10	其他	15	2

三、員額精簡之方法

　　往往旅館在開幕之初，用了不少人力，日久之後，又因未能適當控制，使得組織層次增多，人員不當膨脹，產生組織龐大症，使得營運成本提高。

　　經由文獻探討，為避免閒置人力的浪費，現將閒置人力的對策繪成流程圖，如圖5-1所示。閒置人力的解決對策主要分為兩大部分，一是人力資源開發（保持原來的人力數量），可透過充實工作內容、提高產能、提升品質、教育訓練等方式來解決閒置人力的浪費；二是採用人力精簡的方式，即先利用程序分析的方法將工作刪除、合併、簡化及重組之後，再透過工作重設計的方式來增加組織的績效及人員的工作滿足。

　　觀光渡假旅館為充分滿足目標市場之需要，從而發展各種休閒活動，例如，高爾夫球揮桿、射箭、浮潛、海釣、遊艇、牧場之旅、有氧舞蹈等等活動，以滿足顧客的需要。為了達到人力之有效運用，旅館內部的人員必須做適當之調整和更動，可採行：

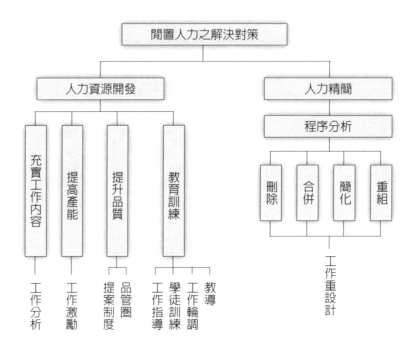

圖5-1　閒置人力解決對策

資料來源：1994年10月國立中山大學管理學院，人力資源管理研究所署期專案研
究報告。

(一)工作輪調

　　旅館的工作是多采多姿的，它像是一座舞台，員工都像是台上
穿著戲服的演員，所以必須給與多樣化的工作機會，使員工能安心久
待，減低離職率，工作輪調的另一目的是培植人才，員工如經工作輪
調，在其歷經數個不同職務或歷經數個不同部門，則必對各種不同職
位及不同部門之關係有更深切瞭解。同時，可以增加員工對旅館的認
同感。

(二)彈性工作時間

旅館因季節的不同，生意的起伏不定，對人力的需求也不同，因此，可經由全職及兼職員工工作時間的密切配合來加以運用，員工可以自由選擇開始與結束工作之時間，只要其一天內工作滿規定時間即可。員工因根據自己的需要調配時間，此種彈性有助於員工產生滿足感，進而提升生產力，減少缺席率及高異動率。

(三)僱用臨時工

在傳統上，臨時工通常指工作半天，在此，可使用更彈性的選擇，例如，西餐廳的早餐時段，房務部的房間整理的中午時段，最需要人手，可吸收已婚婦女加入這個行列。並擬定「臨時工獎勵辦法」激勵旅館內其他部門的員工利用自己的休假時間參與臨時性的工作。

例如A旅館之臨時工獎勵辦法：

1.具相關工作經驗（資深員工）者，每小時工資為120元。
2.累計工作時數100小時者，每小時工資為109元，或工作時數達200小時者，每小時工資為120元。

第二節　工作規劃與管理

所謂「工作規劃」，即對組織內各項工作之內容、責任、性質以及員工所應具備的基本條件，包括知識、能力、責任與熟練度等，加以研究和分析。

工作規劃的結果記錄在工作說明書及標準作業流程書（SOP）上，作為規劃與管理之依據。通常工作說明書包括了工作的定義與說

明每件工作之性質、內容、責任及任務等資料。它的主要目的是：

1.讓員工瞭解其所從事的工作與工作績效的標準所在。
2.闡明任務、責任與職權，以確定組織結構。
3.協助員工的招聘與安排就職。
4.協助新進員工執行其職務。
5.提供有關培訓與管理的發展資料。

一、工作說明書

一般常用的工作說明書之內容有：

1.職稱。
2.部門。
3.上級主管。
4.專業。
5.工作能力。
6.工作關係。
7.主要工作。

工作說明書對人力資源管理的各項功能有不同的用處，如圖5-2所示。在人員遴選的過程中，工作說明書是相當重要的引導文件，可用來跟求職者說明及作為初步篩選的依據，在人員任用上可作為擬定工作規範的依據；旅館的組織，按其作業功能分為兩大部門，一為前場部門，一為後勤部門。前場部門（客務部、房務部、餐飲部、業務部、育樂部）的任務在滿足客人之前提下，提供客人食宿娛樂活動的服務；後勤部門（人力資源部、財務部、工程部、採購部、安全室）的任務在以有效的行政支援，使前場部門的任務易於完成。

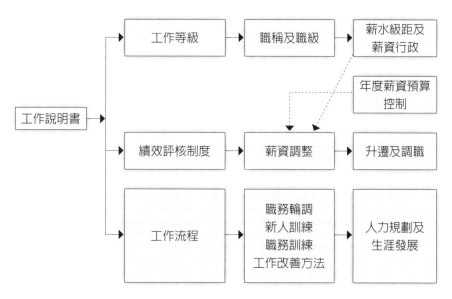

圖5-2 工作說明書

資料來源：1990年3月1日《工商時報》。

如有一個團體人數約100人左右，想至某觀光渡假旅館開會及渡假，業務部門所設計的套裝（package）行銷，結合交通、住宿、用餐、娛樂、活動、觀光的綜合販賣，必須要旅館內各部門相互的支援，方能完成任務。

現將各部門相關人員之職務說明如下：

(一)客務部

1.經理：(1)負責櫃檯、服務中心、總機、訂房及車輛調度人員之督導、訓練、考核；(2)處理顧客各項疑難及抱怨事件；(3)處理客務部所發生的問題；(4)接待重要貴賓。

2.大廳經理：(1)負責在大廳處理一切顧客之疑難，督導和訓練櫃檯人員；(2)處理各種緊急或意外事件；(3)接待貴賓。

3.接待主任：(1)負責櫃檯接待人員之訓練、督導、考核及人力的安排；(2)協助接待人員工作。

4.櫃檯接待：(1)負責接待旅客的登記及銷售客房；(2)分配房間；(3)旅館設施介紹。

5.櫃檯出納：(1)負責為房客結帳；(2)收受房客兌換外幣及旅行支票；(3)查驗客人所使用之信用卡、支票及現金；(4)處理客用保險箱工作。

6.訂房員：負責接受、更改、取消、確認訂房一切事宜。

7.話務員：(1)負責為房客及員工收發電話、轉接工作；(2)提供電話留言；(3)喚醒及廣播的服務。

8.行李員：(1)負責旅客行李的輸送；(2)引導房客至房間。

9.門衛：(1)負責代客停車；(2)迎接客人；(3)搬卸行李；(4)提供旅客有關旅遊之路線。

10.機場接待：(1)負責機場接送旅館旅客；(2)協助旅客解決在行李及機位方面的問題。

11.駕駛員：(1)負責旅客及員工上、下班時交通車之行駛及接送；(2)車輛定期保養及檢查。

(二)房務部

1.經理：(1)負責房務、清潔組、洗衣房、管衣室人員之督導、訓練、考核；(2)客房及公共區域的清潔及保養；(3)布品、員工制服、客衣之清潔控制；(4)處理房務部所發生的問題。

2.副理：(1)負責指揮及督導房務員、洗衣員、清潔員達成清理客房、布品及公共區域的任務；(2)有效的人力安排及合理的分配工作。

3.樓層領班：(1)負責房務員的排班；(2)協調及有效的分配人力與

工作；(3)訓練新進房務員。

4. 房務員：(1)負責客房之清掃、保養；(2)客房用品之補給。

5. 清潔員：(1)負責公共區域如大廳、洗衣間、各營業場所餐廳、員工餐廳、員工更衣室等場所之清潔；(2)負責公共區域家具之保養。

6. 洗衣技術員：(1)負責房客衣服、員工制服、客房用布巾類、餐廳用桌布巾類之清洗工作；(2)洗衣機器設備之保養維護。

7. 制服管理員：(1)負責管理客房、餐廳用布品之收發、保管；(2)員工制服之申請修補、汰換、保管。

(三)餐飲部

1. 經理：(1)負責餐飲業計畫之推廣與決策；(2)制定工作目標與標準程序；(3)督導、訓練、考核餐飲部所需員工之工作表現。

2. 副理：(1)負責協助管理餐廳營運；(2)控制成本及人力安排；(3)解決顧客抱怨。

3. 領班：(1)負責向顧客介紹推銷菜單；(2)維持餐廳整潔；(3)訓練基層服務人員；(4)處理顧客抱怨。

4. 服務員：(1)提供客人餐飲服務；(2)維持服務區域的整潔；(3)保持工作站的整潔。

5. 主廚：(1)負責食品需求材料的計算及請購；(2)食物成本的控制；(3)確保廚房的安全衛生；(4)新菜單的研發；(5)訓練、督導、考核廚房所屬人員的工作。

6. 廚師：(1)負責食物材料的清理、準備；(2)確保食物烹調過程的安全與衛生；(3)維持工作區域的整潔。

7. 學徒：(1)負責準備廚師所需的各種用具和材料；(2)清潔整理食物材料及器具設備。

(四)育樂部

1.經理：(1)負責休閒活動之策劃及執行；(2)訓練、督導、考核所屬人員之工作；(3)泳池安全衛生之計畫、休閒設施及器材之管理。

2.活動指導員：(1)負責各項休閒活動之安排；(2)教授各項休閒活動；(3)設施及器材之保養。

3.救生員：(1)負責確保泳客安全；(2)泳池之清潔管理。

4.接待員：(1)負責介紹及安排各項休閒活動；(2)休閒器材之租借。

5.三溫暖管理員：(1)負責管理三溫暖之設備操作；(2)三溫暖室整潔之維護；(3)浴巾、備品之準備。

6.護士：(1)負責提供一般醫療諮詢服務；(2)處理客人和員工之意外傷害；(3)安排急救及醫療衛生訓練。

(五)業務部

1.經理：(1)負責業務推廣；(2)市場評估及特惠專案之設計；(3)價格政策、行銷廣告之擬訂，督導、訓練及考核所屬部門人員。

2.業務代表：(1)負責蒐集市場資料、客戶意見；(2)客戶拜訪；(3)推銷客房、餐飲、休閒活動。

3.公關專員：(1)負責各項宣傳活動之策劃；(2)廣告文案及新聞稿之撰寫。

(六)工程部

1.總工程師：(1)負責製作維護保養及能源報告；(2)檢查各項設備消防及汙水處理設施；(3)確保各項機器之正常及安全運作；(4)訓練、督導、考核所屬部門人員達成工作目標。

2.技術員：負責水電、空調、鍋爐、音響、總機及汙水處理、消防等設施之檢查、操作、維護。

(七)人力資源部

1.經理：(1)負責制定及執行人事制度；(2)招募任用正式人員及臨時人員；(3)處理員工問題；(4)促進勞資和諧關係；(5)安排員工休閒活動；(6)改善員工福利、醫療保健；(7)訓練、督導、考核所屬部門人員工作績效。

2.訓練員：(1)負責規劃及執行各單位之訓練活動；(2)編制訓練教材；(3)安排學生實習之相關事宜。

(八)安全室

1.主任：(1)負責指揮、督導安全室所屬人員；(2)安全維護勤務工作之執行。

2.警衛：(1)負責維持大廳和公共區域之秩序；(2)執行站崗、巡邏工作；(3)防患竊盜及破壞、火災等意外事件。

(九)採購部

1.經理：(1)負責詢價、議價、選擇供應廠商；(2)確保所採購之物品，依品質、數量及時間要求送達使用單位；(3)負責訓練、督導、考核所屬部門人員。

2.採購代表：(1)蒐集供應商資料、商品型錄、價格等資料；(2)整理各部門的採購需求；(3)廠商聯繫、催交貨期限。

(十)財務部

1. 財務長：(1)負責訓練、督導、考核財務部所屬人員；(2)建立會計制度及控制稽核系統；(3)製作財務報告；(4)財產之控制與管理。
2. 成本控制主任：(1)負責查驗食品與飲料之庫存；(2)查驗採購單價是否合理；(3)協助所屬人員盤點。
3. 倉庫管理員：(1)負責確保入庫物料依驗收程序驗收；(2)發放物料依領料程序處理；(3)保持倉庫之整潔及溫度、濕度之控制；(4)定期盤點。
4. 驗收員：(1)負責採購物品及文件單據之查驗；(2)製作進貨日報表。

以上前場及後勤部門之職責雖然不同，但目的相同，在互相的分工合作之下，適時適切地提供服務，讓客人滿意，達成組織的目標。

二、標準作業流程書（SOP）

標準作業流程書（SOP）可以篩檢出企業的問題點，作為進一步改善的依據，可說是企業改造的起點。

因此，SOP不是撰寫完成之後就算結束，因為SOP真正的精神，是為了改革業務流程以提升效率；SOP也不是只為了確保「萬一A離職了，B也能藉由標準作業程序，很快地銜接上A的工作」，這只能說是SOP的結果之一，或只是SOP的附屬產品。SOP經常會牽涉到跨部門的業務流程（例如業務部門送貨單給財務部門開發票），因此在將具體的工作內容形式化（即SOP）之前，必須先撰寫業務流程，藉以明確劃分工作職責，排除事務重複的可能，提升工作的效能，這才是SOP

的真正精神所在。

　　寫完業務流程之後，就可以列出改善點。SOP制定完成之後，必須在組織裡深入落實，落實SOP最重要的就是良好的溝通和教育訓練，兩者缺一不可。

　　SOP在制定階段，通常是由經營高層決定著手，溝通模式是「由上往下」（top-down），因此必須倚靠中階幹部，作為經營高層與第一線人員的溝通橋樑。

　　至於要做到「由下往上」的溝通（bottom-up），就比較困難，因為SOP的目的在於流程效率化、做好風險控制，由上往下的視野，比較能綜觀全局，從下往上的話，比較難想像全貌。

　　企業在落實SOP階段，就一定要設立「管理者」、「所有者」這兩個角色：「所有者」通常為領班、主任等級；「管理者」則為經理、協理等級。由於業務或組織的改變，通常只有真正在執行的人最清楚，所以需要由「所有者」，將SOP執行現場的變化傳達給SOP的管理者。

　　標準作業流程書它不僅可以規範標準，並使新進人員和相關的在職員工有詳細的操作流程可學習及遵循，旅館的服務品質才可不斷持續的增進。

　　標準作業流程書是在教導員工：(1)做什麼；(2)如何做；(3)注意事項。如**表5-4**是餐廳服務員協助客人點菜及飲料之標準作業流程書；**表5-5**是協助客人訂房之標準作業流程書。

表5-4　標準作業流程書：如何協助客人點菜及飲料

需要的設備：Order單、筆（客人已有了菜單及酒單）

做什麼	如何做	注意事項
1.走到客人桌前	站直，雙眼注視客人，微笑、愉悅的歡迎客人，自我介紹。例如，你知道客人的名字，在歡迎客人的時候，用名字來親切的稱呼客人。	在第一次接觸時，以你愉悅、親和的風度迎接客人。
2.點雞尾酒	詢問客人想要來一杯雞尾酒或開胃酒，確定取得詳細的完整Order單，例如，加冰塊、純酒或加顆橄欖。記得哪位客人點了哪一種酒。	大多數的客人知道他們自己偏愛哪一類飲料，假如情況適合的話，準備好為客人提些建議。
3.服務雞尾酒	放置杯墊於客人前方，盡可能用右手從客人右方上酒。將雞尾酒放置於杯墊上。不要詢問客人哪位點了什麼酒（你必須要記得）。服務時要向客人說明這是什麼酒。例如，Scotch and water、Double Martini、Scotch-on-the-rocks。	知道哪一位客人點了什麼酒，表示你在乎Order。在你服務飲料時重複客人點的飲料名，會讓客人覺得服務特別。
4.重新檢視第二回的Order	遵循前述相同的程序，有禮貌的服務第二回的飲料，清除第一回飲畢的杯子及杯墊重新放置新的飲料及杯墊。	當飲料剩下接近1/3時，要走向桌旁檢視一下。
5.點菜	詢問客人是否準備好要點菜了。說明今日主廚特餐，並回答客人任何有關食物的問題。盡可能從女客開始點菜，建議合適的開胃菜、湯或沙拉，以協助客人規劃一份完整的菜單。接著走向男客。告知客人他們所點的菜需要烹飪的大約時間，在這個重要步驟時與客人溝通。重要的應是菜單的規劃。	客人預期你瞭解所有的菜式，當客人詢問，你不知道答案時，不要虛張聲勢，走進廚房或向經理詢問解答，然後再答覆客人。建議菜單樣式可幫助猶豫的客人決定他真正想要的，特別是當客人可能要求等會兒再點時。

（續）表5-4　標準作業流程書：如何協助客人點菜及飲料

做什麼	如何做	注意事項
6.點酒	詢問客人「您是否已經選好酒了呢？」當客人需要協助時，詢問客人喜歡紅酒或白酒，烈的或稍甜的等其他問題，以協助喚起客人的喜好，然後指出兩、三種符合客人所描述特徵的酒，客人可依據價格及其他因素做選擇。然後，藉故離開並告知客人你一定會馬上回來並將第一道菜送上。	瞭解酒單，要小心辨認出羞怯的客人，因為他在點酒方面是新手，準備好透過點酒過程導引客人選擇他所想要的酒而對酒有經驗的客人，通常知道他要點什麼，所以並不希望有太多的協助，這不是炫耀你對酒的技巧、知識，滿足自我的時刻。要有自信，但是必須謙虛、有禮貌。

表5-5　標準作業流程書：如何協助客人訂房

需要的設備：電腦、電話、傳真。

做什麼	如何做	注意事項
1.接起鈴響電話	接通客人打來電話，以愉快的聲音說：「訂房組，您好！」。	早上十點前拿起話筒說：「訂房組，您早！」，十點以後說：「訂房組，您好！」。有快樂的心才有悅耳的聲音，愉悅的聲音猶如一股清流，首先就讓客人留下良好印象。
2.詢問客人預訂何時房間（抵達日期，離開日期）	「先生／小姐，請問您預計何時來？」、「住幾晚呢？」，並察看電腦空房情形。	
3.詢問客人人數，所需房型，房間數並告知房價	「先生／小姐，請問您有幾位來？」，心裡預估客人較適當的房型，所需房間數，以便推薦，再告知客人：「旅館的房間分為精緻及豪華客房……，哪一種較適合您？」。	可用引導方式，儘量促銷高價位的房型，增加營收。

（續）表5-5　標準作業流程書：如何協助客人訂房

做什麼	如何做	注意事項
4.詢問住客姓名、公司名稱和聯絡電話	「是您本人來嗎？」，如果是，則繼續詢問公司名稱和白天聯絡電話，如果不是，則詢問住宿者及代訂者的公司名稱，以及白天聯絡電話。	客人所說的名字，一定要再重複一次，例如：黃錦明先生，黃是草頭黃，錦是錦繡的錦，明是光明的明。確定正確的姓名對客人是一種尊重，且避免輸入電腦產生錯誤而影響後續動作（公司名稱和電話也是一樣）。
5.詢問抵達旅館的時間及交通工具	「旅館的住宿時間是從下午三點開始，退房時間是中午十二點止，請問您是自己開車或是搭飛機或高鐵來？」、「抵達的時間……？」，問明抵達時間以利櫃檯當天掌握房間。	
6.當客人要求折扣時	可推銷Package，並說明內容及特色以吸引客人。若非簽約公司之客人，則呈訂房單向客務部主管或執行辦公室請示折扣簽核後，再告知客人。	以公司目前政策為準。
7.簽約公司訂房時	1.由客人主動報簽約代碼。 2.或當天憑服務證或公司名片登記。 3.所留電話是簽約公司，確定客人身分後，則主動給與平日、假日的折扣，再加送水果。簽約公司簡稱CBL（Caesar Business & Leisure）。	平日：星期日～五；假日：星期六、假日前夕；大假日：連續假日和過年，以及七、八月之週五、週六。
8.持住宿禮券住宿時	詢問住宿禮券的券號，分為：(1)免費住宿；(2)廣告交換券；(3)現金禮券；(4)其他促銷禮券。	依住宿券的內容提供房間，並詢問住宿禮券之券號，註明在備註欄上。

（續）表5-5　標準作業流程書：如何協助客人訂房

做什麼	如何做	注意事項
9.預收訂金或訂房保證書	委婉告訴客人：「因為旺季／連續假日期間，請寄一半訂金或傳真訂房保證書予以確認訂房，請您填妥內容後再回傳。」	因為在旺季／連續假日期間為確保雙方權益，才作此要求。若客人不方便寄訂金或無傳真機，則告知當天房間保留到16:00PM如會延遲C/I請當天撥電話至櫃檯通知保留，否則以取消論。
10.其他要求或預訂的服務	在可行的範圍內儘量配合客人的需求，達到完美的服務。	代客訂花或代客訂水果等，告知客人費用。
11.旅館主動給與的額外服務	對來過的客人贈送水果＋禮物＋歡迎信函，度蜜月者贈送巧克力或蛋糕，VIP TREATMENT以目前公司政策為準。	額外的服務讓客人對旅館的細心服務感到貼心。
12.輸入電腦	在New Reservation的畫面內逐筆輸入，完成時畫面左上角會出現訂房代碼。	依訂房者、住客姓名、日期、房型、電話號碼及傳真號碼輸入，並告知客人此訂房代碼。

三、作業流程檢核

為使顧客有一個良好的用餐環境及氣氛，主管在營業前必須檢核員工的作業流程，讓客人在抵達餐廳前已準備齊全。

營業前的作業流程檢核項目如下：

(一)服務檯的清潔

1.服務檯擦拭乾淨。
2.換上乾淨的墊布桌布。

3.補足餐盤，有些要墊花邊紙。

4.補足茶葉。

5.補足牙籤瓶。

6.擦拭保溫座。

7.清洗磁茶壺磁筷架，並且準備營業時要用的醬油、醋、辣椒及豆瓣醬。

(二)餐廳的清潔工作

1.送檯布：

(1)是否有帶著「送洗公物計數單」，把髒檯布、口布、轉盤套送洗。

(2)是否有領回該單上所記錄數量的乾淨檯布。

(3)是否依照尺寸歸位。

2.吸地毯及清掃：

(1)把地板上的牙籤或不易吸進去的東西先撿起來。

(2)吸地毯及清掃時由裡往外，並且要把椅子移開。

(3)範圍：餐廳內部、餐廳外。

3.擦拭家具：

(1)工作檯、接待檯。

(2)走道、沙發、茶几清潔。

4.擦拭酒杯：

(1)備餐室先挪出一部分位置，鋪上乾淨服務巾，置上所有酒杯。

(2)在備餐室裡擦拭。

(三)餐桌、餐具之布置及擺設

1. 所有餐具事先擦拭乾淨。
2. 依需要折疊足夠的口布。
3. 桌、椅歸位、對齊，椅子稍置入桌內。
4. 桌子擦拭乾淨。
5. 餐巾置於骨盤正中央，Logo朝向客人。
6. 味碟與茶杯置於骨盤正上方，筷架置放於骨盤右側，磁湯匙在左，筷子在右，置於筷架上。
7. 水杯置於餐具桌墊右上角。
8. 其他附屬物品（如醬油瓶、醋瓶、牙籤瓶、辣椒罐）。
   (1)靠邊桌則置於靠邊處，按物品高矮次序排列。
   (2)非靠邊桌則置於中間。

(四)接待員之準備工作

1. 前一天打電話給當天來用餐的客人，確定出席人數及時間。
2. 查閱當日之「訂席簿」。
3. 查閱客人檔案資料，有無特別習性並告知當班人員。
4. 安排訂席客人桌位，並予以填入「用餐桌位圖」內。
5. 向領班報告屬於該區域之訂席情形，並交待有特殊習性的客人資料，以做好事先安排工作。
6. 檢查所有菜單、飲料單有無破損或汙舊，並將封面擦拭乾淨。所有破損或汙舊應向主管報備處理。檢查清潔完畢按規定位置放置整齊。
7. 營業前應熟記訂席客人姓名及安排之桌位，以為領客方便。
8. 協助服務員作營業前的準備工作。

(五)營業前的再檢查

1. 營業前半小時應檢視空氣調節器，調至規定之溫度。
2. 營業前檢視所有燈光，是否均已調好。
3. 檢查、準備訂宴海報，並依規定位置放置大門入口處或海報公告欄內。
4. 當日如有宴會應視情況，由主管指示安排訂宴之擺設，如桌、椅、餐具、辣椒醬油、花飾等等。
5. 營業前準備工作依時完成後，領班依「餐廳檢查表」上所列項目一一詳細檢查是否準備工作完成？
6. 檢查無誤，則在表上所列項目旁打√。
7. 若發現有未完成之工作，應督促負責的員工完成。
8. 檢查完畢，填明：日期、餐別（午餐、晚餐）、檢查人簽名，如有任何附註事件，則在「備註」處註記。

(六)服務前的會報

1. 服裝儀容檢查。
2. 前日營業情形（營業額、餐食、飲料平均消費額等）。
3. 客人之讚譽、抱怨，應如何保持及處理方法。
4. 今日所推出特別菜餚及應如何做促銷。
5. 今日訂餐人數、桌位、姓名、習性等。
6. 公司規定新政策、新事項或其他特別注意加強事項等。

　　檢核項目是在工作流程中設下的查核點（check point），主管由以上的檢核項目來進行查核；可減少員工在工作中的失誤。**表5-6**至**表5-8**為A餐廳營業前、營業中及營業後之作業流程檢核表，提供讀者作為參考。

表5-6　作業流程檢核表（營業前）

A餐廳營業前檢查表

月　日

區域	項目	是	否	備註
小吃區	開小吃空調			
	開Lobby燈光與空調			
	Check訂位狀況是否與現場擺設相符			
	檢查餐桌或餐具是否擺放齊全、整齊			
	檢查桌上醬油及醋是否足夠及清潔			
	裝冰水、熱水、備托盤及抹布			
	與師父確認今日缺貨及可促銷之菜餚			
	檢查小吃區工作檯是否補齊備品			
	檢查洗滌區是否仍有餐具未整理			
	檢查地毯是否乾淨			
	檢查兒童椅是否乾淨			
	檢查玻璃及木質是否乾靜			
	於11:00開門、開燈與音樂			
	檢查燈泡是否需要更換			
	檢查酒車及備餐車			
包廂區	檢查桌上醬油及醋是否足夠及清潔			
	掛看板			
	是否放桌花			
	放菜單及F.O.單			
	開空調及燈光、拉窗簾			
	放小菜至桌面上			
	檢查地毯是否乾淨			
	檢查玻璃及木質是否乾淨			
	檢查燈泡是否需要更換			
	檢查是否放每月促銷立牌			
宴會廳	打開燈光及空調，並檢查燈光是否正常			
	窗簾拉至定位			
	開啓音響設備（MIC、NB、單槍）			
	檢查布幕是否就定位			
	懸掛POP			
	檢查接待桌是否擺設完成			

（續）表5-6　作業流程檢核表（營業前）

區域	項目	是	否	備註
宴會廳	檢查地毯是否清潔			
	檢查桌面及餐具擺設是否完整			
	是否擺放桌花			
	擺設桌上菜單及桌次卡			
	Check訂席狀況是否與現場擺放相符			
	後場工作檯是否擺放完成			
	垃圾桶、廚餘桶是否備妥			
	跑菜用餐車是否備妥			
	餐具回收器皿是否備妥			
	托盤及抹布是否備妥			
	各區工作檯餐具及備品是否備妥			
	酒水飲料是否備妥（含開瓶器）			
	檢查玻璃及木質是否乾淨			
菜口	檢查小菜是否足夠			
	檢查醬料是否足夠			
	準備跑菜用長托盤			
	保溫飯鍋插電並備妥白飯			
	檢查打包器皿是否足夠			
	檢查茶葉是否足夠			
	檯布送洗			

負責人員：　　　　　　　　　值班幹部：

表5-7　作業流程檢核表（營業中）

A餐廳營業中檢查表

月　　日

區域	項目	是	否	備註
小吃區	再次檢查所有人員服裝儀容			
	是否安排服務人員於門口迎賓及帶位			
	服務人員是否依工作區域安排就定位stand by			
	檢查區域冷熱開水是否備妥			
	檢查托盤及備品是否準備齊全			
	督導同仁是否主動向客人推銷及瞭解菜色			
	督導同仁是否主動向客人推銷酒水			
	督導同仁是否於客人用餐中主動提供服務			
	督導同仁是否主動提供換骨盤及濕紙巾之服務			
	督導同仁是否隨時主動整理客人桌面垃圾			
	督導同仁是否於上水果甜點前整理客人桌面			
	是否確認客人所點之所有菜餚已全數到齊			
	確認客人所點之茶水或酒水是否已上桌			
	確認客人離開前是否完成結帳，並提供免費停車券			
	檢查客人離席後是否有遺留物			
	檢查燈光及空調是否開啓是否正常			
	檢查服務備品是否已備妥			
	檢查桌上菜單是否放置於桌面並正確無誤			
	確認服務人員是否stand by迎賓			
	與K/P確認酒水服務及出菜時間			
	確認桌菜全數是否上完			
	確認酒水數量			
	督導同仁將意見書交由客人填寫			
	督導同仁確實執行送客禮儀			
包廂區	檢查燈光及空調是否開放，是否正常			
	檢查服務備品是否已備妥			
	檢查桌上菜單是否放置於桌面並正確無誤			
	確認服務人員是否stand by迎賓			
	與K/P確認酒水服務及出菜時間			
	確認桌菜全數是否上完			
	確認酒水數量			

（續）表5-7　作業流程檢核表（營業中）

區域	項目	是	否	備註
	詢問顧客對整體用餐是否滿意			
	督導同仁是否主動於客人用餐中主動提供服務			
	督導同仁是否主動提供換骨盤及濕紙巾之服務			
	督導同仁是否隨時主動整理客人桌面垃圾			
	督導同仁是否於上水果甜點前整理客人桌面			
	確認客人離開前是否完成結帳，並提供免費停車券			
	檢查客人離席後是否有遺留物			
	督導同仁將意見書交由客人填寫			
	督導同仁確實執行送客禮儀			
宴會廳	確認音響設備及投影設備、MIC是否備妥			
	執行宴會重點事項及服務重點解說			
	檢查桌面及餐具擺設是否完整			
	是否擺放桌花			
	擺設桌上菜單及桌次卡			
	Check訂席狀況是否與現場擺設相符			
	後場工作檯是否擺放完成			
	垃圾桶、廚餘桶是否備妥並乾淨			
	跑菜用餐車是否備妥			
	餐具回收器皿是否備妥			
	托盤及抹布是否備妥			
	各區工作檯餐具及備品是否備妥			
菜口	確認菜口餐車是否備妥及乾淨			
	確認餿水桶、垃圾桶是否備齊			
	確認餐具回收籃是否備妥			
	確認醬料是否備妥			
	確實即時運送髒盤至洗滌區			
	確認魚爐等上菜備品是否備妥			

負責人員：　　　　　　　　值班幹部：

表5-8　作業流程檢核表（營業後）

A餐廳營業後檢查表

月　　日

區域	項目	是	否	備註
小吃區	出納櫃檯整潔			
	傘筒架乾淨整齊無雜物			
	所有周圍地面清潔			
	桌椅排列整齊，桌面上餐具擺放完整			
	燈光正常並熄滅，並已確實關閉			
	冷氣音響確實關閉			
	備餐櫃內餐具擺放整齊			
	咖啡壺及鐵壺、果汁壺收回			
	兒童椅無損壞並擺放於定位			
	紗簾確實關閉			
	大門確實上鎖			
包廂區	用過檯布已歸至回收區			
	使用過餐具已回收至洗滌區			
	桌椅排列整齊、桌面餐具依訂位人數擺放整齊			
	地面乾淨整潔			
	電燈、冷氣皆關閉			
	窗戶紗簾確實關閉			
宴會廳	用過檯布已歸至回收區			
	使用過餐具已回收至洗滌區			
	桌面擺放整齊無垃圾			
	地面清潔乾淨			
	廳內窗簾拉至定位			
	電燈、冷氣、音響設備電源皆關閉			
	華宴廳大門確實上鎖			
	宴會廳後場已整理乾淨無雜物			
	宴會廳後場櫃子整理清潔乾淨			
	後場餐具備品已歸位			
	男女更衣室電燈是否關閉			
	當日宴會廳所有垃圾已運至B1			

231

（續）表5-8　作業流程檢核表（營業後）

區域	項目	是	否	備註
菜口	菜口整潔、無堆放雜物			
	抹布是否確實回收清潔並浸泡			
	檯布區、打包區乾淨整齊			
	飯鍋內無物並已拔除電源			
	冰箱、熱水機及製冰機正常運作			
	洗手槽內無該洗之物並乾淨整齊			
	備餐檯面及地面乾淨整齊			
	冰箱確實上鎖			
	檯布確實清點並記錄			

負責人員：　　　　　　　　　值班幹部：

第六章

優質員工招募與任用

　　所謂「人員任用」就是以最有效的方式，選擇優質的人員配置在適當的職位上，其中包括人員招募、遴選與配置之全部活動。

第一節　優質員工招募

　　招募是從一群尋找合適工作的申請人中選擇合適人員的方法。在目前的人力市場上，新新人類的工作價值觀改變，同時也改變了「員工與企業為生命共同體」的觀念。

　　過去「終身職」的觀念幾乎蕩然無存，員工對企業的忠誠度減低，而追求「及時名利」的工作意識日漸抬頭。

　　員工與企業的關係不再是休戚與共、脣齒相依，甚至會發生疏離感，因此企業該如何重新教育員工並傳承企業精神也是當務之急。一般基層員工就業競爭非常激烈，中階主管人員和專業人員也相對缺乏，且到處瀰漫著挖角的現象。

　　就旅館業而言，不同地區招募員工的狀況不同，大致上可分為以下幾種方式：

(一)內部招募

　　在館內有空缺職位時，在現今在職的員工、員工的親朋好友，及往日應徵者在組織內保有的檔案資料中找尋，並在員工布告欄內公布，以便各部門推薦人選，或鼓勵員工毛遂自薦。

(二)外部招募

　　如果在現有員工中無適合人選，或館內員工無人申請某一空缺職位，則採取外部招募方式，傳統的外部招募人才是透過報紙刊登廣

告，但有些基層的工作無法利用報紙的廣告效益，尤其是位於鄉下地區的休閒渡假旅館，可利用下列各種方式，尋求適當的人才。

透過媒體廣告，如報紙、廣播、電視、網路、雜誌、期刊等；或直接到校園招募，如向學校就業輔導中心或畢聯會要求協助；其他如向政府就業輔導或訓練機構求才，或由人力仲介公司介紹，毛遂自薦者，同業、公會、專業團體介紹來的應徵者。

1. 夾報：與各鄉鎮地區的報社辦事處聯絡，利用分發報紙時一起派報。
2. 張貼海報：在旅館附近的鄉、鎮公所的布告欄或超市的大門口處張貼徵人海報。
3. 員工推薦：將各部門的人員需求表公告於旅館內的布告欄，鼓勵員工介紹，如A旅館之做法是員工所介紹的人於三個月試用合格後，該員工可以領到一筆獎金。
4. 內部刊物：寄送旅館所編的內部刊物雜誌至各大專院校及各職業學校之實習輔導處或相關科系辦公室。
5. 校園徵才：至各學校舉辦徵才的活動。
6. 委託招募：透過公營機構如行政院青輔會或國民就業輔導中心，軍中定期刊物，或在網路刊登徵人啓事。
7. IT人力招募系統：
   (1) 建立人力需求預算功能，內含人數、條件及需求時間等資料。
   (2) 將面試者資料電子化以建立資料庫，並利用電腦系統進行書面審查初試以增進時效。
   (3) 面試所需的表單和錄用簽核建立電腦流程，以加速作業進行。
   (4) 將員工人事資料（績效、年資、專業技能⋯⋯）建立人事資

料庫，為人力規劃和查詢依據。

(5)將曾經面試者和蒐集的資料建立招募資料庫，作為以後徵才參考。

(6)建立離職原因資料庫，歸納出離職人員特性。

第二節　優質員工遴選與配置

一、遴選

旅館從業人員因與顧客有密切的接觸，所以在新進人員之遴選上特別重要。所採用之方法有測驗、資歷審查、面談等項。

(一)測驗

一般常用有：

1. 專業測驗：目的在衡量應徵人員在某項專業知能上已有之成就，例如館內所需人員為一財務部的出納人員，則可以用簡易會計學及電腦操作來衡測該應徵人員之專業能力。

2. 性向測驗：多經由專家設計，以某些特定問題或特定方法來測驗應徵人員有無具有某項特質。性向測驗一般常用者有下列各項：

   (1)智力。

   (2)語文性向。

   (3)數學性向。

   (4)空間性向。

(5)圖形知覺。

(6)文書能力。

(7)動作協調。

(8)動作速度。

(9)手指靈巧。

(10)手臂靈活。

(二)資歷審查

對某些高級及專業人員，可採用資歷審查遴選方式。資歷審查須對所擬補充人員之所需資格條件作事先明確之訂定，以便事先建立工作績效衡量準則：

1.態度。

2.應對能力。

3.畢業的學校是否與公司企業文化相適。

4.是否能與組織的整體目標相配合。

(三)面談

面談是遴選人員之一項很重要工具，面談之目的在於：

1.衡量應徵者之工作能力與品質。

2.評估應徵者之工作意願及工作態度。

3.測定應徵者就業之意願。

4.使應徵者對企業及其將來職位獲致較具體之認識。

5.傳述公司企業文化，建立招募形象。

在面談時，要評估應徵者是否適用，可先設計一份面試評估表如

表6-1，按所列項目一一與應徵人員面談，並予以記錄其優、缺點，評定分數，以作爲取捨之依據。

(四)面談技巧

　1.破冰：
　　(1)製造輕鬆的氣氛，增進彼此間的距離：可以幫應徵者準備茶或咖啡。
　　(2)自我介紹：讓應徵者瞭解你是誰，禮貌並表現出專業。
　　(3)趁寒暄的同時檢查工作申請表是否填寫完全，是否有簽名。
　　於此時可觀察應徵者之穿著、應對及第一印象。
　2.暖身：
　　(1)先介紹公司，讓應徵者對公司有初步的瞭解。
　　(2)介紹此應徵的職位及簡略的工作說明。
　3.主題：
　　(1)瞭解應徵者在學校的學歷，所學的科系，上過的課，做過的研究。
　　(2)瞭解應徵者的工作經驗及經歷：
　　　・應徵者所擔任的工作內容，所負責的業務範圍。
　　　・專長、語言能力、電腦使用能力。
　　　・有必要時針對其工作內容再發問。
　　(3)離職原因：工作太多、老闆管理不當、加班太多、薪資太低，或不管工作內容只要薪水高。
　　(4)需加班是否可以配合。
　　(5)家庭是否可以配合。
　　(6)離職需要多少天。
　4.個人福利：

表6-1　面試評估表

應徵者姓名：＿＿＿＿＿＿＿

應徵職位：＿＿＿＿＿＿＿

1	2	3	4	5
劣	平平	可	佳	優

I 語言能力	人力資源主管	部門主管
英文		
日文		
II 個人狀況		
儀表		
表達能力		
才智能力		
人緣		
人際關係		
自信		
已婚者是否能夠勝任		
III 專業知識		
年資		
經驗		
訓練		
特別專長		
IV 其他		
現職待遇		
希望待遇		
到職日期		
最適合工作職位		
是否願轉換工作志願		
總分		

(1)尋問他目前的薪資及福利。

(2)期望的薪資及福利。

(3)解釋公司的薪資算法。

(4)解釋公司的福利，如福委會、社團、保險、員工活動、調薪、交通車、其他。

5.問應徵者是否有需要發問的問題，或任何不瞭解的地方，做補充說明。

6.是否決定請主管面試YES or NO。

7.不要當場答應任何的應徵者何時報到，將此工作交給人資部做。

8.誠心感謝應徵者前來參加面試。

9.若決定後發給錄用信函或感謝信函。

(五)面談需注意的事項

1.觀察說話技巧、組織、分析等能力。

2.良好的談吐及應對。

3.工作知識及專業是否切合所需。

4.是否具有潛力。

5.個人人格特質。

6.適應力、穩定度。

(六)遴選做得好的好處

1.優秀並適合公司所需的人才，幫助公司增進業務，增高產能或增加行政各項效率，提高旅館形象。

2.遴選的過程中也是一種公關的活動，若做得好有助於提升旅館的形象，若不好會帶給應徵者不好的印象。

3.宣傳公司的文化，提高知名度。

二、配置

(一)試用

　　經由面試通過後，被錄用的員工依規定的日期報到，至服務單位開始工作。一般而言，每一企業均有試用期間的規定，有的三個月，有的四十天，有的一個月，依據各旅館的需求而作決定。其目的即在使各單位主管在這段時間，瞭解新進員工的工作能力、潛力及工作態度。同時，新進員工亦藉此學習及瞭解工作內容、組織的要求，認識其他單位的成員，建立良好的人際關係。為了讓新進員工能適應新的環境，可設有大哥哥、大姐姐的輔導制度，輔導員工。

(二)職前訓練

　　職前訓練的時間，在試用期間進行，其內容可依各單位之需要訂定，如**表6-2**為A旅館西餐廳新進人員之輔導進度表，另外再由訓練部排定新進人員訓練課程，主要內容為：

　　1.公司之歷史、組織。
　　2.人事行政、規章、福利。
　　3.館內安全、醫療資訊、消防、火災知識宣導與實務操作。
　　4.基本禮儀、品質服務概念。
　　5.介紹館內環境，參觀館內各項設施及各部門作業情形。
　　6.認識旅館附近各項觀光旅遊資訊。

　　職前訓練結束後，由各單位主管依據員工試用期滿之表現給與考核，確定該員工在其職位上所表現的績效，是否符合要求。

表6-2 西餐廳新進人員輔導進度表

新進人員：＿＿＿＿＿＿＿＿ 輔導期限：＿＿年＿＿月＿＿日至＿＿年＿＿月＿＿日

輔導期間	輔導內容大綱	輔導員	地點
＿月＿日至＿月＿日	1.認識西餐的餐具使用及安全性。 2.認識餐廳檯布的尺寸及如何送洗檯布。 3.如何setting餐桌（早餐、午餐、單點及套餐、自助餐，以及晚餐套餐、自助餐、BBQ準備）。 4.自助餐如何準備餐盤及夾子、酒精如何操作使用安全性。 5.如何清理客人用過的餐盤。 6.館內安全衛生課程。	主任	西餐廳
＿月＿日至＿月＿日	1.如何歡迎客人帶引入座。 2.如何向客人推銷飲料及葡萄酒。 3.學習西式用餐正確送菜方法及服務作業流程。 4.客餐如何服務作業流程。 5.如何送客。 6.如何保養及愛惜餐廳的器具、布巾類。 7.如何開ORDER單。	同上	同上
＿月＿日至＿月＿日	1.如何操作客餐電腦及客餐如何點菜、結帳、換班。 2.如何開葡萄酒。 3.如何處理客人的抱怨。 4.如何接聽餐廳電話。 5.餐廳的電源、冷氣的開關使用安全性。 6.如何排宴會廳開會桌椅及注意事項。	同上	同上
＿月＿日至＿月＿日	1.學習、觀察、並瞭解西餐廳的營運流程。 2.餐具擦拭的方法及各種物品存放地點的認識。 3.館內安全衛生課程。	領班	西餐廳
＿月＿日至＿月＿日	1.介紹及熟記菜單。 2.桌面的擺設、餐具的放置及使用方法；咖啡機的操作練習。	同上	同上
＿月＿日至＿月＿日	訓練其面對客人應有的反應及服務態度。	同上	同上

(三)正式任用

正式任用即是指員工從事新的或不同的工作，包括新進員工接受初次的工作指派，或是內部員工晉升或轉調至不同職位的工作，都必須經過一段時間的適應、瞭解和接受組織的價值、規範，而成為正式的員工。所以員工於報到時人事單位必須事先制定員工手冊分發予員工，使其瞭解旅館的企業文化、組織規章、經營理念以及各項規定。使遴選出來的人，儘快適應工作與環境。任用過程若能處理得好，可降低招募遴選等的花費和時間，進而可降低離職率。

【範例6-1】B旅館的人員任用程序

一、人員的任用由申請單位填寫「人員請求書」如**表6-3**，填寫職稱、工作時數、人數、人員性質（固定工或臨時工）、需要日期、增人理由等，呈其主管簽核後，送交人力資源部。

二、當人力資源部接獲「人員請求書」時，可參考其部門編制、實際人員配置及人員負荷等資料，與申請單位主管研究討論，確定應增補人員後，呈總經理核准。

三、人力資源部接獲已核准之「人員請求書」後，應先考慮公司內部是否有適任人員，如有則以內部人員優先考慮，若無適任人選，始於報紙或公告欄張貼海報刊登徵才啟事。

四、當人力資源部收到應徵函，將合於條件之應徵函送交申請單位，由申請單位複核應徵者之條件後，並將合格者通知人力資源部，由人力資源部寄發「面談通知單」或以電話通知應徵者前來面試。

表6-3　人員請求書

職稱	部門： 日期：
工作時數	天
人數	一人
□固定工	□臨時工
特殊要求	
薪資	

需要日期

替補

增人理由

本請求書將　　　　　　　　請求者 ＿＿＿＿＿＿＿＿＿＿

□補

□加

　　　　　　　　　　　　　　　　　　　　　部門主管

＿＿＿＿＿＿＿＿＿＿＿

　部門總人數

＿＿＿＿＿＿＿＿＿＿　　　　　　　　　　　＿＿＿＿＿＿＿＿＿＿

　人力資源經理　　　　　　　　　　　　　　　　總經理

1.填報順序：部門主管→人資部→總經理。

2.本請求書在未獲准前不得徵募人員。

3.每張工作申請書應附已獲准之請求書始得送呈總經理批准。

五、應徵者面試時填寫「工作申請表」如**表6-4**，填寫申請職
　　位、最低薪資、姓名、地址、籍貫、出生年月日、年齡、
　　身分證統一編號、教育程度、經歷、語言程度、婚姻狀
　　況、緊急聯絡人等等，經人力資源部初步面談通過者，再
　　由申請單位複審決定任用人選，將任用人之「工作申請
　　表」填入報到日期及薪資等資料後，經部門主管及人資部
　　主管簽核，送總經理簽核後，人力資源部寄發「員工到職
　　通知書」，並由人力資源部發出「人事通知」填寫姓名、
　　目前職位、薪資、生效日期等如**表6-5**，給相關單位告知新
　　進人員到職之時間。

六、人力資源部在寄發「員工到職通知書」前，應對欲雇用者
　　之過去雇主瞭解其過去工作表現，以確定是否適任。

(四)工作規章

　　工作規章的建立是為使新進員工能迅速明確的瞭解其工作場所之
紀律與秩序，並藉此可建立組織的秩序並促進全體員工的向心力。

【範例6-2】A旅館的工作規章

☆☆給新夥伴的話☆☆

　　恭喜您選擇了「旅館業」作為您的行業。不論您是剛踏入此行
業，或是從事此一行業已有一段相當的時間，您都會或將會覺得此
一行業是如此多采多姿而令人深深著迷，旅館就像是一座舞台，一
年三百六十五天、一天二十四小時，時時都上演著一幕永不停止的
戲，而您、我也都像是台上穿著戲服的演員，永遠地將我們所扮演
的角色給闡釋的淋漓盡致，提供最好的餐飲、住宿及其他所附屬的
服務給與我們的客人。

表6-4　工作申請表

一、貼個人照片處
二、本表免費供應
三、填寫本表並不保證錄用

※為表示應徵者之應徵誠意，本表請詳細確實填寫※

申請職位		最低薪資	

姓名中文：　　　　　　　　　　英文：

現住址　　縣　鄉　區　村　　鄰　路　段　巷　弄　號　樓　電話：
　　　　　市　鎮　市　里　　　　　街

籍貫　　　　出生年月日　　　　年齡：

身分證統一編號□□□□□□□□□□　身高　　公分　體重　　公斤

教育

學校或受訓機構	時間 自　　　至	主要課程	學位／證書

經歷

服務機構	時間	工作性質	職位	薪資	離職原因
	年　月至　年　月				
	年　月至　年　月				
	年　月至　年　月				
	年　月至　年　月				
	年　月至　年　月				

語言及其他

語言	說			寫			懂		
	佳	良	可	佳	良	可	佳	良	可

僱用日期_____職稱_____薪資_____部門_____
部門主管_____人力資源經理_____總經理_____

（續）表6-4　工作申請表

你是否在職中	始係在職在何單位工作
薪水福利及津貼	為何想換工作

能使用何種商用機器

能否打英文字	速度
能否英文速記	速度

最能勝任工作

親屬：包括父母、兄弟、姐妹

姓名	關係	年齡	住址	職業

婚姻狀況　□未婚　□已婚　□喪偶　□離婚
　　　　　□分居　□懷孕

軍役　□退役　□免役　□未役：須待　　□年

病歷（曾否患過重大病症）

緊急聯絡人　　　　關係　　　電話

通訊處

介紹人 _____　　稱謂　　　　任職單職稱

曾有何種病受傷或手術

有否缺陷　　　腳　　手　　眼　　聽　　講　　B型肝炎

宗教信仰 _____　　擅長之才藝活動 _____　平常休閒活動_____

運動專長項目 _____

朋友姓名	地址及電話	職業	認識時間多久

本表所填資料屬事實，倘有不實經查覺接受解僱處分

※海外應徵人員出入證照自理

簽名 _____

（申請人）

日期___年___月___日

表6-5　人事通知

日期＿＿＿＿＿＿

姓名			在旅館工作幾個月	
目前	職位	薪資		
建議	職位	薪資		
說明			生效日期	

批准

＿＿＿＿＿＿＿＿　　＿＿＿＿＿＿＿＿　　＿＿＿＿＿＿＿＿　　＿＿＿＿＿＿＿＿
部門主管　　　　人力資源部經理　　　　總經理　　　　　財務長

　　竭誠歡迎您的加入，深信你必定也是跟我們一樣，「深具一顆關懷的心，滿懷服務熱誠」；我們發行此一手冊，主要目的是讓每一個人都能清楚知道全體員工所共同擁有的規範準則並明瞭公司每個成員所共同追求的目標：讓我們成為亞洲最受歡迎的休閒旅館。

　　此工作規章為公司之各項人事政策、規範及福利等，因時代、法令之演進，公司得依法隨時修訂、公告之；並發給手冊持有者新增修訂版。

一、到職

(一)員工到職時，應向人資部繳交下列資料

　　1.僱用合約書。

　　2.薪資所得撫養親屬申報表。

　　3.自願書。

　　4.學經歷證件影本。

　　5.身分證正反面影本2份，戶口名簿影印本1份。

6.公立醫院體格檢查表（並須附有胸部X光透視、梅毒血清反應檢查報告，餐飲部及一般員工須有A型肝炎、傷寒，客房部員工須有B型肝炎檢查報告）。

7.正面半身兩吋彩色照片3張。

8.當地銀行存款帳號。

9.個人資料表與指紋卡。

10.保證書（財務、採購、駕駛人員等），需為公保或店保或個人保。

11.住宿申請單（住宿人員）。

12.團體保險申請書。

13.全民健康保險轉出單。

(二)人資部發給下列物品

1.員工制服申請單。

2.更衣櫃鑰匙（不可隨意變更鎖頭，以便檢查）。

3.員工服務證。

4.員工手冊。

5.團保手冊。

6.住宿手冊。

7.名牌。

8.員工宿舍刷卡片（住宿人員）。

9.安全鞋（工程部、廚房等人員）。

※上述物品如有遺失，一律照價賠償。

二、上班時間

(一)後勤（辦公室）人員

星期一至星期五：08:30～12:30　13:30～17:30或13:15～

17:15

星期六：08:30～12:30

星期例假日照常休假

辦公室人員係指人事、訓練、財務、採購、業務及執行辦公室等文書，管理內勤工作人員。

後勤輪班單位係指工程部、安全室、財務部出納上班時間同輪班制。

(二)營業單位（輪班制）

  1.凡非屬正規班制人員，工作時間由所屬單位主管視作業需要排訂，分連續班及兩頭班，每日服勤七小時（不含用餐及休息時間）。

  2.星期例假採輪休假制，假期之排訂由所屬單位主管負責。

  ※以上工作時間將隨政府最新法令而更動。

三、打卡規定

(一)員工上下班及加班，必須親自打卡。

(二)在規定上班時間之後十分鐘內打卡者視為遲到，提前下班十分鐘內視為早退。

(三)遲到、早退累計達二十分鐘以上扣薪資12倍，及當月遲到、早退累計次數超過五次記警告乙次（例如大雄每小時時薪100元，12月累計遲到時數為三十分鐘，其扣薪方式為30*12*100/60=600元）。

(四)遺漏打卡處理

  1.員工確實出勤，但因一時疏忽忘記打卡者，應於次日前填寫「打卡遺漏證明單」，經主管簽核送人資部登記。

  2.每月申請遺漏打卡單達二次者，計曠職半天；達三次者，

計曠職壹天，依此類推。

　　3.若未打卡在前，又不處理者，以曠職壹日計。

(五)員工若忘記攜帶卡來上班，可至人資部登記借用臨時卡，但必須當日打完下班卡後歸還。

(六)打卡違規處分

　　1.委託他人代為打卡或代他人打卡者，一經查明後，雙方各記大過壹次。

　　2.將本人或他人之刷卡片藏匿，以圖湮滅出勤記錄者，記大過壹次。

　　3.自行修改打卡時間記錄者，記大過壹次。

四、排班與調班

(一)營業單位主管應於當月二十日前完成次月份之工作時間表，呈部門主管核准後，影印一份交人資部，一份公布同仁知道。

(二)員工上下班應依表列時間行動，不得任意更換調動。

(三)員工因故需要換出勤或輪休日期，事前應至人資部領取「工作變更申請單」，經部門主管批准後送人資部存查，不得私下與其他同仁更換班次。

五、用餐時間

(一)各單位人員用餐時間如下：

　　1.早餐06:00～07:00

　　2.午餐10:30　餐飲部人員

　　　　　　11:30　房務部人員

　　　　　　12:30～13:00　　其他單位人員

　　　3.晚餐16:30　　餐飲部，房務部人員

　　　　　　17:15～18:30　　其他單位人員

　　　4.宵夜23:00～24:30　　限值夜班人員用餐

(二)每位員工用餐時間為半小時，由主管安排輪流用膳，用餐時間辦公室應安排人員留守。

(三)餐點菜餚、餐具、桌椅不得攜出餐廳。

(四)員工餐廳為同仁公共用餐場所，不得穿拖鞋進入，應穿著整齊始為得體（救生員得著工作拖鞋）。

六、彈性上班時間

(一)因實際業務需要，主管得要求員工配合加班。

(二)加班之累計時間每次低於一小時者，不予計算加班費或補休。

(三)員工加班應填寫「加班補休申請單」，累積時間應在三個月內補休完畢，若因業務需要無法於期限內休畢，則依勞基法規定發給加班費；申請加班費時，應填寫「加班申請單」附上「加班補休申請單」，送交人資部。

(四)公司淡旺季懸殊，單位主管得負責調派人員彈性上、下班，並將彈性上、下班時數填寫在「加班補休申請單」上，三個月內若因個人因素無法補回彈性休假時數，則以事假處理。

七、曠職

(一)員工未按規定辦理請假手續逕自休假，得予曠職處分。

(二)曠職一日記過壹次，連續曠職二日記大過壹次，連續曠職三
　　日或一個月內曠職累計達六日或一年內曠職累計達十二日者
　　予以解僱。

(三)曠職當日不支付薪資。

(四)因曠職而遭解僱者，應依離職規定，辦理離職手續。

八、外出

(一)員工於上班時間內，因故外出，必須經部門主管核准後始能
　　外出，其確實外出與返回時間，亦須打卡。

(二)各單位人員暫離工作崗位至其他單位時，應向原單位人員說
　　明去處，以利業務洽詢。

九、試用

(一)員工自到職日起九十天為試用期間，在試用期間內公司與受
　　僱者任何一方認為不合適時，均得於七天前預告，以書面向
　　對方提出終止僱用關係。

(二)權責主管對員工試用狀況，平時應予列記考核事績，以為
　　員工試用考核憑據，試用考核結果應明確且具體的表示：
　　「停止僱用」、「延長試用」、「正式任用」提交人資
　　部。

十、停止任用（解僱）

下列人員經查覺者，公司得隨時給與辭退：

(一)經由情治機關提出有不良前科（如竊盜、暴力行為、詐欺
　　等）者。

(二)未滿十五歲者。

(三)員工學、經歷、自傳及工作申請書資料有不實者。

(四)患有其他法定傳染病者。

(五)員工如觸犯下列任何一項規定，將會被公司無預告的解僱。

    1.有危害及損傷公司的名譽與信用的不當行為者。

    2.洩漏業務上的機密事情或對公司有不利的行為者。

    3.未經公司許可收受與公司有業務關係的承包商或商務往來的公司之金錢或貴重物品的行為者。

    4.未經公司許可從事其他事業或服務其他行業的行為者。

    5.未經上級許可在工作中擅離職守者。

    6.未經公司許可擅自（私用）使用公司的設備、車輛、機械、物品等的行為者。

    7.對於本公司雇主、雇主家屬、本公司代理人或其他同事，實施暴行或有其他重大侮辱之不正當行為者。

    8.無正當理由連續曠職三日，或一個月內曠職達六日者。

    9.違反勞動契約或工作規則，情節重大者。

    10.任何員工於解僱前，均需經執行辦公室權責主管批准。

十一、職務異動

(一)因應業務上需要，本旅館得隨時調遷其職務，員工不得藉故推諉。

(二)各部門內職務調動，均應依程序簽請權責主管核准。

(三)員工接獲調職通知後，應就其原先工作辦理交接手續，經直屬主管監交後，依規定日期就任新職。

(四)員工經調職後，其應有之津貼、出勤等悉依新職務規定。

十二、留職停薪

(一)下列人員得申請留職停薪

　　1.工作滿六個月而身罹重病,或經實行外科大手術者。

　　2.工作滿一年而因家庭緊急事故或深造進修。

　　3.因服兵役者。

　　4.前場女性服務人員懷孕達四個月者。

(二)時間限制

　　1.留職停薪以不超過兩個月為原則。

　　2.因重病或外科大手術者,留職停薪以不超過一年為限。

　　3.因懷孕者於生產後兩個月內須返回公司上班。

　　4.服役者以其應服役長短為限。

(三)復職

　　1.留職停薪者,應於期限屆滿前一週申請復職,自屆滿翌日
　　　起復職上班。

　　2.服役者須於退伍之前兩個月前向人資部提出申請,並於退
　　　伍生效日起兩個月內復職上班。

(四)權責

　　1.所有員工申請留職停薪及復職均需事先(二週前)向人資
　　　部提出申請核准。

　　2.若原職務已另有他人時,公司得以拒絕其申請復職;公司
　　　因職務需要另調其職務時,不得拒絕。

十三、薪資

(一)員工於報到一週內須繳交當地銀行存款帳號影印本予人資部。

(二)每月薪資於次月五日發放，若遇假期或特殊狀況，將如期順延，直接存入個人帳戶。

(三)每月薪資以月薪（三十日）計，未滿三十天者，以實際工作日數計算。

(四)員工年度調薪，於每年七月，或隨政府機關政策變更。

(五)員工個人之調薪比例，依主管考核其出勤狀況、工作表現、工作智能與配合公司預算編制核定。

(六)員工於試用期間依不同職務給與試用期間之薪資，待正式任用後，應給與正式任用薪資（但有其他約定者，則從其約定）。

十四、員工考核

(一)員工平時之考核為部門主管之責任，應依據分層負責，逐次授權之原則。對所屬同仁確實執行考核，以直屬主管為初核人，上一級主管為複核人，並知會執行辦公室。

(二)主管對員工考核從平時做起，平時考核記錄為員工試用考核、年終考績之依據。

(三)員工考核成績關係年度調薪及年終獎金之發放，其等級比例另依每年公布辦法實施之。

(四)員工考核成績為往後調職、訓練、升降職及解僱之參考。

(五)員工考核結果應讓員工本人知悉，並於考核表上簽字。

十五、升遷降職

(一)凡員工之升遷、降職皆須填具人員異動申請表，經由人資部提交總經理核准後行之。

(二)升遷由權責主管核准生效。

(三)員工經主管考核不適合擔任現職者,得予以調職,於三個月
觀察期中表現仍無法符合工作要求時,權責主管得以終止僱
用關係。

十六、請假及休假規定

(一)年假

1.凡員工在公司連續服務滿一年以上,均給與年假。

2.一般員工服務滿一年以上,給與年假七個工作天。

(1)服務滿三年以上,給與年假十個工作天。

(2)服務滿五年以上未滿十年,給與年假十四個工作天。

(3)服務滿十年以上,每滿一年加給一天,但總數不得超過
三十個工作天。

3.A、B級主管服務滿一年以上,給與年假十四個工作天。

(1)服務滿五年以上未滿十年,給與年假二十一個工作天。

(2)服務滿十年以上,每滿一年加給一天,但總數不得超過
三十個工作天。

4.一般員工晉升為A、B級主管時,自生效日起一年內,其
年假日數依比例計算。

5.每次申請年假至少以一天。

6.年假除業務需要,經部門主管簽准,在到期之前十日得申
請延長。

(二)事假

1.事假應於請假日前申請。

2.每次申請事假至少以一小時計算,全年累計不得超過十四
天,超過日數以曠職論。

3.仍需續假者，應於原請假時間內辦理，不得事後補辦請
假。

4.事假一律不支薪。

(三)病假

1.未住院者一年內合計不得超過三十天（工資折半發給），
全年支半薪病假三十天（例如請病假一日，支薪四小時，
另外四小時不支薪）。

2.住院者二年內合計不得超過一年，超過部分以留職停薪辦
理。

3.每次申請病假至少以一小時計算。

4.病假連續二日及以上者，應附公立醫院或勞保指定醫院之
證明書。

(四)婚假

1.員工本人結婚，給支薪婚假八天（不含國定假日），非公
務需要不得分為兩次申請。

2.應於結婚三十天內休畢，不得申請保留。

3.請婚假時應檢附囍帖或結婚證書。

(五)喪假

1.父母、養父母、繼父母、配偶喪亡者，給假八天。

2.祖父母、外祖父母、子女及配偶之祖父母、父母、養父
母、繼父母喪亡者，給假六天。

3.兄弟姐妹喪亡者，給假三天。

4.喪假一律支薪。

5.喪假得分次使用，請喪假時應檢附死亡證明或訃聞，並於
百日內休畢。

(六)公假（公傷假）

1.員工服膺政府之召集、服役、服務、參加會議（與公司相關性質）及後備軍人管理規則第五十九條第一款規定，後備軍人管理、編組、教育或軍、師、團管區活動、投票者，得申請公假，並予以支薪（消防義警與義工每年准一天公假）。

2.員工因公受傷，須經醫院診斷，檢送證明為憑，其相關事宜依勞基法規定。

(七)產假、陪產假

1.已婚女性員工於生產期間給產假五十六天，懷孕三個月以上流產者，給產假二十八天（須含例假日）。

2.服務滿半年者，可享支全薪產假，服務未滿半年者支半薪產假，產假可預先排休。懷孕未滿三個月則比照病假處理。

3.申請產假應檢附出生證明或醫生證明。

4.前場女性服務人員懷孕期間，可辦理留職停薪或視公司職缺安排暫調後勤辦公室，生產後兩個月內須返回公司上班。

5.已婚男性員工，於太太生產時可享有陪產假兩天。

十七、離職

(一)員工因故自動請辭，應按下列時間前提出書面申請

1.未滿三個月者：七天。

2.試用期滿正式任用之員工：三十天。

3.A、B級主管：四十五天。

4.員工離職未依本規定預告或未辦妥離職移交手續，致使本

公司遭受損害時，應負損害賠償責任。

5.不得以積假扣抵預告期（預告期限內不得排休）。

(二)員工因故不能繼續服務時，應按下列程序辦理離職手續

1.離職申請：填寫離職申請書→部門主管簽核→人資部主管簽核→副總經理與總經理簽核。

2.辦理離職手續：填寫離職通知書→部門主管簽核→房務部→電腦室→安全室→財務部→人資部→離職。

※員工得於最後工作日之隔天至公司填寫離職通知書，每延遲一天辦理，得扣薪一天。

(三)各部門主管、秘書與財務、採購、總務人員於調職或離職時，應就職務範圍內之業務及經管之財務，造具清冊一式三份辦理移交手續，由監交人（財務部負責人指派）、移交人與接交人簽字後各執一份。

十八、共同的約定

(一)一般生活規定

1.食的方面

(1)應依員工餐廳規定供膳時間進餐，尤其是後勤單位同仁不得於中午十二點半前進餐。

(2)員工於餐廳用餐時應保持檯面之整潔，剩餘之菜渣、骨頭應放在盤內於離去時一併帶走，並將座椅擺妥。

(3)員工餐廳食品不可攜出，亦不得移至辦公室用餐。

(4)上班前或上班中嚴禁飲酒。

(5)員工下班後非經核准不得進入營業餐廳消費。

(6)除在指定地點外，不得在任何地方抽菸。

(7)全體員工在旅館範圍內一律嚴禁吃檳榔，違者記一申誡

及列入年終獎金考核，以確保環境整潔及個人口腔衛生。

(8)員工宴客須事前填寫宴客申請單，經核准後始可進入營業餐廳消費，但須利用下班時間且不得穿著制服，消費金額一個月內不得超過NT$7,000，員工本身不得在自己服務之單位用餐宴客。

2.衣的方面

(1)員工須依公司規定穿著制服，並依規定佩掛名牌，所穿著之制服須時常保持整潔。

(2)除部門主管外，其餘員工幹部只能在工作時間穿著制服，下班後或空班時間禁止穿著制服外出，違者議處。

(3)員工之制服不得私自轉讓與修改，若遺失則個人應負賠償之責任。

(4)工作中不可脫去制服上衣工作，以免影響觀瞻。

(5)不可在公共場所隨意亂掛衣服，以免有礙觀瞻。

(6)員工制服遺失或經判定是蓄意破壞，依下列規定賠償。

・制服領用九十天以內者，全額（含工本費）。

・制服領用九十一天至一百八十天以內者，賠償二分之一。

・制服領用一百八十一天至三百六十五天以內者，賠償三分之一。

・制服領用三百六十五天以上者，則免賠償，但予以適當之處分。

(7)服裝儀容規定

・頭髮應經常梳洗保持清潔，女性員工長髮應盤聚成束，避免披頭散髮，男性員工以短髮為宜，長度以前

不齊眉、兩邊不及耳、後不及衣領為原則。

- 女性員工臉部應作適度之化妝，不可過於濃妝，男性員工應每日刮鬍，不可任意留鬍鬚或鬢髮。
- 應每日勤刷牙，飯後漱口，工作前不可食用異味食品。
- 工作時不可配戴過大、怪異或垂吊式耳環。
- 手指甲不可留長，並應修剪整齊，除手錶與結婚戒指外，不可配戴任何手飾。
- 穿著制服時，須著黑色包頭鞋，皮鞋須經常擦拭，保持清潔光亮。
- 女性須穿著近膚色之絲襪，且不得有花樣，男性須穿著黑色襪子。
- 建議您上班前沐浴，有特殊體味者應適當使用清潔藥劑，以保衛生。
- 制服須每日換洗，名牌須依規定佩掛於左胸前。
- 工作中不得有剪指甲、挖鼻孔、抓癢、剔牙等動作。
- 打呵欠或噴嚏時應使用手帕遮蓋。

(8)員工更衣室管理辦法

- 衣櫃由人資部編號分配，每人一櫃，對號鎖一個，嚴禁私自轉移、調換。
- 衣櫃內嚴禁放置貴重、易腐、易燃、危險物品以及違禁物品。
- 人資部將會同安全室作不定期抽查，員工若使用有違反規定之物品者，將受處分。
- 衣櫃內放置貴重物品因而遺失者，公司概不負責。
- 更衣室係全體員工共同使用之場所，請大家共同用心

維護其整潔，讓每一個人都能擁有舒適的活動空間。

3.住的方面

(1)本旅館為照顧遠地之員工，設有員工宿舍。

(2)住宿對象以戶籍登記在當地轄區以外之員工為限。

(3)住宿員工須填寫住宿申請單，經部門主管核准後向人資部提出申請。

(4)有關住宿及收費規定，另依宿舍管理辦法。

(5)如因公務需要申請於旅館客房住宿者，不得於住宿期間喧譁嬉鬧。

4.行的方面

(1)員工上、下班進出旅館，應由員工出入口進出，不得經由大廳或其他旁道。

(2)攜帶包裹進入旅館時，應依指定處所存放，不得攜帶進入旅館內。

(3)員工下班後非經許可，嚴禁在旅館內逗留。

(4)非因業務需要，不得使用客用電梯及客用化粧室。

(5)未經主管同意，不得逗留公共場所、餐廳或客房各樓層。

(6)工作時間內如非工作上需要，不得隨便走訪其他同仁或非屬本人工作範圍之工作區域。

(7)後勤區拾獲遺物應立即送至安全室，以便公告招領。

(8)私人食物或飲料不得攜入公司，更不可要求倉庫代為儲藏。

(9)愛護公物，遇有破損，應立即報告主管轉請有關單位修繕。

(二)安全規定事項

1.失火及緊急情況

萬一發生失火或遇到任何緊急情況如水浸或斷電等情況，任何員工發現此等事件，應立即通知其部門主管。

(1)火警通知

任何員工在館店內任何地點發現失火，必須立即通知部門主管及總機，並且詳述下列各細節：

‧失火地點房號或任何區域、樓層。

‧何種物品燃燒。

(2)滅火

‧輕微失火：試著用適當的滅火器或滅火工具來滅火。

‧重大失火：查看起火地點附近有無客人，並關上起火房間房門，儘快疏散該樓層之其他客人。

‧疏散：利用緊急出口防火梯，勿使用電梯，因為電梯屆時會被鎖在底樓；應保持冷靜、勿慌張，等待救援到來。

2.颱風

在公共交通工具仍然行走之時，所有員工需如常上班，旅館當局將視颱風情況而決定當值之員工是否要繼續留在旅館工作，以防接班之員工因颱風而未能上班。

(三)其他

1.員工私人函件，請勿以公司為通信地址。

2.在工作時間內不得接待親友，如有急要，可由人資部傳達，必要時得在員工餐廳會見親友，切勿在營業場所、廚房、客房、走道為之。

3.在工作中嚴禁粗言穢語、喧譁、嬉笑、戲鬧。

4.嚴禁透過採購人員購買私人物品。

(四)員工意見及申訴

1.員工出入口處設有員工意見箱，員工有任何意見，都可以文字方式表達意見。

2.人力資源部每年會舉辦二次員工意見調查以作為管理當局營運之參考。

3.員工如有任何自覺不公平待遇或委屈，均可依行政管道向上申訴。

(五)福委會組織及活動

1.公司依規定組織員工福利委員會，由各營業點的分會自行辦理各項職工福利事項。

2.福利金由公司資本總額提撥1%為基金，基金利息部分依各營業點人員數分發給各營業點，每月營業收入總額提撥0.15%，職工薪金扣0.5%，儲存於銀行以供各營業點各項活動使用。

3.員工婚喪喜慶等福利相關事宜依福委會施行細則辦理。

4.員工離職時已扣繳之福利金，不得要求退回。

5.福委會輔導員工成立休閒活動社團，每年辦理社團評鑑，優良者得予以經費補助。

6.福委會定期舉辦員工活動。

7.每年舉辦一次員工旅遊。

8.其他相關福利措施。

第四篇

旅館員工績效管理與
培訓規劃

　　一個好的績效管理制度於規劃的源頭，就必須與策略及目標相結合。

　　由上層主管訂定目標，並將這些上層的計畫落實到每位員工的身上，透過每位員工去澈底執行。

　　旅館的人力資源是否有妥善的運用，必須透過績效評估才能具體的表達出來，評估的結果可作為員工升遷和調任的依據，提供員工工作的回饋，決定訓練的需求。

　　本篇裡，將深入探討休閒渡假旅館的績效管理及員工培訓計畫。

第七章

員工績效管理與升遷制度

　　績效考核起源於西方國家文官（公務員）制度。最早的考核起源於英國，在英國實行文官制度初期，文官晉級主要憑資歷，於是造成工作不分優劣，所有的人一起晉級加薪的局面，結果是冗員充斥，效率低下。1854年至1870年，英國文官制度改革，注重表現、看才能的考核制度開始建立。

　　根據這種考核制度，文官實行按年度逐人逐項進行考核的方法，根據考核結果的優劣，實施獎勵與升降。考核制度的實行，充分地調動了英國文官的積極性，從而大大提高了政府行政管理的科學性，增強了政府的廉潔與效能。英國文官考核制度的成功實行為其他國家提供了經驗和榜樣。

　　美國於1887年也正式建立了考核制度。強調文官的任用、加薪和晉級，均以工作考核為依據，論功行賞，稱為功績制。此後，其他國家紛紛借鑑與效仿，形成各種各樣的文官考核制度。這種制度有一個共同的特徵，即把工作實績作為考核的最重要的內容，同時對德、能、勤、績進行全面考察，並根據工作實績的優劣決定公務員的獎懲和晉升。

　　西方國家文官制度的實踐證明，考核是公務員制度的一項重要內容，是提高政府工作效率的中心環節。各級政府機關透過對國家公務員的考核，有利於依法對公務員進行管理，優勝劣汰，有利於人民群眾對公務員必要的監督。

　　文官制度的成功實施，使得企業開始借鑑這種做法，在內部實行績效考核，試圖透過考核對員工的表現和實績進行實事求是的評價，同時也要瞭解組織成員的能力和工作適應性等方面的情況，並作為獎懲、培訓、辭退、職務任用與升降等實施的基礎與依據。

　　旅館業的人力資源是否有妥善的運用，必須透過績效考核才能具體的表達出來，組織可利用績效考核制度來衡量和評鑑員工某一時段的工作表現，與協助員工的成長。考核的結果作為員工升遷和調任的

依據，提供員工工作的回饋與決定訓練的需求。

　　組織應規定督導人員至少每年需要對員工的工作表現作考核評量。員工的工作表現會以管理階層建立的工作說明書和工作目標為考核評量的基準。

第一節　績效評估與考核

　　提起績效評核，員工會立即聯想到加薪，這是傳統績效管理制度的弊病。績效評核的目的最主要是目標達成，績效評核就是評估目標達成的程度；而員工目標是由組織整體目標來展開的。

　　績效評核之後，主管應該立即根據員工考績的優劣，評估員工能力，預測員工潛力，為每一位員工量身訂做員工個人發展計畫；員工發展計畫內容通常包含對員工的教育訓練。

　　一個好的績效管理制度於規劃的源頭，就必須與策略及目標相結合。由上層主管訂定目標，並將這些上層的計畫落實到每位員工的身上，透過每位員工去澈底執行。

　　所以完善績效管理制度的條件必須包括：(1)客觀的績效目標；(2)嚴謹的考核流程；(3)完善的計分規則；(4)坦誠的績效面談；(5)公平的獎懲機制；(6)持續的績效改善。

一、績效管理制度的建立

(一)建立績效目標

◆詳述責任

每一個人都要有一份職務說明書，並且要能回答下列問題：

1.我工作的基本目的是什麼？
2.我的責任是什麼？
3.我要對誰負責？
4.我工作的範圍是什麼？

◆SMART目標

1.Specific：特定的；說明必須完成什麼。
2.Measurable：可測的；可以被評量的。
3.Agreed：同意的；是上司與員工本人一致同意的。
4.Relevant：切題的；是該職位的現狀，並對公司具有附加價值的。
5.Timely：適時的；包括該完成的日期。

◆發展目標

績效目標即是要建立一個方法來達成特定的責任，並且在績效評估期間可以測量。

有效的目標須有以下陳述：

1.必須完成什麼？

2.要完成什麼程度？

3.何時要完成？

(二)監控績效進度

◆GROW教導

1.Goal：目標；你想要達成什麼？

2.Reality：事實；現狀是什麼？

3.Option：選擇；你有什麼建議？

4.Will：意願；你想怎麼做？

◆定期檢視進度

1.定期開會以給與回饋。

2.追蹤中期成果，安排非正式的年中考評審查。

3.如果有未能預期或不可控的情況發生，修改績效計畫。

4.如果必要，將會議的結論以文件記錄下來。

◆評估績效成果

1.為每位員工設置一個檔案。

2.持續蒐集績效資料：

　(1)資料須與目標相關聯。

　(2)包含每位員工所有績效資訊（包括正面與負面），如：

　　‧手寫的便條紙。

　　‧專案總結結果。

　　‧顧客抱怨／讚賞。

◆與員工討論

　　1.訊息法：僅告訴員工其工作之表現，不做任何評估判斷。

　　2.糾正法：指出員工表現不佳之事項，並要求在期限內改善。

　　3.增強法：給與員工各種實質或精神獎勵，以鼓勵員工繼續維持
　　　優良之工作表現。

　　績效面談的目的為「檢討過去、策勵將來」，所以是一個十分嚴
肅的課題。

　　一般而言，績效面談有四項主題：(1)告知評核結果；(2)探討績
效問題；(3)訂定工作目標；(4)擬定員工發展計畫。在績效面談時，員
工可以表達自己對「績效評核」的看法與對「工作目標」、「員工發
展」的意見，並且與主管溝通與協商，就工作目標設定與員工發展計
畫達成協議。

　　對於人力資源管理部門來說，彙總、歸納個別員工發展計畫中的
訓練需求，才能提出對症下藥的訓練計畫。

　　例如：四個月前，你因表現優良，被調至業務部擔任經理。你發
現業務部副理李萍的工作表現欠佳，不但預定的工作目標經常無法達
成，同時她的同仁也經常抱怨：李萍雖然對業務工作很內行，但卻缺
乏成本方面的經驗。你雖然讓李萍參加了兩次企業顧問公司開辦的管
理課程訓練，但是她的績效卻未見改善。你曾提醒李萍，但她卻不在
意。請問該用何種方法與員工討論？

(三)案例

　　A旅館利用目標管理模式進行的績效評估制度（**圖7-1**為策略績效
關聯圖）。

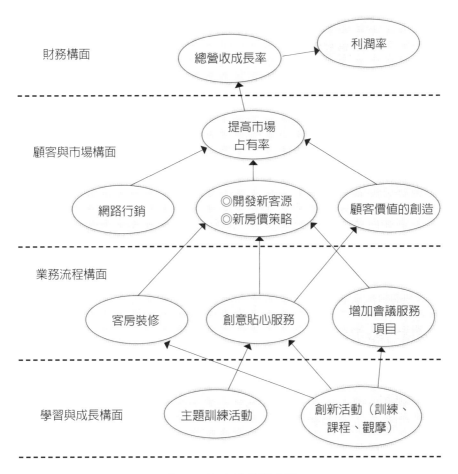

財務構面

利潤率

總營收成長率

顧客與市場構面

提高市場
占有率

網路行銷

◎開發新客源
◎新房價策略

顧客價值的創造

業務流程構面

客房裝修

創意貼心服務

增加會議服務
項目

學習與成長構面

主題訓練活動

創新活動（訓練、
課程、觀摩）

圖7-1　策略績效關聯圖

◆目標管理

1.以結果為導向的管理方式。

2.以目標之設定達成作為績效的評價。

3.運作模式：

　(1)以部門為中心。

(2)以結果爲導向。

(3)以指標爲依據。

(4)以業績、管理有關的目標爲主。

4.評價方式:

(1)以成果作爲評價。

(2)與年終獎金相結合。

◆目標管理的目的

1.利用全員參與來達成公司的年度目標,甚至中、長期的目標。

2.重視溝通協調,營造一個目標一致、相互密切關聯、整體性、適應性強的組織。

3.與日常管理相結合,透過日常管理的加強達成日常的工作改善。

◆目標之設定原則

1.營業額。

2.獲利率。

3.稅前、稅後淨利。

4.管理項目(成本、人事費用)。

◆執行計畫

擬出目標執行時的實施項目,以及進行時的各相關計畫,以確保目標能夠依據所擬訂的計畫有效而具體的執行。

◆目標的稽核與追蹤

著重在目標之達成,但在達成的過程中透過日常管理的稽核來進行目標之追蹤。

二、考核表之分類

考核表可分為：(1)員工試用期滿成績考核表（**表7-1**）；(2)基層員工考核表（**表7-2**）；(3)督導人員考核表（**表7-3**）。

(一)員工試用期滿成績考核表

員工試用期滿成績考核表之考核項目有：

1.交付工作是否正確而有效地執行。

2.學習熱忱與態度如何。

3.工作成果如何。

4.服務態度是否優良。

5.團隊精神如何。

6.是否自動自發。

7.處理突發事件之能力。

8.職能與適應性是否良好。

(二)基層員工考核表

經單位主管及部門主管依新進人員輔導進度表之內容考核後簽名。

基層員工考核表之考核項目有：

1.工作能力：

  (1)工作數量。

  (2)工作品質。

2.學習能力。

表7-1　試用期滿成績考核表

部　　門	_____
員工編號	_____
姓　　名	_____
職　　位	_____
日　　期	_____

考核項目	百分比　考評
1.交付工作是否正確而有效地執行？ 　‧準時上班否？ 　‧勤惰如何？	20%
2.學習熱忱與態度如何？ 　‧是否顯著進步？ 　‧職能知識與素養如何？	20%
3.工作成果如何？ 　‧職能素質？ 　‧工作量？	20%
4.服務態度是否優良？ 　‧是否遵從主管的期望與要求？ 　‧團隊精神如何？ 　‧是否自動自發？ 　‧處理突發事件之分析力、果斷力及應變力如何？	30%
5.職能與適應性是否良好？	10%
考核結果：	

績分：　　　評列等級：□優良　　　□好　　　□平平　　　□需要改進
　　　　　　　　　　　90分以上　　80分以上　70分以上　70分以下

□本考績在70分以下不予任用
□其他

_____　　　　　_____
　　單位主管簽名　　　　　　　　部門主管簽名

表7-2　基層員工考核表

基本資料					
姓名		部門		職位	
擔任現職時間			於本公司服務時間		

工作能力

1. 工作數量
   - ☐工作量常呈不足
   - ☐工作量平平
   - ☐工作量常令人滿意，但並不特出
   - ☐工作量佳
   - ☐工作量極為特出

2. 工作品質
   - ☐工作品質不令人滿意
   - ☐工作經常欠缺周到、準確與整潔
   - ☐工作品質好但並非特出
   - ☐工作能完全、準確與良好
   - ☐經常執行重要性工作，工作品質極佳

3. 學習能力
   - ☐學習緩慢，即使是簡單的工作程序，需要經常之指導
   - ☐學習常常要加倍之練習
   - ☐學習堪稱滿意
   - ☐學習新的方法與觀念極容易
   - ☐具有聰慧之心智與學習意願

發展潛力

1. 獨立性
   - ☐如無相當之督導則不能依靠達到期望之成果
   - ☐經常不能信任，需要時常之督導
   - ☐尚能自動自發，但仍需指導與監督
   - ☐能夠自動自發，僅需一般性之督導
   - ☐獨立性高，並不需要特別督導

2. 人群關係
   - ☐不易與人相處，遭人排拒
   - ☐未完全被人接受，人群關係淡薄
   - ☐與人相處保持一般友誼
   - ☐與人相處愉快
   - ☐人際關係極佳，常受到支持與信賴

3. 發展潛力
   - ☐不能勝任目前工作，應轉換至較簡單之工作或予以解僱
   - ☐僅能勝任目前工作
   - ☐或許已達到其所最適任之工作
   - ☐能從目前工作中再有發展
   - ☐為未來發展之極佳人選

出勤	☐令人滿意 ☐不令人滿意	準時	☐令人滿意 ☐不令人滿意
於過去六個月中缺勤之天數		於過去六個月中遲到之天數	

如果出勤或準時記錄並不令人滿意，曾採取什麼行動：

（續）表7-2　基層員工考核表

綜合以上考核因素資料之考慮，此位員工應評等為：

☐ 優良

☐ 好

☐ 平平

☐ 需要改進

從上次考核面談至今，此位員工之工作表現，曾有哪些改變？

經過您與此位員工之考核面談後，請寫出你們共同認為他所應作之改進。

建議

升遷 _____

調職 _____

訓練 _____

未來發展 _____

考核經審核並同意

被考核者 _____

_____　　_____　　_____　　_____
　　考核者　　　　　　　日期　　　　部門主管　　　　　　日期

表7-3　督導人員考核表

一般資料　　　　　　　　　　　　　　　　　　　日期 _____

姓名　　　　　部門　　　　　職稱　　　　　生效日

1.工作效率之考核

工作知識	瞭解己身及所督導人員之工作
	需要改進　平平　好　優良
工作量	能如期達成工作任務
	需要改進　平平　好　優良
工作品質	能經常維持高工作品質
	需要改進　平平　好　優良
責任感	對所使用工具、設備、器材妥善保管
	需要改進　平平　好　優良

2.行政能力之考核

組織能力	工作計畫之擬定及時間安排
	需要改進　平平　好　優良
貫徹能力	澈底完成計畫及任務
	需要改進　平平　好　優良
判斷能力	作正確決策及解決問題
	需要改進　平平　好　優良
協調能力	與各部門及主管協調良好
	需要改進　平平　好　優良

（續）表7-3　督導人員考核表

3.督導工作之考核

引導	對新進人員解說工作及引導
	需要改進　平平　好　優良
訓練	對部屬訓練及培養
	需要改進　平平　好　優良
關愛	對部屬瞭解並關愛
	需要改進　平平　好　優良
維紀	維護規章紀律及處理訴怨
	需要改進　平平　好　優良

4.綜合考評

1.總評

　□優良　　　□好　　　□平平　　　□需要改進

2.自上次考評後之重大改進

3.同意於下次考核前作之改進及改進計畫

4.訓練及發展需要

_____　　　_____
被考核者　　　　　　　考核者

_____　　　_____　　　_____
部門主管　　　　　　　人力資源經理　　　　總經理

3.發展潛力：

　(1)獨立性。

　(2)人群關係。

　(3)發展潛力。

4.出勤狀況。

5.建議事項經考核者及被考核者審核並同意後簽名。

(三)督導人員考核表

督導人員考核表之考核項目有：

1.工作效率之考核：

　(1)工作知識。

　(2)工作量。

　(3)工作品質。

　(4)責任感。

2.行政能力之考核：

　(1)組織能力。

　(2)貫徹能力。

　(3)判斷能力。

　(4)協調能力。

3.督導工作之考核：

　(1)引導。

　(2)訓練。

　(3)關愛。

　(4)維紀。

4.訓練及發展需要：經考核者及被考核者審核並同意後簽名。

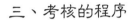

三、考核的程序

1.在員工進入公司前的指導階段，即告知績效考核程序。

2.決定績效考核的目的，是為了考核？為了訓練？為了薪資的調整？還是為了人員的成長與發展？

3.依不同之目的和工作內容，找出考核標準。這些標準要和工作相關，有客觀的資訊以作為考核的根據。

4.依不同的工作性質，決定各工作及人員的考核時機。

5.決定考核的方法、實施程度及步驟。

6.找出考核的因素，這些因素要能代表工作的內容，而非一般的人格性質。

7.決定出執行考核的人員，先接受訓練，以防止一些偏差；且要能瞭解工作內容，才能夠評估出優劣；最重要的是，他要清楚地知道考核的目的為何。

8.建立正式回饋制度，讓員工知道考核的結果。

9.讓考核者和被考核者有面談的機會。面談的目的不在爭論考核的結果，而是對未來的績效提出建議性的意見，以幫助人員成長和發展。

10.與被考核者設定下次績效改進計畫的目標、方法及衡量標準，主管則需要扮演輔導者的角色。

四、考核時之注意原則

1.客觀評價原則：應盡可能進行科學評價，使之具有可靠性、客觀性、公平性。

2.全面考評原則：就是要多方面、多渠道、多層次、多角度、全

方位地進行立體考評。

3.公開原則：應使考評標準和考評程序科學化、明確化和公開化。

4.差別原則：考評等級之間應當產生較鮮明的差別界限，才會有激勵作用。

5.反饋原則：考評結果一定要反饋給被考評者本人，否則難以起到績效考評的教育作用。

6.考核時應注意的事項：

(1)員工平時之考核為部門主管之責任，應依據分層負責，逐次授權之原則。對所屬同仁確實執行考核，以直屬主管為初核人，上一級主管為複核人。

(2)主管對員工考核從平時做起，平時考核記錄為員工試用考核、年中及年級考核之依據。

(3)員工考核成績關係年度調薪及年級獎金之發放，其等級比例另依每年公布辦法實施之。

(4)員工考核成績為往後調職、訓練、升降職及解僱之參考。

(5)員工考核結果應讓員工本人知悉，並於考核表上簽字。

第二節 升遷制度

升遷制度在人力資源管理的功能中扮演著相當重要的角色，它不但能發掘、維持與激發組織內員工的潛能，而且能使組織最有效地去利用這些人力資源。其實，升遷制度與人力資源管理的其他活動（如甄選、績效評估與教育訓練等）均息息相關，相互為用，並交互影響到一組織的平時作業（如員工態度、勞資糾紛等），進而對組織的最終績效（如投資報酬率、企業形象）的達成有著密切的關聯。良善的

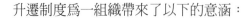

升遷制度為一組織帶來了以下的意涵：

1. 代表為某一較高的職位求得人才。
2. 若升遷得當，表示用對人，因此該組織將能有效發揮被升遷者的潛能。
3. 某人經過不同職位的磨練，乃是個人發展的有效方法之一。
4. 完善的升遷制度代表著公平與公正，此將會提升組織內員工的工作士氣與滿足感而留住人才。

由以上可知，升遷制度設計之目的在於人才得以被發掘，同時也在激勵員工某些行為的產生，從簡單的層面來看，激勵人人會做，一句讚美、一點小費，就可達到激勵的效果。

然而就複雜的層面來看，人人需求不同，同一種報酬、讚美，對於不同之人有著不同的結果，在使用激勵的方式時，需對症下藥才能奏效。

提升士氣亦可視為是激勵的主體，士氣需靠激勵才能顯現出來。高揚的士氣，可以視為激勵的結果。員工如果對所做工作極為關心，並努力完成，則其士氣高揚；反之，則士氣低落。

士氣是一種團隊精神，是主管利用心理的、物理的方法引發組織成員努力工作的意願。員工對組織有共同的目標，願意同心協力地去完成。

一、有效激勵員工

旅館業是屬於勞心勞力的工作，員工較少創新與突破，就有效激勵員工之途，可分為以下幾點：

(一)觀念上

1.人文性：員工需要掌聲。

2.個別性：員工之間具有個別差異，應採不同之激勵方式。

3.切合性：激勵要符合員工之需求。

4.價值性：別當員工爲工具，他有人的尊嚴。

5.公平性：不只求形式上的公平，更要實質性的公平。

6.成長性：激勵在促使員工的成長，而不是一味求其需要之滿足。

7.合理性：激勵要合情合理。

8.時效性：適時給與激勵，不要延宕。

9.認同性：達成全體共識，使大家樂於接受激勵。

10.階段性：不同生涯階段的員工，給與不同性質的激勵。

(二)方法上

1.以誠爲出發點，誠懇、誠摯，讓員工感到窩心。

2.善體人意，瞭解員工需要。

3.相互尊重，激勵不再施小惠，以尊重對方爲前提。

4.信賴員工，承認人性本善，不要有防弊心態。

5.具有同理心，能設身處地爲員工著想。

6.就事論事，不做人身攻擊。

(三)策略上

1.塑造優良的旅館文化，人人以旅館之成員爲榮。

2.實施目標管理，使成員參與目標之設定，進而達成目標，以落實績效責任。

3.建立公平公正的獎懲制度，以激勵服務士氣。

4.提供平等的機會與尊重個人的專長。

5.建立升遷制度，促進良性的流動，拔擢優秀人才。

6.擴大參與的層面，增進成員的歸屬感。

7.暢通溝通的管道，凝聚團體的向心力。

8.鼓勵員工輪調，以發揮適才適所，健全組織機能。

9.建立工作保障制度，使員工無後顧之憂。

10.改善工作環境，充實設備，減輕員工之負擔。

11.鼓勵員工進修，提高專業知識。

12.合理有效的領導，人性化的關懷。

13.主動支援，以服務代替管理。

　　根據目前大多數的旅館服務人員的離職原因中發現，基層員工很少會認為自己有機會可以獲得升遷至組長或領班的職位，更不用說可能升至主任、副理了。因此使得員工大多沒有很大意願要長久待在旅館內發展，造成人員的高流動率。

　　繼續留在旅館內工作而欲求不滿的員工便有不適應症狀出現，此時在心理上便會產生欲求不滿的轉嫁，如工作士氣低落、曠職的次數增加、曠職的理由曖昧、喪失工作意願與無責任感、言語表示不滿、反抗或叛逆的情況發生。

　　面對目前人力市場的改變而產生的人力不足情形，可以從健全升遷制度上來因應。在升遷制度的公平性上，升遷作業應事先有一套明確的制度，否則待升遷決策命令下達後，會受到員工很多負面的批評與不滿。另升遷制度需具客觀性與具體性，也就是說升遷的決策不要只依決策者個人的主觀判斷，否則員工對升遷結果會有較多的申訴事件產生，還有升遷制度也會受組織特性的影響，所以在升遷制度的設計上應依本身旅館的組織特性去權衡應變。

二、升遷依據之條件

(一)工作績效

工作績效是工作成效之評鑑，也是知識技能透過努力後的綜合表現。以工作績效作為升遷之條件，對員工而言，將是很好的激勵方式，對組織而言，也可以提高組織之效能。

(二)年資

年資是員工服務時間，其工作經驗和貢獻，是不容忽視，具有晉升條件的參考價值。

(三)受訓成果

受訓之後，學員是否改用新態度、新知識及新技巧於原來工作上，使業績成長、顧客滿意度提高或成本下降。

三、升遷之程序

例如A旅館之升遷辦法如下：

1.凡員工之升遷由各部門主管依據對員工考核後之結果填具「人員異動」申請表，經由人力資源部提交總經理核准後實行。
2.升遷每人每年二次，以每年一月一日或七月一日為晉升生效日。
3.員工經主管考核不適合擔任現職者，可予以降職、降薪任用，

於三個月觀察期中表現仍無法符合工作要求時,主管可隨時呈請予以解僱之。

四、調任

一套有系統的調任政策能使整個組織的行政管理更趨於協調一致。調任的種類分為:

1. 業務性調任:旅館因淡、旺季節明顯,為避免人力閒置所實施的輪調。
2. 輪班性調任:指同一工作因工作時間分早、午、晚三班,為使員工能勝任不同時段的工作,而採取之輪流制度。
3. 補救性調任:當員工與主管不合,或同事間相處不融洽,或對目前的工作產生厭倦或瓶頸時,所採取的調任。

五、降職

一個組織的任何降職措施,往往會引起員工之恐慌或不滿,所以主管在處理降職時要特別謹慎。員工被降職時,部門主管應先知會人力資源部主管,先與員工做面對面的溝通,讓員工先知曉,並說明理由,然後再用書面方式通知,降職、降薪任用,並在限定期限內觀察員工的表現是否符合工作的要求。

升遷制度是員工「精神資源」的善用,物質薪資有窮盡之時,精神薪資卻可源源不斷。倘若旅館的經營者能明白此理,妥善運用升遷制度,那麼員工的服務效率必可收事半功倍之果。所以良好的升遷制度,可以有效運用在員工工作或訓練中所發展出之技術與能力,作為激勵員工增進能力與績效之工具。

第八章

員工培訓規劃

　　旅館之發展固有賴策略規劃、目標訂定以及各級管理者應用組織、指揮、協調、控制各職能來達成企業之目標，但最重要者仍取決於旅館內之人才。欲求旅館人才之充實完善，不但在聘僱人力時須著眼於旅館未來之發展，更須對旅館內現有人力不斷予以「訓練」、「教育」與「發展」，期使旅館內人力資源能靈活運用。

　　所謂「訓練」乃是提高員工在執行各項職務時所必須具備之知識、能力及態度，並培養其解決問題能力之一切活動。而「教育」則係增進員工之一般知識、能力及對環境之適應力，乃是一項較訓練更為長期更廣泛之知能培養。

　　至於「發展」乃指為配合員工個人需求與旅館成長，對具有潛在能力之員工，透過有計畫之訓練，使該員工之個人事業前程規劃能與旅館之成長亦步亦趨，同獲發展。訓練與教育可以「有教無類」，大部分員工均可參與，但發展卻必須有選擇性，須先瞭解該員工之可發展性，然後協助其訂定「事業前程規劃」，使之個人與企業同獲成長。

　　目前觀光旅館的各級人力均不足，未來隨著更多觀光旅館之興建將更形短絀，為培訓人力，提升人員服務品質，各旅館均應建立自己的訓練體系，積極培訓人才。

　　因此，教育訓練推行體系可分為下列三階段來進行：(1)訓練需求之分析；(2)訓練規劃與訓練實施；(3)訓練成果之考核（**圖8-1**）。

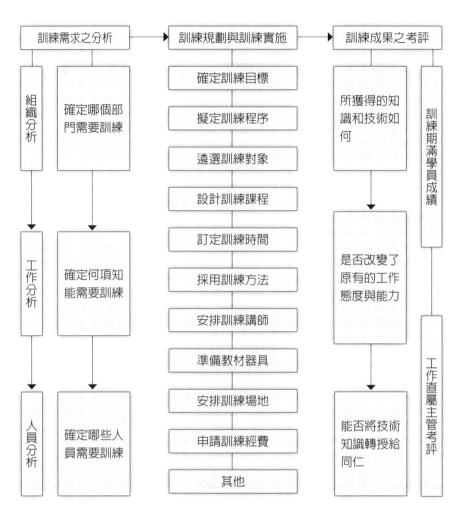

圖8-1　員工教育訓練推行體系

 # 第一節　教育訓練需求分析與教育訓練規劃

一、教育訓練需求分析

(一)教育訓練之目的

教育訓練之目的是為了：

1. 提升技術或知識層次，以提高生產或效率。
2. 增進員工個人及工作品質，改進產品、員工個人及企業形象。
3. 加強對企業文化與經營理念之認同，以培養團隊精神。
4. 賦予自我啟發之機會，改變員工態度、員工之潛能。
5. 賦予員工之可塑性，以便對該員工作階段性之發展。
6. 配合旅館發展及人力規劃，使旅館內人力資源能靈活運用。

　　員工可根據自己的工作效率、技術（專業）層次、執行業務之能力以及自我成長之規劃等因素提出訓練需求。不過提出時應經由正常申請管道，以免偏頗，形成訓練資源之浪費。

　　單位主管與部門主管根據所屬之專業熟練程度、工作效率、創造力、工作調整、職務變動、員工自我成長規劃等因素，對訓練單位提出建議：惟此項建議在訓練單位未作最後肯定前，暫不告知員工，以免此項需求在訓練單位作整體規劃及鑑定有所變更時，形成員工之失望。

　　人力資源部可依組織之經營策略、人力損耗、人力市場之狀況以及組織內人力資源之現狀加以分析，並進而對訓練單位提出訓練需求

之建議。

　　訓練單位可依據其平時之綜合觀察，對資料之分析（如員工離職率、顧客滿意度意見調查）、員工滿意度調查、各項員工面談加以蒐集後提出建議。

(二)訓練委員會之功能

　　訓練委員會由總經理、副總經理與各部門主管擔任委員發揮以下之功能：

1.提出各單位訓練需求。
2.鑑定整個組織之訓練需求。
3.檢討訓練單位所提出之訓練計畫。
4.檢討訓練實施及其成效。
5.瞭解及審核訓練經費。

二、教育訓練規劃

　　另外，為配合員工需要，可設計需求調查表以供調查分析，人力資源部依據教育訓練需求，規劃下列各類之訓練計畫：

(一)新進人員訓練

　　新進人員訓練作業流程如**圖8-2**所示。

◆訓練宗旨

1.協助新進員工瞭解工作之環境，瞭解公司規章、組織及管理階層以及各項設施。

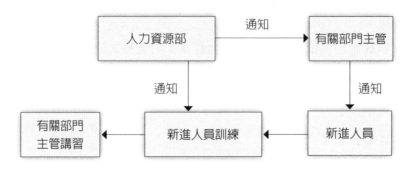

圖8-2 新進人員訓練作業流程

2.瞭解公司之品質服務理念、歷史及未來之展望。

3.增加新進員工對公司之向心力。

◆訓練內容

1.公司之歷史、組織、訓練簡介。

2.人事行政、規章、福利。

3.旅館安全、醫療資訊、消防、火災知識宣導與實務操作。

4.基本禮儀，品質服務概念。

5.介紹環境，參觀館內各項設施及各部門作業情形。

6.認識旅館附近各項觀光旅遊資訊。

◆訓練方法

1.授課。

2.個人發表。

3.分組討論。

4.參觀活動。

5.錄影帶教學。

◆**座位的擺設**

　　1.教室型，用於授課時。

　　2.口字型，用於討論課程時。

(二)職前訓練

　　職前訓練作業流程如**圖8-3**所示。

◆**訓練宗旨**

　　藉由各單位健全之工作輔導制度，使新進人員於正式錄用之前，能澈底瞭解其工作上之專業知識及技術，以增進工作效率及維持一定的服務品質。

◆**訓練內容**

　　1.瞭解政策、理念、企業文化及品質服務精神的灌輸。

　　2.專業知識與技能。

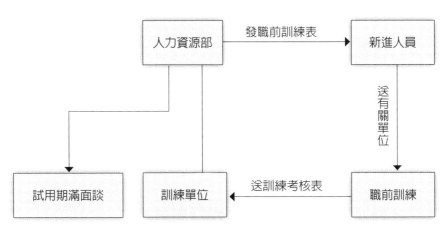

圖8-3　職前訓練作業流程

3.標準作業程序。

◆訓練方法

1.一對一教導。

2.授課。

3.演練。

4.觀察。

(三)學生實習訓練

學生實習訓練作業流程如圖**8-4**所示。

◆訓練宗旨

1.協助政府、學生、教育機關團體，提供實習觀光旅館作業實務
經驗。

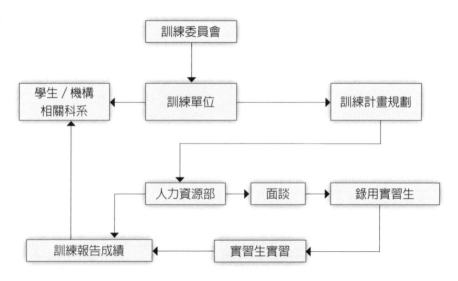

圖8-4　學生實習訓練作業流程

2.灌輸有志從事旅館業人員基本的正確服務理念及方法。

3.為旅館長程發展，有計畫地網羅人才。

4.提供旺季之人力資源。

◆訓練內容

1.公司歷史、組織、規章之介紹。

2.介紹旅館環境，參觀館內各項設施及各部作業情形。

3.基本禮儀、品質服務概念之宣導。

4.專業知識。

5.專業技術。

◆訓練方法

1.授課。

2.演練。

3.討論。

4.工作鍛鍊。

(四)建教合作

　　學校（以下簡稱甲方）與旅館（以下簡稱乙方）為達成職業教育在於「學以致用」專業人才為宗旨，並予以就業輔導為目的，共同協助培育旅館服務業所需專業人才。

1.學生實習：每期學生十名。

2.期間：一年四期（每期實習二個月）。

3.甲乙雙方指定主管人員每學期至少舉行協調會議一次，溝通下列建教合作任務：

　(1)審察訓練計畫及學生個別訓練進度。

(2)研討改進訓練計畫。

(3)學校教學與旅館間之安排及協調。

(4)受訓學生在學校與旅館間之安排與協調下實習。

(5)其他有關建教合作協調事項。

4.甲方之職責：

(1)負責實習學生之遴選事宜。

(2)協助遴選合格之學生補充技能訓練與教育。

(3)相關教學之研擬及各項成績考核。

(4)其他有關學校教育及指導活動事項。

(5)督導學生在乙方旅館實習期間必須嚴守乙方之有關一切規章並由甲方作為保證人。

5.乙方之職責：

(1)實習期間，派有專人負責學生之生活管理及在職訓練。

(2)協助彌補行事技能標準與旅館標準間之差距。

(3)負責技能訓練及實習期間之成績考核並供教學之實習資料。

(4)適當安排輪調工作崗位以學專業技能。

(5)實習期間，由乙方提供學生投保勞工保險。

(6)提供甲方優秀之學生就業機會。

(7)其他有關訓練事項。

6.就雙方有關輔導就業之共同認知依下列方式進行：

(1)由甲方負責實習學生甄選事宜，乙方提供甲方學生實習機會。

(2)受訓學員每週一至週五接受甲方專業訓練，每週六至週日（國定假日亦可實習）至乙方旅館全日實習為乙方假日之人力資源，乙方提供學生住宿、用餐及實習費用。學生可搭乘旅館與學校往返之定時班車。

(3)學員於實習期滿，返回甲方繼續接受專業訓練，畢業後由甲方依學生志願輔導至乙方就業。

(五)管理儲備人員訓練

管理儲備人員訓練作業流程如圖**8-5**所示。

◆訓練宗旨

1.以大專院校觀光科系畢業學生及旅館內部表現優異之員工為主，有計畫之培養具有管理潛力之優秀人員，使其兼具管理之正確觀念，專門技術之知能及旅館作業之實務經驗。
2.有計畫培訓基層管理人才，健全旅館管理體制。

◆訓練內容

1.依未來擬安排的部門，設計一年或二年的相關訓練計畫。
2.專業知識。
3.專業技術。

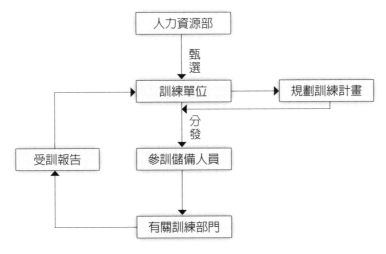

圖8-5　管理儲備人員訓練作業流程

4.管理概念。

5.企業文化、服務精神、政策之輸灌。

◆訓練方法

1.授課。

2.演練。

3.討論。

4.對話。

5.觀察。

6.自我啓發。

7.工作鍛鍊。

(六)督導人員訓練

督導人員訓練作業流程如**圖8-6**所示。

◆訓練宗旨

1.灌輸領班級以上督導人員一般正確的督導觀念，包括行爲的分析、溝通技巧、領導力、組織授權、激勵士氣、工作計畫、工作評估、工作教導、工作改善及工作關係等課程。

2.提高督導人員的素質。

3.促進有效管理。

4.加強基層管理功能。

◆訓練內容

1.認識督導人員的角色。

2.工作教導訓練。

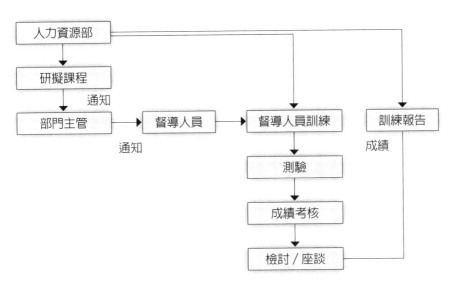

圖8-6　督導人員訓練作業流程

3.工作規劃與決策訓練。

4.工作改善訓練。

5.工作關係訓練。

6.其他督導有關管理訓練。

◆訓練方法

1.授課。

2.演練。

3.討論。

4.對話。

5.錄影帶教學。

(七)訓練師培訓

◆訓練宗旨

　　遴選出有實務經驗的訓練師，於吸收有系統的教學原理、技巧、訓練發表等課程後，不僅提供訓練師成長發展空間，並有系統的指導旅館內部基層人員達到提升旅館服務品質、加強員工士氣、降低員工流動率之目的。

◆訓練內容

　1.訓練人員特質與正確的訓練心態。
　2.訓練前的準備。
　3.一對一的訓練。
　4.團體的訓練。
　5.各項訓練方法介紹與演練。
　6.案例研討與角色扮演。
　7.訓練時應注意事項。
　8.溝通技巧。
　9.領導與統御。
　10.心得發表會。

◆訓練方法

　1.授課。
　2.討論。
　3.個人思考。
　4.演練。
　5.觀察。

◆講師評鑑及授證

1.目的：

(1)學習目標的確保。

(2)提升授課技巧。

(3)肯定講師。

2.實習階段的評鑑：

(1)講師自我評鑑。

(2)講師相互評鑑。

3.授課時的評鑑：

(1)訓練委員會的隨堂觀察。

(2)學員填寫課後評量表。

(3)學員課後的心得報告。

4.授證：

(1)由總經理頒發。

(2)取得內部正式講師資格。

(3)可於年終員工晚會時授證。

(八)員工生涯規劃

員工生涯規劃作業流程、管理人員發展生涯規劃之步驟，以及部門接班者計畫圖，請參考**圖8-7**至**圖8-9**所示。

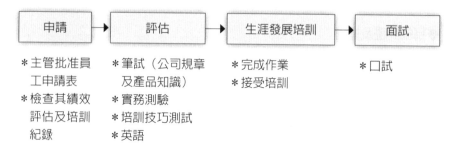

申請	評估	生涯發展培訓	面試

＊主管批准員
工申請表

＊檢查其績效
評估及培訓
紀錄

＊筆試（公司規章
及產品知識）

＊實務測驗

＊培訓技巧測試

＊英語

＊完成作業

＊接受培訓

＊口試

圖8-7　員工生涯規劃作業流程

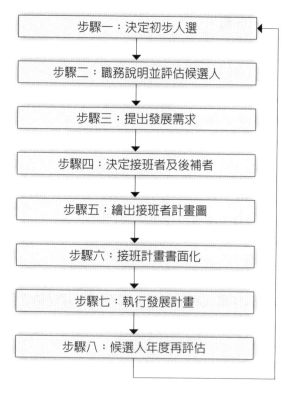

圖8-8　管理人員發展生涯規劃之步驟

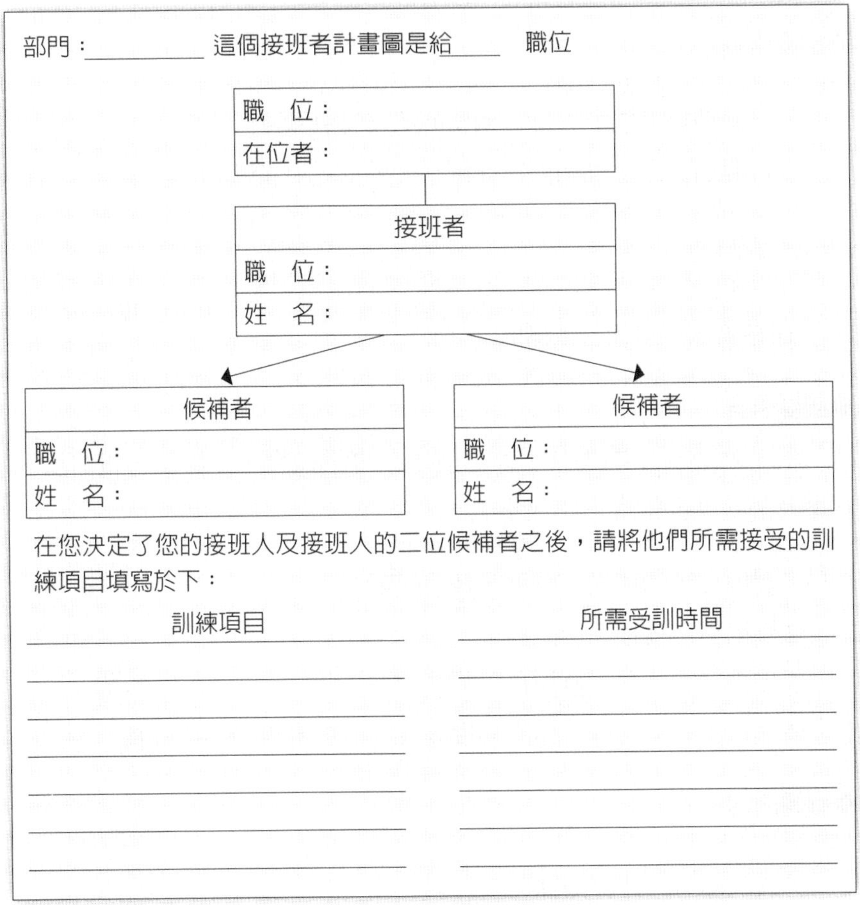

部門：＿＿＿＿＿　這個接班者計畫圖是給＿＿＿　職位

| 職　位： |
| 在位者： |

| 接班者 |
| 職　位： |
| 姓　名： |

候補者	候補者
職　位：	職　位：
姓　名：	姓　名：

在您決定了您的接班人及接班人的二位候補者之後，請將他們所需接受的訓練項目填寫於下：

訓練項目　　　　　　　　　　　　　所需受訓時間

_____　_____

_____　_____

_____　_____

_____　_____

_____　_____

_____　_____

圖8-9　部門接班者計畫圖

◆訓練宗旨

協助員工發展內在多方潛能，適時輔導員工解決疑惑與工作困境，並進行員工個人事業前程規劃，期使員工與旅館之成長、需求亦步亦趨。

◆訓練內容

1.視個別員工之能力輔以適當的事業成長規劃。

2.視個別員工之疑惑與工作困境,給與適時的輔導。

(九)在職訓練

在職訓練作業流程如圖**8-10**所示。

◆訓練宗旨

訓練新舊員工熟悉其工作之技術、專業知識,以維持一貫之服務水準及品質進而增進工作效率。

1.發掘員工的成長可能性,並引發動機。

2.協助員工增進工作能力。

3.提供機會讓員工發揮自己的能力。

4.讓員工嘗到完成工作的喜悅感(啟發邁向新成長的動機)。

◆訓練內容

1.餐飲部人員在職訓練:

(1)餐飲服務介紹。

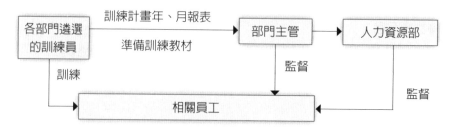

圖8-10 各部門在職訓練作業流程

(2)服務態度、職責及客人應對技巧。

(3)一般餐飲服務知識與技巧示範。

(4)電話禮儀。

(5)安全衛生常識。

(6)食品常識與服務流程。

(7)飲料常識與服務流程。

(8)餐飲服務英、日語。

2.廚房工作人員在職訓練：

(1)廚房環境介紹。

(2)基礎營養常識介紹。

(3)日用品、水果、蔬菜、牛奶、奶酪品等之介紹。

(4)食品儲存。

(5)廚房組織與工作說明。

(6)廚房常用餐飲術語。

(7)菜單設計和菜單檔案說明。

(8)飲食採購與成本控制。

(9)各種飲食型態之介紹。

(10)產品相關知識。

(11)溝通技巧。

(12)安全衛生常識。

3.訂房員在職訓練：

(1)訂房角色與系統功能簡介。

(2)電話禮儀。

(3)溝通技巧。

(4)從電話溝通中判斷客人。

(5)相關訂房資料之蒐集與練習。

(6)判斷客人喜好、推薦適合之客房與服務以滿足客人需求。

(7)在電話中與客人達成交易之技巧。

(8)如何爭取並保有客戶。

(9)各項工作說明。

(10)訂房服務英、日語。

(11)安全衛生常識。

4.總機人員在職訓練：

(1)總機角色與系統功能簡介。

(2)電腦終端機之操作。

(3)內外線電話之使用與處理。

(4)如何過濾住客電話。

(5)對於客人之留言、喚醒等服務之處理。

(6)緊急事故之處理與廣播程序。

(7)溝通技巧。

(8)電話禮儀。

(9)總機服務英、日語。

(10)安全衛生常識。

5.行李員在職訓練：

(1)服務中心角色與職責簡介。

(2)停車程序說明。

(3)散客check-in與check-out作業流程。

(4)團體客check-in與check-out作業流程。

(5)如何運送與處理客人行李。

(6)如何引領客人至客房，並進行旅館環境簡介。

(7)如何處理客人訂位作業。

(8)溝通之道。

(9)電話禮儀。

(10)服務中心英、日語。

(11)安全衛生常識。

6.櫃檯接待人員在職訓練：

　　(1)櫃檯接待角色與職責簡介。

　　(2)認識各式客房特色、設備與旅館提供之服務與設施。

　　(3)服務態度及客人應對技巧。

　　(4)電話禮儀。

　　(5)判斷客人喜好、推薦適合之客房與服務以滿足客人需求。

　　(6)溝通技巧。

　　(7)電腦實務操作。

　　(8)櫃檯各項作業說明。

　　(9)如何處理顧客抱怨。

　　(10)與旅館其他單位之工作關係。

　　(11)櫃檯服務英、日語。

　　(12)安全衛生常識。

7.休閒中心人員在職訓練：

　　(1)活動指導員角色與職責簡介。

　　(2)認識旅館提供之各項休閒活動、器材與設施。

　　(3)服務態度及客人應對技巧。

　　(4)電話禮儀。

　　(5)各項休閒活動指導與服務要領。

　　(6)如何處理顧客抱怨。

　　(7)安全維護及緊急急救處理。

　　(8)設計活動之作業流程與應注意事項。

　　(9)各項休閒活動器材、設施之維護。

　　(10)休閒活動服務英、日語。

　　(11)安全衛生常識。

8.房務部人員在職訓練：

(1)房務人員角色與職責簡介。

(2)認識各式客房特色、設備與旅館提供之客房服務。

(3)服務態度及客人應對技巧。

(4)電話禮儀。

(5)溝通技巧。

(6)團隊合作之精神。

(7)房務各項實務作業說明。

(8)各項清潔用品之認識與使用指導。

(9)如何處理顧客抱怨。

(10)與旅館其他單位之工作關係。

(11)房務服務英、日語。

(12)安全衛生常識。

9.工程部人員在職訓練：

(1)工程人員角色與職責簡介。

(2)認識旅館各項工程設施、設備與旅館提供之服務。

(3)電話禮儀。

(4)服務態度及客人應對技巧。

(5)各項專職設備之維護與操作。

(6)公共區域各項設施之維護與操作。

(7)特殊設備（如鍋爐、發電機、汙水處理等）之維護與操作。

(8)緊急事故之處理流程。

(9)停電及復電注意事項與處理流程。

(10)如何處理顧客抱怨。

(11)工程服務英、日語。

(12)安全衛生常識。

10.安全室人員在職訓練：

(1)安全人員角色與職責簡介。

(2)認識旅館各項安全設施、設備與旅館提供之服務。

(3)電話禮儀。

(4)服務態度及客人應對技巧。

(5)各項安全設備與系統之操作與維護。

(6)停車場管理之流程。

(7)破壞事件之處理流程。

(10)緊急事故之處理流程。

(11)警衛巡邏與各項執勤要領。

(12)如何撰寫安全報告書。

(13)安全服務英、日語。

11.業務部人員在職訓練：

(1)業務人員角色與職責簡介。

(2)認識旅館各項設施、設備與旅館提供之服務。

(3)瞭解旅館房價、假期、禮券等各項產品。

(4)業務電話禮儀與應對技巧。

(5)如何處理顧客抱怨。

(6)如何處理廣告與公關事宜。

(7)如何有效做業務拜訪。

(8)顧客各項需求之安排與處理流程。

(9)業務服務英、日語。

◆訓練方法

1.一對一教導。

2.工作鍛鍊。

3.授課。

4.討論。

5.對話。

(十)在職人員語文訓練

在職人員語文訓練作業流程如圖**8-11**所示。

◆訓練宗旨

為提高員工語文能力、服務水準及工作效率。

◆參加方式

1.規定所屬硬性參加之單位學員，如缺席，未經部門主管或訓練
部之同意者，視為曠職一天。

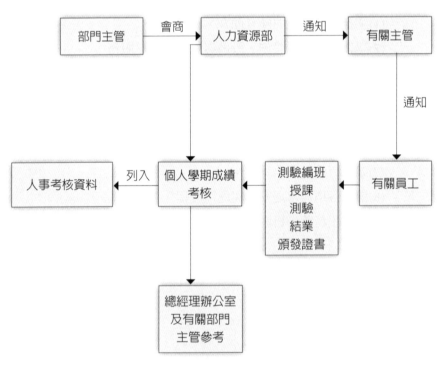

圖**8-11** 在職人員語文訓練作業流程

2.非硬性規定之學員，可由報名方式經訓練部或其單位主管同意上課。

3.每位硬性規定上課的學員，於上課前均須經過語文能力測驗。

　(1)測驗內容爲：口試50％，聽力30％，筆試20％。

　(2)凡及格者（總分70分）可自由參加語文課程。

　(3)不及格者（總分未滿70分）一律得參加語文課程。

　(4)所有硬性參加單位員工均須通過基礎英語測驗，幹部級員工須通過中級英語測驗，另外，通過基礎英語考試者房務部及客務部上課以日文爲主，餐飲部及出納人員上課以英文爲主。

　(5)主管亦須接受語言測驗。

◆考評方法

1.所有學員於課程結束後，參加考試，不參加課程者，仍需參加進級考試，考試成績優良者，成績80分以上，頒發獎狀乙只。

2.總成績70分者爲及格，總成績未達70分者，列爲不及格，不及格者繼續參加下梯次的課程。

3.學習態度、出勤狀況、學習成績將做成「報告書」送交有關單位，作爲年度工作績效之考核參考，並列入人事加薪、升遷之考核資料。考試未達標準者，及未全勤者或考試連續兩期未通過者，年終獎金計算將受影響。

(十一)職務交換／調職訓練

職務交換／調職訓練作業流程如**圖8-12**所示。

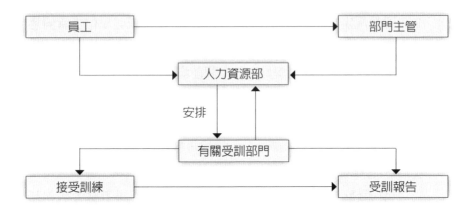

圖8-12　職務交換／調職訓練作業流程

◆訓練宗旨

　　1.擴大一般員工、中階幹部之職務範圍，培養員工的第二技能。

　　2.協助瞭解其他部門作業性質與型態。

　　3.激勵員工士氣。

　　4.發掘員工內在潛能。

◆訓練內容

　　1.專業知識。

　　2.專業技術。

　　3.標準作業程序。

◆訓練方法

　　1.一對一教導。

　　2.討論。

　　3.工作鍛鍊。

(十二)外派訓練

外派訓練可分為國內訓練及國外訓練,其作業流程分別如**圖8-13**、
圖8-14。

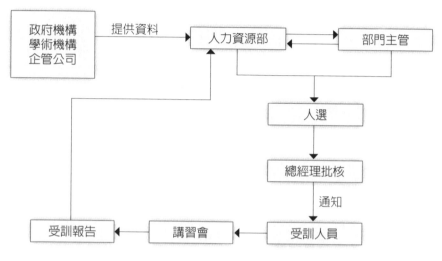

圖8-13　外派訓練作業流程（國內訓練）

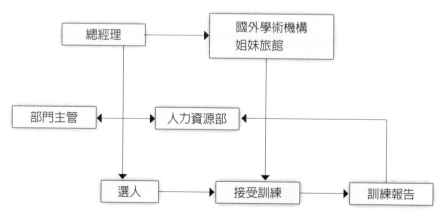

圖8-14　外派訓練作業流程（國外訓練）

◆訓練宗旨

1.吸取管理新知、專業新知及技能。

2.藉由國內外之觀摩、講習、考察等外派受訓,發展出新構想,
增進管理之效率及功能。

◆訓練內容

1.管理新知。

2.專業新知。

3.專業新技能。

◆訓練分類

1.國內訓練。

2.國外訓練。

(十三)全面品質管理訓練

◆訓練宗旨

1.協助主任級以上人員或管理人員能發展品質管理組織功能。

2.協助建立團體內之品質管理共識與規範,發展健全之團隊品質
服務功能。

3.促進品質管理訓練的拓展與功效。

4.協助訂定各單位之品質管理訓練與訂定訓練之準則。

◆訓練內容

1.品質管理理念與制度之介紹。

2.各項品質系統文件製作技巧之訓練。

3.發展品質管理知能，增進品管技巧及擴展管理視野及層面的相關訓練。

4.加強管理人員對公司之向心力，並瞭解公司之經營方向、理想、目標與計畫。

5.管理經營新知介紹。

(十四)溝通會議

溝通會議作業流程如**圖8-15**所示。

◆溝通宗旨

1.促進意見交流，藉由會議傳達正確的訊息。

2.增進部門間之合作相處關係。

3.解決部門內之問題。

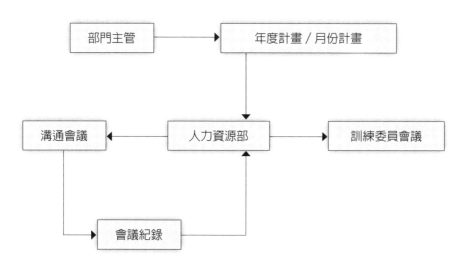

圖8-15　溝通會議作業流程

4.訓練開會的藝術。

◆溝通內容

1.有關單位相關性的作業程序說明及研討。

2.其他增進部門間的問題研討。

(十五)圖書館之設立

◆設立宗旨

提供員工在空閒之餘自我進修或在工作上遇到任何問題，方便員工查詢相關資料，同時對於想自我充實學習其他單位的技術及知能的員工，有一個學習的場所。

◆圖書內容

1.一般圖書。

2.專業圖書。

3.休閒圖書。

4.語言錄影帶。

5.專業錄影帶。

(十六)職業訓練中心

◆成立宗旨

旅館管理人才不足是造成挖角之風氣盛行不衰的主要原因。以目前國內的旅館經營管理教育來說，雖有很多大學設有餐飲觀光科系，在高中（職）或是二技學校也設有關科系，但是目前的就業市場上，需求仍然大於供給，而且很多學生畢業後並非進入旅館工作；再加上

許多高中職或是二技學生畢業後都想繼續升大學,使得旅館管理人才嚴重缺乏。因此,旅館界必須與政府單位合作(職訓局或就業輔導中心)開辦教育訓練,培訓旅館的管理人才,或許可減少挖角風之盛行。

◆訓練目標

透過招生,給與六個月之養成訓練及六個月的實習,而達到服務技術的標準化,期能成為旅館業的人才,並提升旅館之服務品質。

◆訓練方法

分為一般課程、房務經營與管理及餐飲管理與實務操作三大單元,以課堂上課並配合現場實習方式進行,以期使學員能在理論與實際相互配合下學習(**表8-1**)。

表8-1 職業訓練中心之訓練方法

一、一般課程	
1.觀光旅館經營管理	2.觀光事業介紹
3.市場行銷	4.旅館組織介紹
5.領導統御	6.行銷管理
7.旅館歷史	8.基本禮儀概念
9.全面品質管理課程	10.溝通技巧
11.人事及福利規章	12.旅館安全
13.消防安全實務	14.財務管理
15.成本控制	16.採購基本流程
17.電話禮儀	18.電腦系統概論
19.休閒活動策劃	20.超越顧客期望
21.精緻之旅	22.館內參觀
23.休閒活動介紹	24.英語會話練習
25.日語會話練習	

（續）表8-1　職業訓練中心之訓練方法

二、房務經營與管理	
1.客房管理概論	2.房務作業與管理
3.櫃檯作業與管理	4.顧客抱怨處理
5.訂房作業系統	6.總機作業系統
7.客房日語	8.客房英語
三、餐飲管理與實務操作	
1.餐飲管理概論	2.中餐實務與管理
3.西餐實務與管理	4.酒吧實務與管理
5.中廚實務操作	6.西廚實務操作
7.西式點心製作	8.中式點心製作
9.日料實務與管理	10.餐飲管理
11.安全衛生	12.餐飲日語
13.餐飲英語	

(十七)教育訓練基本時數

教育訓練基本時數請參考**表8-2**。

表8-2　教育訓練基本時數

教育訓練基本時數(一)

訓練別	訓練期	每人應受訓小時數
1.新進人員基礎訓練	每月	15
2.餐飲部新進人員訓練	試用期	150
3.餐飲部廚房人員在職訓練	全年	96
4.酒吧外場人員在職訓練	全年	96
5.中餐廳外場人員在職訓練	全年	96
6.西餐廳外場人員在職訓練	全年	96
7.日本料理外場人員在職訓練	全年	96
8.客務部新進人員訓練	試用期	150
9.總機人員在職訓練	全年	96

（續）表8-2　教育訓練基本時數

訓練別	訓練期	每人應受訓小時數
10.行李員在職訓練	全年	96
11.櫃檯接待人員在職訓練	全年	96
12.訂房員在職訓練	全年	96
13.房務部新進人員訓練	試用期	150
14.房務部人員在職訓練	全年	96
15.育樂部新進人員訓練	試用期	150
16.育樂部人員在職訓練	全年	96
17.工程部新進人員訓練	試用期	150
18.工程部人員在職訓練	全年	96
19.安全室新進人員訓練	試用期	150
20.安全室人員在職訓練	全年	96
21.業務部新進人員訓練	試用期	150
22.業務部人員在職訓練	全年	96
23.財務部新進人員訓練	試用期	150
24.財務部人員在職訓練	全年	96
25.人資部新進人員訓練	試用期	150
26.人資部人員在職訓練	全年	96
27.臨時僱員職前訓練	依實際需要排定	2

教育訓練基本時數(二)　　　　　　　　　　　　　　　　全年應訓練

訓練別	受訓對象	訓練期	總小時數
1.督導人員訓練	領班級以上人員	四月至六月	180
		十月至十二月	
2.訓練師培訓	訓練師	一年	200
3.管理儲備人員訓練	管理儲備人員	一年	一年
4.全面品質管理訓練	各部門相關人員	全年	300
5.外派訓練		依實際需要排定	
6.職務交換／調職訓練		全年	240
7.學生實習訓練	實習生	一月至十月	600
8.錄影帶或網路線上教學	各部門相關人員	四月至六月	30
		十月至十二月	

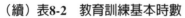

（續）表8-2 教育訓練基本時數

訓練別	受訓對象	訓練期	總小時數
9.日語訓練	各部門相關人員	全年	200
10.英語訓練	各部門相關人員	全年	200
11.電話禮儀訓練	各部門相關人員	全年	18
12.安全衛生訓練	各部門相關人員	全年	18
13.消防訓練	各部門相關人員	全年	18
14.緊急救護訓練	各部門相關人員	全年	12
15.美姿美儀訓練	各部門相關人員	全年	18
16.服務禮儀	各部門相關人員	全年	24

(十八)階層別在職訓練

階層別在職訓練包括新進員工訓練、基層員工訓練、督導人員訓練、高階主管訓練等，其訓練內容請參考**表8-3**所示。

(十九)TTQS訓練品質評核系統

建立TTQS（Taiwan Train Quality System）訓練品質評核系統，可分為PDDRO五個部分：

1. 計畫（Plan）：建立明確的經營目標與計畫，顯現質與量的工作績效分析，建立訓練品質管理制度與文書手冊，促使訓練規劃與經營目標整理與連接。
2. 設計（Design）：將訓練與目標需求做結合，建立訓練產品或服務之甄選標準，規格化流程作業及設計訓練方案與流程。
3. 執行（Do）：協助學員、教材及師資的遴選，將訓練資料分類與建檔，並將學習成果移轉到工作環境中。

表8-3　階層別在職訓練

新進員工訓練	＊旅館歷史、組織介紹 ＊認識工作環境 ＊服務禮儀與概念 ＊工作輔導系統 ＊工作相關作業情形教導	＊人事行政、規章、福利 ＊旅館安全、消防訓練 ＊旅館安全衛生訓練 ＊旅館相關資訊簡介
基層員工訓練	＊接待服務技巧 ＊微笑運動 ＊美姿美儀 ＊國際禮儀 ＊抱怨處理	＊外語訓練 ＊推銷技巧 ＊專業技巧 ＊電話禮儀 ＊旅館安全衛生訓練
督導人員訓練	＊訓練員訓練 ＊領導統御訓練 ＊管理訓練 ＊簡報與溝通技巧 ＊美國旅館協會課程	＊餐飲行銷訓練 ＊專業研討會 ＊面談與諮商技巧 ＊旅館安全衛生訓練
高階主管訓練	＊企業文化領導營 ＊領導知能與溝通 ＊旅館管理與市場行銷 ＊輔導員工生涯規劃	＊如何作好提案改善 ＊員工訓練之規劃 ＊旅館安全衛生訓練 ＊全面品質改善與管理（TQC/TQM）

4.查核（Review）：定期的綜合分析與評估，執行過程中即時監控品質，將異常情況矯正與記錄。

5.成果（Outcomes）：評估教育訓練的多元性和完整性，評估員工的工作成效，提升全面品質於財務、技能、社會面向並回饋。

第二節　教育訓練的方法及考評

一、教育訓練方法

應與講師及訓練單位人員協商後，選用下列適合之教學方法進行教育訓練：

1.演講。

2.集體討論。

3.分組討論。

4.個案研討（應事先分送資料）。

5.角色扮演（先演練或現場選定）。

6.模擬演練。

7.錄影講評。

8.示範（由講師或其他人員）。

9.操作（分解與連續動作）。

10.分組辯論（正反意見時）。

11.個別報告。

12.問與答。

13.引言或座談。

14.作業繳交。

二、教育訓練場地及教具之安排

應於實施期間確認下列教具之需求並做好準備：

1.投影機。
2.幻燈機。
3.錄影機。
4.電視機。
5.麥克風。
6.銀幕。
7.攝影機。
8.錄音機。
9.白板。
10.白板筆。
11.海報架。
12.指示棒（雷射棒）。
13.現場作業紙具與筆類。
14.分組討論用場地分配表。

三、員工教育訓練成果之考評

考評的目的是希望能瞭解所投入之人力、物力及財力，更重要者為希望教育訓練結果能瞭解其極大化的程度，因為教育訓練亦為投資的一部分，能「回收」多少，自必須予以評估。

(一)教育訓練前分析之評估

1.教育需求之提出、歸納、分析及鑑定是否適當。
2.對經由教育訓練可達成績效標準之分析是否合理。
3.教育訓練目標及參與員工之設定及計畫是否合於組織經營策略。
4.擬定課程是否完整。

(二)教育訓練計畫實施中之評估

1.課程安排是否與教育訓練需求相配合。
2.教育訓練時數及時間是否適當。
3.講師是否配合教育訓練課程。
4.該教育訓練計畫是否為年度訓練計畫相結合，如有差異，原因何在？
5.原教育訓練計畫與教育訓練實施相比較有何更動，如有，原因何在？
6.教育訓練經費與實際分配是否合理。
7.測驗與教育訓練及教學目標是否相符。

(三)員工受訓後之評估

教育訓練實施後之評估，可採用四個評估層次，其架構如**表8-4**。

◆員工的反應

其目的在評估員工對整個教育訓練活動的參與興趣及滿意度。其評估的方式可用：

表8-4　訓練成效評估架構表

評估單位	訓練單位	各工作單位		
評估層次	第一層次	第二層次	第三層次	第四層次
評估內容	員工反應	員工學習成績	員工工作行為改善	組織績效增加
訓練成效	訓練中施教成效		訓練後測驗成效	業績成長和品質改善成效

　　1.問卷調查。

　　2.與員工面談。

　　3.教育訓練行政人員觀察。

　　4.綜合座談。

◆員工學習成效

　　其目的在瞭解員工在學習過程中對理念、技術、做法之瞭解及吸收程度。其評估的方法：

　　1.學前測驗與學後測驗之比較。

　　2.技能測驗。

　　3.問卷調查。

　　4.模擬練習。

　　5.座談會。

◆員工工作行為改善

　　此項評估在瞭解學員於受訓後返回工作崗位，其個人行為、績效、能力、技術等是否能有所提高。其評估的方法可分為：

　　1.員工之問卷與訪問。

　　2.員工直屬主管之問卷、訪問與考核。

　　3.員工之同仁、部屬之訪問及調查。

4.個人與組織之績效、成本、目標達成率相較。

◆訓練講師之評估

講師扮演訓練之重要角色，某項課程實施完成後，可要求受訓學員加以評估。其項目可分為：

1.講師之專業知識、專長、經驗。
2.準備是否充分，教材是否適當。
3.表達能力及技巧。
4.教學方法。
5.處理及回答問題之技巧。
6.整體現場控制能力。
7.對訓練講師之整體評估。

◆訓練記錄及資料之整理與呈報

員工受訓後，除了按前述方式評估外，應將受訓有關資料歸入電腦人事檔案處理，使其成為個人整體受訓記錄之部分，並可作為下列各項人事及教育訓練措施決策之參考依據：

1.個人職務調動。
2.升遷。
3.未來教育訓練之方向、訓練層次。
4.年度考績之評核標準。
5.工作授權。
6.行為及技術衡量的指標。

教育訓練實施後，訓練單位人員應將下述資料彙集，呈報上級參考運用：

1.上課與報名人數。

2.缺席人員及原因。

3.教育訓練評估之統計及分析。

4.缺失之檢討與改進建議。

5.測驗或作業之結果。

6.如有座談會時，受訓學員對組織體之建議。

7.受訓資料之整理。

8.教育訓練總結記錄。

四、教育訓練效果的維持

學習效果的維持，常受到員工工作環境、工作內容、本身特性以及主管態度影響。因此員工受訓完之後，是否眞能提升其專業知識、養成態度、改變行爲及改善工作方法，常有賴於訓練人員及其主管不斷地跟催與關懷，爲確保員工將其所學實際應用於生活上與工作上，在完成訓練後必須有一些後續的活動來維持訓練的效果。

一般常用下列幾種方式來維持訓練的效果：

1.心得發表：鼓勵員工在「內部刊物」上發表論文或心得。

2.效果檢討：對員工之報告書若有關工作改善者，將其轉給該部門之主管，並促其定期效果檢討。

3.定期聚會：受訓員工的定期聚會，彼此分享其經驗，以及在實際應用上所遭遇之困難和解決方法。

4.學員交流：籌組相關之社團或俱樂部。

5.經驗發表：邀請爲新進員工訓練時作經驗發表。

6.教學相長：邀請擔任新進員工之輔導員。

7.專題研討：舉辦讀書會或專題研討會。

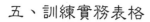

五、訓練實務表格

訓練實務表格請參考**表8-5**。

表8-5　訓練實務表格

訓練實務	教育訓練課程進行檢核表
課程名稱： 上課時間：	專案負責人： 預計學員人數：

一、訓練前期準備工作

1.確認師資　　時間：＿＿＿＿＿＿

2.預定訓練場地：＿＿＿＿＿＿

3.發報名通知：　時間：＿＿＿＿＿＿

4.發上課通知：　時間：＿＿＿＿＿＿

5.發講師邀請函：

6.費用預算、請款：

7.住宿安排：

　A.講師住宿處＿＿＿＿＿＿＿＿＿房間號＿＿＿＿＿TEL＿＿＿＿＿＿

　B.外地學員住宿處＿＿＿＿＿＿＿＿＿＿TEL＿＿＿＿＿＿＿＿＿

8.交通安排：

　A.接送講師車輛安排（填寫派車單）

　B.接送學員車輛安排（填寫派車單或包租學員車輛）

9.訂餐安排：

　A.早餐份數／地點：＿＿＿＿／＿＿＿＿C.午餐份數／地點＿＿＿＿／＿＿＿＿

　B.晚餐份數／地點：＿＿＿／＿＿＿D.宴請講師時間／地點：＿＿＿＿／＿＿＿

10.講義備妥複印（訓練前一週）

11.引言人、結訓人邀約＿＿＿＿＿

（續）表8-5　訓練實務表格

訓練實務	教育訓練課程進行檢核表	
二、訓練中期準備工作		
1.講師、學員再確認		
2.宣傳用品準備：橫幅_____條、宣傳海報_____張、旗幟_____面		
其他_____		
1.訓練用器材及物品準備		
□投影機_____台	□擴音器_____台	□錄音帶_____個
□攝影機_____台	□學員、講師桌_____張	□電視機_____台
□小蜜蜂_____只	□錄影機_____台	□數位照相機_____台
□電池_____顆	□電腦_____台	□無線麥克風_____只
□錄影帶_____卷	□充電器_____條	
2.訓練資料及文具準備（訓練前2～3天）		
□學員簽到表_____份	□訓練評估表_____份	□白紙_____張□指揮棒_____枝
□迴紋針_____盒	□簽字筆_____枝	□膠水_____瓶
□彩色筆_____枝	□督課報告_____份	□講義_____份
□投影片_____張	□訂書機_____台	□訂書針_____盒
□講師禮品_____份	□白板筆　紅_____枝／藍_____枝／黑_____枝／綠_____枝	
□封箱膠帶_____卷	□海報紙_____張	□剪刀_____把
□直尺_____把	□雙面膠_____卷	□修正液_____瓶
□美工刀_____把	□寬窄膠帶_____卷	
□其他_____		
3.茶點準備（訓練前2～3天）		
□茶包_____盒	□糖果_____包	□盤子_____個
□講師禮品袋_____個	□咖啡_____罐	□餐巾紙_____包
□湯匙_____把	□餅乾_____包	□紙杯_____個
□攪拌棒_____只		
4.教室布置（訓練前一天）		
□桌、椅擺放		□儀器擺放、調試
□簽到處簽到表擺放		□桌卡、教材擺放
□掛橫幅、貼海報、宣傳品		□其他_____

（續）表8-5　訓練實務表格

三、課程進行中工作（訓練當天）
1.茶水、點心準備（開課前20分鐘） 2.學員簽到 3.開課（錄音：引言人講話→講師授課→結訓） 4.課間休息：添加開水和茶點；擦白板 5.午餐確認 6.講師休息室確認 7.課程結束前發放並回收「訓練評估表」 8.填寫督課報告 9.結訓，贈送講師禮物 10.物品回收、歸位
四、訓練後期工作
1.費用結帳、報銷 2.學員出勤統計及發放曠課通知 3.訓練評估表統計 4.費用分攤 5.結案報告：撰寫、列印

（續）表8-5　訓練實務表格

訓練實務	講師回執單

＿＿＿＿＿＿＿＿講師：您好！

　　感謝您能接受邀請擔任＿＿＿＿＿＿課程講師，煩請詳細填寫下表，告知在教務及行政方面的需求。以便於我們開課前預先備妥各項事宜，使您課程順利開展。

1.設備需求：□擴音器／麥克風　　□白板　　　　　　　　□投影機／投影幕
　　　　　　　□電視機　　　　　　□錄放影機　　　　　□攝影機
　　　　　　　□電腦／銀幕　　　　□單槍投影機／投影幕
　　　　　　　□其他＿＿＿＿＿＿＿＿＿＿＿＿＿＿＿＿＿＿＿＿＿＿＿

2.教具需求：白板筆＿＿枝　　　　投影片＿＿張　　　　投影筆＿＿枝
　　　　　　　彩色筆＿＿枝　　　　指揮筆＿＿枝　　　　白紙＿＿張
　　　　　　　筆記本＿＿本　　　　其他＿＿＿＿＿＿＿

3.課堂安排：□課堂型　□V字型　□U字型　□其他＿＿＿＿＿＿＿＿

4.講　　義：講義備妥時間：＿＿＿＿＿＿＿＿＿＿＿
　　　　　　　是否需要製作投影片：□是　　□否

5.飲食要求：□全素食　□半素食　□隨意　□忌食食物　□其他

6.助理配備：□無　□有

7.其他要求：＿＿＿＿＿＿＿＿＿＿＿＿＿＿＿＿＿＿＿＿

8.請於＿＿＿＿月＿＿＿＿日前將此單傳回給我們。

電話：＿＿＿＿＿＿＿＿　　　　傳真：＿＿＿＿＿＿＿＿

感謝您的協助！

年　　　月　　　日

（續）表8-5　訓練實務表格

訓練實務	講師聯絡單

_____講師：您好！

　　歡迎您至本公司講授_____課程，有關此次課程的行政安排如下，敬請參閱。

一、接機、高鐵安排：＿＿年＿＿月＿＿日＿＿時＿＿分將派車至＿＿＿＿機場、高鐵。接您司機姓名：＿＿＿＿車型／顏色：＿＿＿／＿＿＿車牌號：＿＿＿＿（註：司機通常會著公司制服舉牌等候）

二、住宿安排：抵達後您將住宿於＿＿＿＿房間號為＿＿＿＿
　　　　　　聯絡電話：＿＿＿＿地址：＿＿＿＿＿＿

三、上課期間地區氣候情況：最高氣溫＿＿＿＿最低氣溫：＿＿＿＿

四、課程間交通安排：＿＿月＿＿日＿＿時＿＿分將有司機至＿＿＿＿處接您前往上課地點_____

五、上課時間：_____

六、用餐時間／地點
　　早＿＿＿＿／＿＿＿
　　中＿＿＿＿／＿＿＿
　　晚＿＿＿＿／＿＿＿

七、送機、高鐵安排：＿＿月＿＿日＿＿時＿＿分將派車送您前往＿＿＿＿機場、高鐵。
　　（班機號：＿＿＿起飛時間：＿＿＿目的地：＿＿＿＿＿）
　　司機姓名：＿＿＿車型／顏色：＿＿＿／＿＿＿車牌號：＿＿＿＿

八、上課期間之一切需求均已安排妥當，如有不周之處敬請指教。

公司聯絡人：_____TEL：_____FAX：_____
非公司地點之聯繫人：_____TEL：_____手機：_____
緊急聯絡人：_____TEL：_____手機：_____

　　　　　　　　　　　　　　　　　　　　　＿＿年＿＿月＿＿日

（續）表8-5　訓練實務表格

訓練實務	教育訓練評估表

親愛的學員：

　　為使您能在良好的學習環境下，達成自我成長與效率提升的學習目標，教育訓練單位很希望能得到您珍貴的意見，以改善目前的教育訓練工作，並在下一次的教育訓練中提供您更好的服務。本問卷採取不記名方式，請您根據您的意見在□內畫√，5為最高分，1為最低分，謝謝您的合作與支持。

訓練課程名稱		講師姓名		上課日期	

1.您認為本次課程是否能達到本課程之教學目的？

　　□5　　　　　　□4　　　　　　□3　　　　　□2　　　　　□1

2.您認為講師的專業知識及表達技巧如何？

　　□5　　　　　　□4　　　　　　□3　　　　　□2　　　　　□1

3.您認為本次課程講師教學方法的適當性如何？

　　□5　　　　　　□4　　　　　　□3　　　　　□2　　　　　□1

4.講師授課的邏輯性如何？

　　□5　　　　　　□4　　　　　　□3　　　　　□2　　　　　□1

5.您認為本次課程的教材內容是否符合要求？

　　□5　　　　　　□4　　　　　　□3　　　　　□2　　　　　□1

6.您認為本次訓練課程講授時數是否適當？

　　□5　　　　　　□4　　　　　　□3　　　　　□2　　　　　□1

7.您認為本次訓練的行政安排如何？

　　□5　　　　　　□4　　　　　　□3　　　　　□2　　　　　□1

8.您認為本次課程的測驗方式如何？

　　□5　　　　　　□4　　　　　　□3　　　　　□2　　　　　□1

9.您對本次課程內容的掌握程度為

　　□90%～100%　□70%～89%　□50%～69%　□30%～49%　□0～29%

10.您認為此次課程內容對今後工作的幫助性為

　　□幫助很大　　□一般　　　□無幫助

11.您對此次訓練課程的建議與意見是：

　　_____

　　_____

（續）表8-5　訓練實務表格

訓練實務	教育訓練評估表

親愛的學員：

　　此次培訓結束了，教育訓練單位非常希望能得到您的寶貴意見以改善今後的工作，請根據您的意願填好下表。謝謝您的合作與支持！

	劣	（認同程度）			優
	1	2	3	4	5
1.此次培訓內容達成預定目標	☐	☐	☐	☐	☐
2.此次培訓對工作的幫助性和啟發性	☐	☐	☐	☐	☐
3.此次教材令你滿意	☐	☐	☐	☐	☐
4.課程設計具有邏輯性	☐	☐	☐	☐	☐
5.你對此次培訓的需求度高	☐	☐	☐	☐	☐
6.此次培訓還應增加一些課程	☐	☐	☐	☐	☐
7.你對測驗方式的認同度	☐	☐	☐	☐	☐

劣　　　（表現程度）　　　優

8.請分別填寫講師授課情況（註：請填分數）1至5分　1　2　3　4　5

講師姓名	講師邏輯完整性	課程準備狀況	學方法與授課技巧	掌握課堂氣氛	掌握課程進度

9.你對此次訓練印象最深刻的講師為：＿＿＿＿＿＿＿＿＿＿＿

10.你對工作人員的服務態度是否滿意：＿＿＿＿＿＿＿＿＿＿

11.你對此次訓練的行政安排是否滿意：＿＿＿＿＿＿＿＿＿＿

12.你對此次訓練的綜合意見與建議是：＿＿＿＿＿＿＿＿＿＿

＿＿＿＿＿＿＿＿＿＿＿＿＿＿＿＿＿＿＿＿＿＿＿＿＿＿＿＿＿＿

＿＿＿＿＿＿＿＿＿＿＿＿＿＿＿＿＿＿＿＿＿＿＿＿＿＿＿＿＿＿

＿＿＿＿＿＿＿＿＿＿＿＿＿＿＿＿＿＿＿＿＿＿＿＿＿＿＿＿＿＿

＿＿＿＿＿＿＿＿＿＿＿＿＿＿＿＿＿＿＿＿＿＿＿＿＿＿＿＿＿＿

第五篇

旅館員工薪資、福利與協助方案

　　目前許多旅館業只是著重研究如何改進對顧客的服務，對員工滿意度則不太在意。事實上有滿意的員工，才會有消費滿意的顧客。《關鍵時刻》（*Moments of Truth*）一書的作者卡爾森（Jan Carlzon）說，我們正在進入一個「顧客導向」的時代；而要做到真正的顧客導向，公司必須徹底改變「第一線員工」的角色，即提升他們的工作能力，並賦與充分的授權。因為他們是與顧客直接面對的「關鍵時刻」中，最重要的「關鍵人物」，也是公司反敗為勝的「關鍵因素」。因此，提供一個能讓員工滿意的薪資和福利制度，解除工作壓力及身心愉快的工作環境，是發掘員工潛在能力，提高工作效率的必要條件。反之，工作環境不佳，將會造成員工的心理狀態失衡，工作效率下降。而且工作環境惡劣，更會導致事故頻繁發生，員工身心健康受到威脅。

　　換言之，人力資源是未來企業發展上的關鍵因素，例如，在新加坡的The Westin Stamford & Westin Plaza Hotel，就設有一員工關係部門，聘任專業的心理輔導師，協助員工解決各項問題。又行政院勞委會從民國八十四年起陸續舉辦「勞工輔導人員講習班」，其目的在充實勞工輔導人員專業知能，俾加強輔導勞工，適應工作環境及健全身心發展，提高工作效率，促進事業發展，增進勞資關係和諧，凡此種種，皆提出員工身心安全衛生的重要性。

　　因此建立良好的員工關係，是人力資源管理的當前要務、丞需加強的課題。

第九章

員工薪資管理與福利制度

- ᎒ 第一節　薪資制度與作業方法
- ᎒ 第二節　福利制度

　　《財星》雜誌在2010年1月份公布一項員工態度與報酬率的研究，從2005年至2010年這五年觀察，讓員工樂在工作的公司，股東報酬率高大約10%，從2000年到2010年這十年觀察則只有8個百分點，研究顯示員工滿意確實會影響企業的經營績效。

　　研究員工滿意的六大內容，如下：

1. 工作的權責：工作的權力與責任是否劃分清楚，員工是否被授權進行決策，工作是否還有學習延伸機會，同事共同努力的程度。

2. 工作的環境：公司的氣氛，主管對員工的態度，同事之間對工作的態度，還有工作權責上的彈性及決策自由等有關職位之間互動的關係。

3. 組織的人事：組織與工作設計的妥當程度，工作評估標準的量化與公平性和客觀性，有無升遷或更多教育訓練機會，風險分擔合理化的問題。

4. 工作的條件：薪資福利結構合理化程度，所得水平是否符合外界一般標準，員工收入與支出之間能否取得平衡，還有能不能得到其他同事的支援。

5. 公司的環境：包括是否有建立公司的經營理念，公司成長的有利背景之營造，公司對於社會責任與社會貢獻的態度，與建立員工信念信心的努力程度。

6. 個體的條件：家庭狀況，家庭和工作的倫理成長以及自身的努力成熟度。

　　一個好的旅館會注重員工的薪資和福利結構是否合理化，因薪資和福利制度是人力資源管理中一項主要的功能，員工會比較及尋找薪資、福利較高的旅館工作；旅館業因員工的流動頻繁，往往對工作績效、服務品質及顧客的穩定造成傷害，因此在訂定薪資的標準上均需

要隨外在勞動市場和組織的變動而調整，使之具有彈性。

第一節　薪資制度與作業方法

　　基本薪資結構是人力資源管理上一種控制的方法，作為員工起薪、晉升、加薪和調整等的準則。

一、薪資標準

　　薪資之標準在制定時，必須顧及旅館組織本身之負擔能力，另外更須考慮該項標準是否能招募到所需要的人才，以及是否能滿足當地員工一般生活之所需。若薪資標準較同業高出10%～20%，雖較易吸引人才和留住人才，但勞動成本將會增高，大多用於新設的旅館組織。

　　市場的薪資標準通常是動態的，組織的薪資結構在年度預算內常是固定的，但旅館在面臨競爭的環境，需要有多套的薪資標準制度，以獲取其所需的人才。一般在市場上很難找到適當的薪資參照標準，大部分的旅館係以勞動市場中類似的工作或職位為參照，訂出其最高和最低薪資，然後再依職務的層級來劃分基本薪資的級數，建立基本薪資結構。

　　薪資標準必須為所有員工瞭解與接受，才能達到薪資公平原則，否則將引起內部之不平，必導引人員之高離職率及士氣之低落。

　　另外，在觀光休閒渡假的旅館其主管級的人員大部分來自外地區且責任較重，因此在薪資等級上應有適當之差距，方能產生激勵作用及留住主管人才。

旅館 人力資源管理

二、薪資調查

薪資調查的目的，即在瞭解其他旅館薪資給付的一般行情，作爲企業內設計或調整薪酬制度的重要參考依據（**表9-1**）。

調查的對象最好以自家旅館鄰近的旅館爲指標，其相類似的條件多，不易發生偏差，且有助於薪資調整的參考。

三、薪資調整

按照工作評估結果所得到的等級薪資，實際上是各工作等級的最低薪資標準。旅館爲穩定員工情緒，鼓勵員工長期服務，可採用下列三種方式來調整薪資。

(一)整體調薪

因物價上漲或配合政府薪資調整而做的調薪方式，大多以增加若干百分比做同一比例之調薪。

一般做法是上一年度的薪資提高5%～8%左右。

(二)考績調薪

因員工工作績效而予以加薪之調薪，一般做法是按薪資表之薪級予以晉級加薪，另一是按原薪資予以若干百分比之加薪。

(三)晉級調薪

因員工職務或職位調整而予以調薪，例如，由一非主管人員升任主管職務，由較低主管職務升任較高主管職務。

344

表9-1　A旅館對鄰近旅館所做的薪資調查表

A1旅館

部門	職稱	薪資最低	薪資最高
餐飲部／外場	餐廳經理	38,000	50,000
	餐廳副理	31,000	40,000
	主任		
	總領班		
	資深領班／領班A	25,000	30,000
	領班／領班B	22,000	26,000
	資深服務員／組長	20,000	23,000
	服務員	18,000	21,000
	調酒員		
中廚	廚房主廚	53,000	75,000
	廚房資深副主廚	45,000	60,000
	廚房副主廚	38,000	52,000
	中廚一廚	33,000	42,000
	中廚二廚	28,000	38,000
	中廚三廚	20,000	30,000
	中廚助廚		
西廚	廚房主廚	50,000	70,000
	廚房資深副主廚	40,000	58,000
	廚房副主廚	35,000	46,000
	西廚一廚	25,000	38,000
	西廚二廚	20,000	30,000
	西廚三廚	18,000	28,000
	廚助	18,000	24,000
	洗碗員		
西點	點心房領班	40,000	58,000
	點心房副領班	35,000	46,000
	點心房一廚	25,000	38,000
	點心房二廚	18,000	28,000
	點心房助廚		

A2旅館

部門	職稱	薪資最低	薪資最高
餐飲部／外場	餐廳經理	45,000	60,000
	餐廳副理	35,000	45,000
	主任	33,000 step4	40,000
	總領班	（總領班）	＝A領
	資深領班／領班A	27,000 step3	35,000
	領班／領班B	25,000 step2	32,000
	資深服務員／組長	24,000 step1	29,000
	服務員		
	調酒員	26,000	32,000
中廚	廚房主廚	60,000	100,000以上
	廚房資深副主廚		
	廚房副主廚	37,000	58,000
	中廚一廚	30,000	45,000
	中廚二廚	28,000	40,000
	中廚三廚	23,000	32,000
	中廚助廚		
西廚	廚房主廚		
	廚房資深副主廚		
	廚房副主廚	31,000	35,000
	西廚一廚	26,000	32,000
	西廚二廚		
	西廚三廚		
	廚助	23,000	30,000
	洗碗員		
西點	點心房領班	35,000	47,000
	點心房副領班	31,000	35,000
	點心房一廚	26,000	32,000
	點心房二廚	23,000	30,000
	點心房助廚		

A3旅館

部門	職稱	薪資最低	薪資最高
餐飲部／外場	餐廳經理	45,000	55,000
	餐廳副理	35,000	42,000
	主任	30,000	35,000
	總領班		
	資深領班／領班A	27,000	30,000
	領班／領班B	25,000	27,000
	領檯／組長	21,000	24,000
	資深服務員	22,000	24,000
	服務員	20,000	22,000
	調酒員	23,000	28,000
中廚	廚房主廚	50,000	55,000
	廚房資深副主廚	40,000	50,000
	廚房副主廚	26,000	30,000
	中廚一廚	24,000	26,000
	中廚二廚	22,000	24,000
	中廚三廚	20,000	22,000
	中廚助廚		
西廚	廚房主廚	50,000	55,000
	廚房資深副主廚	40,000	50,000
	廚房副主廚	26,000	30,000
	西廚一廚	24,000	26,000
	西廚二廚	22,000	24,000
	西廚三廚	20,000	22,000
	廚助		
	洗碗員		
西點	點心房領班	30,000	35,000
	點心房副領班	26,000	30,000
	點心房一廚	24,000	26,000
	點心房二廚	22,000	24,000
	點心房助廚	20,000	22,000

四、薪資作業處理程序

茲以A旅館的薪資作業處理程序為例,敘述如下:

(一)調薪作業程序

◆作業程序

1. 按旅館規定每屆績效評核時,由人力資源部發給受評員工考核表,由員工自行填寫姓名後交由直屬之權責主管作初步之考核。
2. 直屬權責主管依員工實際表現情況確實填寫,就下列各情況有不同之作業程序:
   (1) 新進人員之考核:若新進人員表現良好稱職,而擬予升任正式人員則各部門主管於員工試用期滿時填寫「職工試用期滿成績考核表」。
   (2) 非新進人員:直屬權責主管依員工表現情形填寫基層員工之「員工考核表」和主管級之「督導人員考核表」。
   (3) 予以調薪者,各直屬權責主管填寫人事通知,連同各式考核表交人力資源部;人力資源部將相關單據呈總經理簽核。
   (4) 人力資源部將核准之考核表,存放於員工個人資料夾內,並將「人事通知」分送相關部門及員工本人。

◆作業重點

1. 各式考核表是否確實經過相關之權責主管進行審核。
2. 各式考核表是否確實經過核准。

3.各項調薪金額均屬公司機密,是否確實保密。

(二)薪資發放作業程序

◆作業程序

1.人力資源部每月月底根據人事通知之薪資、加班申請單、出勤記錄、請假單、住宿資料蒐集彙總交人力資源部經理核閱後,由人資部人員輸入電腦,月底前將相關資料送財務部。
2.財務部每月月初,依人事通知之薪資、「獎懲記錄」、「員工掛帳單」輸入電腦,由電腦計算並列印「個人薪資明細表」及「部門薪資彙總表」。
3.臨時工資則每月月初由財務部發放。

◆作業重點

1.底薪及職務加給,是否按規定計算。
2.加班是否按規定計算。
3.津貼是否以簽准案件為準。
4.遲到、早退、請假、曠職及遺漏打卡是否依規定扣薪。
5.代扣員工薪資所得稅是否依扣繳率標準表列按月代扣;代扣款是否逐期報繳。
6.員工之勞保費及健保費是否依員工所得投保之金額按保險金額表列之等級每月代扣;代扣之費用是否逐期繳交勞保局及健保局。
7.月薪是否按期發放。
8.未領薪資是否適當保管。

五、薪資相關法令的規定

1. 查《勞動基準法》第二條第三款規定「工資：謂勞工因工作而獲得之報酬；包括工資、薪金及按計時、計日、計月、計件以現金或實物等方式給付之獎金、津貼及其他任何名義之經常性給與均屬之」，基此，工資定義重點應在該款前段所敘「勞工因工作而獲得之報酬」，至於該款後段「包括」以下文字係列舉屬於工資之各項給與，規定包括「工資、薪金」、「按計時……獎金、津貼」或「其他任何名義之經常性給與」均屬之，但非謂「工資、薪金」、「按計時……獎金、津貼」必須符合「經常性給與」要件始屬工資，而應視其是否為勞工因工作而獲得之報酬而定。又，該款末句「其他任何名義之經常性給與」一詞，法令雖無明文解釋，但應指非臨時起意且非與工作無關之給與而言，立法原旨在於防止雇主對勞工因工作而獲得之報酬不以工資之名而改用其他名義，故特於該法明定應屬工資，以資保護。

2. 雇主經徵得勞工同意於已排定日期之特別休假日工作，工資應依同法第三十九條加倍發給，此項加給工資並應於事由發生最近之工資給付日或當月份發給，且如在退休之日前六個月內時，依法應併入平均工資計算。至於已排定日期之特別休假，因勞動契約之終止而無法休完，所發給之應休未休特別休假工資，依勞委會民國七十七年九月十九日台(77)勞動二字第二〇六四九號函釋，因屬終止勞動契約後之所得，於計算平均工資時，無庸併入計算。

3. 凡受僱於適用《勞動基準法》事業單位之勞工，依該法第二十一條第一項規定，工資由勞雇雙方議定之，但不得低於基

本工資。至於工資之給付，該法第二十二條規定以法定通用貨幣為之，但基於習慣或業務性質，得於勞動契約內訂明一部以實物給付。基上，雇主提供勞工之膳宿、水電費用等均得約定為工資之一部分，連同以法定通用貨幣給付之部分，若不低於基本工資，應屬合法。

4.績效獎金如係以勞工工作達成預定目標而發放，具有因工作而獲得之報酬之性質，依《勞動基準法》第二條第三款暨施行細則第十條規定，應屬工資範疇，於計算退休金時，自應列入平均工資計算。查《勞動基準法》第三十九條規定勞工於休假日工作，工資應加倍發給，至於勞工應否於休假日工作及該假日須工作多久，均由雇主決定，應屬於事業單位內部管理事宜。勞工於休假工作後，勞雇雙方如協商同意擇日補休，為法所不禁。但補休時數如何換算，仍應由勞雇雙方協商決定。

5.《勞動基準法》第二條第三款規定工資係指勞工因工作而獲得之報酬，包括工資及其他任何名義之經常性給與均屬之。事業單位為激發勞工工作士氣，獎勵工作績效所發放之團體獎金，難謂與勞工工作無關，如係經常性按月而非臨時性之發給，已符上述工資定義，應屬《勞動基準法》上工資。《勞動基準法》第二條第三款工資定義，謂勞工因工作而獲得之報酬，故全勤獎金若係以勞工出勤狀況而發給，具有因工作而獲得之報酬之性質，則屬工資範疇。至平均工資之計算，同條第四款定有明文。

6.《勞動基準法》第三十六條規定「勞工每七日中至少應有一日之休息，作為例假。」該法第三十九條復規定「第三十六條所定之例假、第三十七條所定之休假及第三十八條所定之特別休假，工資應由雇主照給。」故週休二日之例假日工資仍應照給。另依《勞動基準法施行細則》第七條規定，工作時間、休

息、休假、例假、請假及換班制有關事項及工資之議定、調整等事項，應於勞動契約中約定。

六、何謂「經常性給與」？

《勞基法》定義「工資」的方法是：先將工資定義為「勞工因工作而獲得之報酬」，然後在此原則後，再繼續「列舉」解釋及「概括」解釋：

1.在「列舉」方面，規定工資、薪金、獎金、津貼均為工資。
2.在「概括」方面，規定「任何名義經常性給與」也是工資。

因此，什麼是「經常性給與」、什麼是「非經常性給與」，就變成相當重要，縱使行政解釋也不能違反「經常性給與」的規定。

如同大家所知道的，認定一項給與是否具有經常性，其前提是：必須先將觀察的時間定出來。舉例言之，如果以一年為觀察範圍，某項給與可能不具經常性，但若以十年、二十年為觀察單位，則該項給與即可能變成經常性給與。為了決定這項「單位時間」的問題，主管機關於草擬《勞基法施行細則》的時候，曾經規定「六個月期間為計算基礎」，這樣一來，年終獎金、年節獎金均為一年給與一次，已不屬於經常性給與，因而非《勞基法》第二條所規定的工資。不過，後來定案的施行細則已刪除這個規定，而改用列舉的方式，明定紅利、獎金、分紅、年節獎金、災害補償費等並非工資。

其次，像結婚祝賀金、生產補助、死亡弔慰金等除了具有上述任意性、恩賜性的性質，而應該認為不是工資以外，因為它在本質上也具有非經常性，因而，更不可能屬於工資。《勞基法施行細則》第十條即規定，醫療補助費、教育補助費、婚喪喜慶之賀禮、慰問金或奠

儀並非工資。

應該注意，「經常性給與」只是用來解釋「勞工因工作而獲得之報酬」的補充規定而已，在原理上，它不應該反客為主，換句話說，我們不應該以「非經常性」過分扭曲「報酬」的意義。因此，倘勞動契約、工作規則將上述結婚祝賀金、生產補助、死亡弔慰金、紅包等，明確規定為「報酬」，雇主負有給付的義務時，似乎仍應該認它是「勞工因工作而獲得的報酬」，才比較妥當，縱使它並不具有經常性給與的性質。同樣地，關於「年終獎金」，有些企業於徵聘員工時，即表明「月薪多少，年終獎金做一年的多少，做兩年的多少」，應徵的人也考慮「一年可以領十五個月……」等而決定進入該公司，並且，該企業的「人事規則」也訂有此種辦法，在這種情形下年終獎金已經成為契約所明定的「工作報酬」，應該是工資的一部分才是。然而，《勞動基準法施行細則》第十條，已毫無彈性的規定「年終獎金、紅利」不是工資。

其次，經常性給與和固定性給與和不同勞工領取某種給與特殊津貼，縱使在時間上、金額上並非固定，但只要在一般情況下經常可以領得，即具有經常性而為工資之一種。例如全勤獎金、業績獎金、效率獎金、加班費等只要勞工維持其一般「勤勞度」，即可經常領得者，便屬於工資，縱使其偶爾一兩個月領得較少者，仍不影響其具有經常性。惟《勞基法施行細則》第十條第二款列舉「獎金」非工資，而《勞基法》第二條第三款則稱「獎金」為工資，二者規定之間含有許多解釋的空間。

此外，對於一些較特殊的旅館、餐廳僱用臨時員工及其他「按件計酬」的勞工，他們的所得只要具有經常性，縱使不是固定的，依據上面所講的，仍然屬於工資。

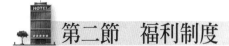

第二節　福利制度

　　福利制度是組織提供給員工的一種報酬，提高報酬的確對獲得優秀的人才相當重要，但是單只是這一點，並不能保證他們會在工作中保持自動自發的精神，爲了使員工隨時保持激昂的工作情緒，所採取之各項措施。

　　福利制度可分爲物質性及精神性的各項福利及獎勵措施。

一、物質性福利措施

　　物質性福利措施可以分爲三種：(1)服務性福利；(2)康樂性福利；(3)經濟性福利。茲分述如下：

(一)服務性福利

　　1.員工餐廳。

　　2.員工宿舍：爲加強員工福利設施，照顧員工，解決住宿問題。

　　3.員工交通車。

　　4.員工停車場。

　　5.員工福利社。

　　6.員工醫務室。

　　7.定期體檢。

　　8.福委會組織及活動。

(二)康樂性福利

1. 社團活動：壘球社、保齡球社、登山社、象棋社、土風舞社、乒乓球社、氣功社、佛學社。
2. 體育活動：設立多功能球場，供員工下班後之休閒活動或組織球隊對內對外舉行各項比賽，拔河、牽罟活動。
3. 社交活動：員工慶生會、同樂晚會、聖誕舞會、烤肉、員工旅遊等等活動。

(三)經濟性福利

1. 團體保險。
2. 分紅入股。
3. 各項津貼：伙食、房屋、出納、駕駛、技術、夜間、返鄉等津貼。
4. 年節獎金：端午節、中秋節獎金。
5. 年終獎金。
6. 績效獎金。
7. 退休制度：為獎助員工，並保障員工退休後之生活，所制定之辦法。

　　例如，在各家旅館可依《勞動基準法》規定之退休金給與辦法訂定各旅館的退休制度，但所規定之年齡，但所規定之年齡，對於擔任具有危險、堅強體力等特殊性質之工作者，可報請中央主管機關予以調整，但不得少於五十五歲。

◎自請退休

　　員工有下列情形之一者可自請退休。

1.工作十五年以上年滿五十五歲者。

2.工作二十五年以上者。

◎強制退休

員工有下列情形之一者，公司得強制其退休。

1.年滿六十五歲者。

2.心神喪失或身體殘廢已不堪勝任工作者。

◎退休金給與標準

員工退休金之給與標準，依下列規定：

1.年資計算：員工在公司工作年資自受僱日起算，勞基法施行前之年資與施行後之年資，應合併計算。

2.基數計算：適用勞基法前工作年資給與標準，依其當時應用之法令規定計算或依旅館自行定訂之規定或勞雇雙方協商計算之，適用勞基法後工作年資給與標準依該法第五十五條規定計算。其工作年資十五年以內者，每年給與兩個基數，超過十五年之工作年資，每年一個基數，總數以四十五個基數為限。

3.畸零年資：勞基法施行前後未滿一年之畸零年資，應分別依各該規定計算其年資標準計給。

4.平均工資：勞工退休金依勞基法施行前後有關規定計算，其每個基數之金額，仍以退休時之平均工資計算為準。勞基法施行前後之年資基數，依本項第二條規定辦理計算，勞基法施行後則以退休前六個月平均工資計算。

5.依本辦法第二條二款規定強制退休之勞工，其心神喪失或身體殘廢係因執行職務所致者，依上述規定加給百分之二十。

◎給與日期

退休金之給與，於核准或強制退休之日起三十日，一次全部給付之。但如旅館依法提撥之退休準備金不敷支付，且財務發生困難，無法一次發給時，得報經主管機關核定後分期給付。

◎本辦法自報主管機關核備後施行
備註：退休準備金提撥

1. 現行法令：《勞工退休準備金提撥及管理辦法》第二條：勞工退休準備金由各事業單位依每月薪資總額百分之二至百分之十五範圍內按月提撥之，但在所得稅法未修正前，仍依該法之規定辦理。
2. 未來新法草案：《勞工退休金條例》第三章第十四條：雇主每月負擔之勞工退休金提撥率，不得低於勞工每月工資百分之六。

二、精神性福利措施

指激發員工從自己內心深處所得到的滿足感，心理學家提出X理論和Y理論的說法，他們認為X理論的員工是被動的厭惡工作、逃避責任、追求工作保障，需要以監督與懲罰來迫使他們努力工作。

Y理論的員工可以是主動的追求工作中的樂趣、勇於負責、具創造力，應以正面管理態度來激勵員工。

X理論的做法可分為以下兩種：

1. 消極支援：可分為跟催、說明期限、說明原因、澄清問題、確認瞭解程度等。
2. 懲戒：可分為口頭警告、書面警告、降調、停職、解僱等。

例如：某個星期五我幫妹妹向○○傳銷公司訂了一箱貨，註明第二天中午前要送達，○○公司委託宅配通公司送貨，結果到了第二天（星期六）的下午五點妹妹尚未收到東西，我打電話到○○公司但星期六無人接聽電話，我只好打105詢問宅配通的客服，客服中心查詢後告知的確有這筆訂單，但他們沒出貨，原因是我寄送的地址是一所學校，宅配通事先沒有打電話去詢問學校是否有人值班，就自認為學校沒有人上班（星期六）不用送貨，我很不高興的反應，結果宅配通打電話給我妹妹說晚上七點會送到，這件事到此應該要結束了才對，但事實不然，我妹妹接到宅配通司機的恐嚇電話，對方說因為我們的客訴害他被罰1,500元，他叫我妹妹等著瞧，他絕不會就此罷休。我又急忙打電話給宅配通的客服中心，最後我妹妹是收到了東西，但感到非常的不舒服。

這個案例告訴我們——宅配通是使用X理論來處理這位行為不佳的員工。

Y理論的做法可分為以下六種：

1.參與決策。
2.工作上更多自由權。
3.負更多職責。
4.較有趣的工作。
5.個人成長的機會。
6.工作活動的多樣化。

A旅館的福利措施

一、年終獎金／年節禮金

1. 發放資格限於發放日仍在職之員工或契約人員。

2. 年終獎金之發放以底薪一個月為基準，但表現未符合公司要求者，公司將保留不給與發放之權利，額外獎金須視營業狀況而定。

3. 凡在國曆元月至十二月底服務滿十二個月者，發給全數，不滿一年者按服務日數比例計算之，但試用人員另行考慮之。

4. 年度服務期間內留職停薪之期間均予以扣除計算。

5. 年終獎金發放比例會因員工個人年終考核、出勤狀況、訓練成果等級高低而有差異。

6. 每年端午節與中秋節禮金，試用期滿之員工，服務滿一年以上者獎金1,000元，五年及以上者獎金2,000元，一年以下之員工每人獎金為600元。

二、各項福利

1. 加入全民健康保險，以及勞工保險，一切給付事項依勞保規定辦理。

2. 公司團體保險。

3. 供應膳食與單身宿舍。

4. 員工本人結婚祝賀禮金。

   (1)服務未滿一年：喜幛一組。

   (2)服務滿一年及以上：禮金3,600元，喜幛一組，禮車服務，旅館住宿一晚。

   (3)A、B級主管享有禮車服務及旅館住宿，不論服務年資多久。

   (4)禮車服務只限於當地，住宿依當時房間使用情形及住客率

而定，禮車不能保留及讓與他人，旅館住宿自結婚日起，可保留一個月。

5. 員工本人生病住院，公司派人探望並贈水果一籃。

6. 員工本人與直接親屬死亡，全部津貼依勞工保險辦理。

7. 員工及員工父母、配偶父母及配偶死亡。

(1) 服務未滿一年者：致贈輓聯。

(2) 服務滿一年及以上者：奠儀3,000元，並致贈輓聯。

(3) 員工祖父母、外祖父母死亡致贈輓聯。

8. 每月舉辦員工慶生會（包括大蛋糕及飲料），福委會禮金200元。

9. 資深服務獎於每年的員工晚會上頒發，以服務滿五年、十年、十五年、二十年、二十五年及三十年為計算標準單位，獎項如下：

(1) 五年：銅獎牌及獎章一式。

(2) 十年：銀獎牌及獎章一式。

(3) 十五年：金牌及獎章一式。

(4) 二十年：金牌、0.5克拉鑽石及獎章一式。

(5) 二十五年：知名高級手錶及獎章一式。

(6) 三十年：棺材及基本葬儀補助金。

10. 前勤單位及後勤單位的本月最佳員工獎：將頒發獎章一式及拍照留念。

11. 年度最佳員工獎：從十二位「最佳員工」內選出一位，並頒發價值10,000元禮券及獎章一式。

12. 年度最佳主管：從A級主管當中或經營管理階級推薦及同意的B級主管中選出一位適當人選。年度最佳主管將獲得四天三夜的假期（正確地點由公司指定）。此行程包含每日二餐及交通費用。除此之外，還可獲得6,000元旅遊補貼金及獎章一式。

13.白拐杖主管改善獎：每年由主管群中選出需要改善的主管，
　於員工晚會時頒發白拐杖給當選人。

14.年度最佳業務人員獎：由部門選出全年度業績表現最佳的業
　務員，於員工晚會中頒發10,000元禮券及獎章一式。

15.年度最佳工作表現獎：由各部門主管提名，當選者於員工晚
　會時頒發價值5,000元禮券及獎章一式。

16.最佳禮儀員工獎：由各部門主管提出，當選者於員工晚會時
　頒發價值5,000元禮券及獎章一式。

17.年度最佳學習獎：由人資部提名，根據員工好學及對於訓練課
　程的出席率及參與感，於員工晚會時贈予禮券及頒發獎狀。

18.業務相關激勵辦法：針對業務部同仁，依其施行細則分別於
　每月、每季、每年選出符合條件的獎勵人選。

三、各項津貼（有關津貼之金額另訂辦法規定之）

1.伙食津貼：派駐在外縣市人員享有，出差時依出差辦法辦理。

2.房屋津貼：有眷屬之主管，其戶籍地設在距離旅館40公里以
　外，且真正在當地賃屋者適用；夫妻同時為主管者，只計算一
　位津貼。

3.出納津貼：出納人員適用，以1,500元為限。

4.駕駛津貼：調度室與採購部駕駛人員每月有洗車津貼，安全
　津貼。

5.技術津貼：工程部技術人員取得合格證書者適用，其津貼以
　月計。證書的種類如下：
　(1)電匠：甲種、乙種。
　(2)自來水匠。
　(3)乙級工業配線。
　(4)空調：甲種、乙種、丙種。

6.夜間津貼：值大夜班者。

7.返鄉津貼：

(1)戶籍登記在當地旅館以外縣市，交通車有靠站者不適用。

(2)一般員工每月可申請一次，以票根及油單為申請憑證，但最高金額不得超過莒光號票價。

(3)A、B級主管每月依戶籍登記住址遠近實報實銷，但最高金額——

A級主管不得超過一趟來回機票，若無飛機前往者不得超過一趟來回自強號票價。

B級主管不得超過一趟莒光號及一趟機票（或自強號票價）。

(4)領有房屋津貼者，不適用本福利。

(5)一般員工於試用通過後，可享有本福利。

(6)本津貼原則上以偏遠營業點適用，城市營業點情況特殊者得由總公司另准。

四、獎勵

1.獎勵部分：須經權責主管核准後頒發，分為記大功、記功、嘉獎及頒發獎金。

(1)大功乙次（以4點計算），並頒發獎金NT$2,000。

(2)記功乙次（以2點計算），並頒發獎金NT$1,000。

(3)嘉獎乙次（以1點計算），並頒發獎金NT$500。

(4)獎金至當月累計核發。

2.懲罰部分：分為記大過、記過、申誡並扣罰金。

(1)大過乙次（以4點計算），並扣罰金NT$2,000。

(2)記過乙次（以2點計算），並扣罰金NT$1,000。

(3)申誡乙次（以1點計算），並扣罰金NT$500。

(4)罰金至當月累計減發。

(5)懲罰採累計法，點數由到職算起凡累計至8點或以上者將以革職處分。

3.獎懲考績之運用：

(1)功過點數可互相抵扣。

(2)功過之點數以年度計算之，懲處記錄將依其事後改善情形，由總經理做最後的決定是否繼續保留或刪除。

(3)功過點數將併入年終考核，以為發放年終獎金的指標之一。

(4)獎懲條款明細

①員工有下列情形之一者，分別予以記大功、記功、嘉獎：

Ⅰ.（Grade A）記大功

A：有特殊優良表現者，堪為全體同仁楷模者。

B：對旅館之發展提出卓越建議，經旅館採行具有效果者。

C：揭發不法陰謀足以影響社會治安事件，使本旅館免遭受重大損失，經查屬實者。

Ⅱ.（Grade B）記功

A：拾金、拾物不昧價值達十萬元及以上者，且經遺失者讚許褒獎者。

B：具有見義勇為者：主動協助或救援客人或同事免於危難者，或讓公司免於財產損失者。

C：代表旅館對外參加比賽贏得前三名者。

Ⅲ.（Grade C）嘉獎

A：拾金、拾物不昧價值在十萬元以下，其行為值得嘉勉表揚者。

B：自動協助公司或同事達成特殊任務者。

C：自動協助旅客困難，獲得旅客讚許具實者。

D：積極協助推動公司之各項活動，具有顯著行動者。

②員工有下列情形之一者，分別予以記大過、記過、申誡：

Ⅰ.（Grade A）記大過

A：未經請假，連續曠職兩天者。

B：服務顧客態度欠佳或與顧客發生衝突者。

C：不聽從主管的指示或以無禮的態度對待主管。

D：擅入倉庫或廚房取用物品或食物者。

E：在旅館內酗酒者（或宿舍內）。

F：擅自授售員工餐券者。

G：捏造不確事實或傳播謠言，陷害他人或旅館名譽者。

H：留宿外人於員工宿舍。

I：疏忽主管交辦事項無法完成而影響重大者。

J：任何對公司的破壞行為都是不可原諒的，一經發現除了記大過，還需照價賠償。

K：委託他人代為打卡或代他人打卡者，一經查明，雙方各記大過壹次。

L：自行修改打卡時間記錄者。

M：將本人或他人之刷卡片藏匿，以圖湮滅出勤記錄，或造成他人困擾者。

N：擅取或偷竊公司所有財產者（如文具、客用器具及備品、食物或原料、飲料等）。擅取公司營業用材料（如食品原料、客用信箋、表格者）。

O：以不當的言語或不禮貌的態度對待同事者。

Ⅱ.（Grade B）記過

A：未經允許擅離職守而影響業務或作業者。

B：未經批准，上班擅自外出者。

C：出勤不佳，經勸二次不改者。

D：未經請假，曠職一天者。

E：未照公司規定作業致使作業受影響，情節較大者。

F：未經許可，使用客用公共設施者。

G：員工於員工餐廳之飲水機清洗餐具者。

H：未依規定配戴名牌者。

I：服裝儀容未依規定者。

J：蓄意的破壞或濫用公司的設備或器材者。

K：在其他部門閒逛或閒聊著。

Ⅲ.（Grade C）申誡

A：未經請假曠職一天以內者。

B：遲到或早退，當月累計在五次以上者。

C：違反員工手冊第五項第(一)條、一般生活規定，
　　經勸告，不悔改者。

D：公司採全面禁菸，除驗收室前的沙發椅區及員工
　　會客室外，其餘地點均為禁菸區，特別是男生休
　　息室絕對禁止吸菸，經發現違反者。

E：員工於上班時嚼食檳榔。

F：總機工作同仁應過濾員工私人電話，如非緊急事
　　故，一律不予以轉接。若發現違反者。

G：員工制服只限於執勤時穿著，除因執行公務，請
　　勿穿戴至旅館區域外。一經發現私自穿出者於以
　　懲處。

(5)革職處分

A：從事非法活動者。

B：任職期間，經法院宣判有罪者。

C：在公司（或宿舍內）聚賭者。

D：任職期間內記大過兩次及兩次以上者（懲處點數達到8
　　點或以上者），點數的累數是溯及既往之記錄。

E：連續曠職三天或一個月內累計達六天或一年內累計達
　　十二天者。

F：屢勸不聽一再違反公司規定使用客用廁所，或其他客

用設施。

G：員工於上班嚼食檳榔，經勸告不聽，一再違反者。

H：向客人強索小費，或如有強索小費未果而與客人發生爭執，甚至破壞客人物品者。

I：對客人的行為不禮貌；如言語上或姿勢上。

J：對同事、主管或客人進行暴力行為者。

K：擅自盜印或使用公司發行的檔案或文件。

五、資遣辦法（依勞基法規定辦理）

1.資遣之人員應予以事先預告，其預告時間依下列規定：

　(1)在三個月試用期間者，於七天前預告之。

　(2)在公司服務已達三個月以上未滿一年者，於十日前預告之。

　(3)在公司連續服務滿一年以上未滿三年者，於二十日前預告之。

　(4)在公司連續服務滿三年以上者，於三十日前預告之。

2.資遣預告應由相關部門主管提交人資部，由人資部呈報執行辦公室核准後，以書面通知。

3.凡員工接到前條預告後，為另謀工作得於工作時間內請假外出；但每星期不得超過兩日之工作時間，請假期間之工資照給。

4.資遣費之發放依下列規定：

　(1)服務每滿一年，發給前半年平均工資一個月之資遣費。

　(2)依上款計算之剩餘月數或工作未滿一年者，以比例計算給付，未滿一個月之日數，以一個月計。

　　一般渡假旅館業的福利制度的支出較都市旅館業的福利制度支出高，再加上經營環境競爭激烈，已造成組織很大的負擔及在財務上很大的壓力，在未來許多不確定的情況下，組織可朝共同分擔或依年資來考量，更可加入工作績效及對組織的貢獻等其他因素來設計使得制度更趨完善。

第十章

員工關係與協助方案

     ♪ 第一節　員工諮商與申訴管理
     ♪ 第二節　員工職涯發展與協助方案

　　員工關係管理是企業和員工的溝通管理，這種溝通大多採用柔性的、激勵性的、非強制的手段，來提高員工滿意度，支持組織其他管理目標的實現。其主要職責是：協調員工與公司、員工與員工之間的關係，引導建立積極向上的工作環境。

　　旅館業的興起，創造了許多就業的機會，但工作對員工來說有什麼樣的意義呢？

　　根據馬斯洛的需求理論，最重要的是它可滿足我們生理的需求──求得溫飽，生存下去，進一步，建立經濟基礎，使生活舒適，除了生理的需求，工作也可以滿足我們自我實現的需求，工作是印證自己能力和績效的機會，從工作的表現裡可以獲得成就感。

　　例如，從前女性加入就業行列，有不少比率是為了貼補家用，如今女性就業，社會性動機大於經濟性動機，她們追求的多半是成就感，事業貢獻，社交以及自主意識。女性就業可以平衡兩性的地位，但伴隨而來的育嬰假、托兒中心、女性生涯規劃、夫妻雙生涯等問題。

　　另外，個人意識有不斷提升的現象，尤其以「新新人類」的議題展現個人主義的抬頭，他們的工作價值觀在於「公司可為我們做什麼」當他們進入組織時，便開始考慮薪資的高低、福利的優劣及是否可以學到東西。

　　以新進員工來說他（她）們由學校走入工作，所擔心的可能較著重在人際關係的問題，如何與上司、同事相處及工作壓力是否很重？產生工作認同問題、工作適應問題。另外一些工作已進入第二年至三年的員工已對企業體系、組織架構、工作方向、未來升遷等有較清楚的概念，開始考慮這份工作是否符合自己的興趣，如果繼續留在組織，是否有升遷的機會？是否有可能成為幹部人選？

　　另外一些工作已進入第五年至十年的員工，開始產生工作瓶頸，開始考慮是否有其他工作轉換的可能性？若在工作內涵上沒有任何的轉換，則易產生倦怠。

　　另外在員工個人方面有身體健康（含生活、心理健康）問題、服用菸酒毒品、個人理財、不良的行為習慣（如賭博、玩大家樂等）、意外事故的發生（如車禍、火災等）、自我成長問題；在家庭方面則有婚姻問題、子女教育問題、外遇、家庭衝突、退休生活調適等等問題。

　　綜合以上幾點之分析可知，企業必須要重視員工需求與問題的重要，因員工的工作與生活密不可分，且二者會相互影響。旅館的工作，除了需要專業的技術之外，尚需贏得顧客的滿足，這種矛盾的現象，若日積月累，反而易造成服務業人員空虛、飄浮不定的感覺，所以有極少數的服務人員會在壓力與悵然等因素下，有非行為的情事發生。

　　員工關係管理系統中，人力資源部門處於聯結企業和員工的重要環節。人力資源部門必須通過各種方式來協調企業利益和員工需求之間的矛盾，提高組織的活力和產出效率；另一方面通過協調員工之間的關係，提高組織的凝聚力，達到企業目標的實現。

　　因此，旅館業的老闆唯有重視與提升「人」的素質，才能掌握卓越發展的優勢。如果能在館內建立員工關係管理系統，適當的協助員工給與員工諮商與申訴管道，應可使員工提升工作效益並協助企業達成經營目標。

第一節　員工諮商與申訴管理

　　員工並不是機器人，不可能設定好工作後，就可以置之不理，直到出問題為止。他們也不是電腦，無法利用程式來使他們每天都進行同樣的工作。同樣地，員工也不是存貨，不能隨意運用而不考慮他們的感受和需要，但員工的問題與需要有其個別性與共通性，因此可採取個別諮商與團體諮商的方式與員工交談。

一、諮商服務

1. 心理治療。
2. 協助有情緒困擾的員工安排調職、改換工作或接受治療。
3. 與主管人員諮商員工問題之管理。
4. 員工家庭、婚姻、工作壓力之問題。
5. 籌劃辦理諮商輔導員訓練。
6. 延聘諮商輔導專家講授同理心、交流分析。

諮商服務就過程而言，它是建立一種有意義的關係，經由一個互信的情境，使來談者員工在與諮商者（員工輔導員）的真誠互動中，漸漸更瞭解自己、接受自己、肯定自己，恢復或發展出面對問題或解決問題的能力。在處理的階段要注意以下幾個原則：

1. 關係原則：經由積極傾聽與有效回應等專注的態度來表達對來談者員工及對其問題的關心。
2. 個獨原則：要認知及瞭解來談者員工的獨特本質，並運用適合對方的原則與方法來提供協助。
3. 接納原則：必須接受來談者員工的優、缺點，適當與不適當的特質，良好與不良好的感受，正確與不正確的想法、看法。當然，接納並不表示同意，但唯有接受對方的存在，才能展開後續的步驟。
4. 感應原則：要能瞭解來談者員工表達的意義與情緒，即確實地洞察並感覺到來談者員工的情況，並加以適當的回應，以傳達「感同身受」的瞭解。
5. 守密原則：對來談者員工所告知的私事或資料有保密的職責與義務。如果所談之事必須進一步與上級主管協商時，應事先告

知來談者員工。

6.充足完善的設施：紛亂、不舒適、無吸引力的場所會讓來談者
　員工有不良的印象或卻步不前，因此，諮商室應求寧靜及完善
　的設備，才能使來談者員工得到最佳服務。

二、醫療性服務

　　一般休閒渡假旅館的位置均遠離都市，在醫療資源方面非常
缺乏，爲妥善照顧員工健康，應在旅館內設置有完善的「員工診療
所」，聘任駐店醫師及護理人員，或與附近醫院簽訂爲特約醫院，提
供疾病諮詢、急救及醫療就診服務。

　　另外，亦可常辦醫療講座及特別門診（如婦女特別門診……）邀
請專家或大型醫院之專門主治醫師，蒞臨主持專題講座，如愛滋病的
預防、糖尿病的預防、婦女常見的疾病、緊急救護訓練等等課程；同
時定期舉辦員工身體檢查等經常性的活動，有計畫的推展及關懷員工
的行動。

三、員工申訴政策

　　爲鼓勵員工將工作有關的不滿向主管提出申訴，員工將被賦予申
訴的權力，所提出的申訴也將經由正式的流程予以處理。在任何情況
下，員工不會因此申訴程序提出而遭受到處分。

　　當員工發現有與工作相關的問題存在時，員工可將問題反應給直
屬主管知道。主管必須調查此一與工作相關的申訴，盡力解決員工所
反應的問題，並在時限內將所作成的決定通知申訴的員工。

　　在處理員工申訴時主管要特別注意以下幾個原則：(1)心口如一；
(2)避免威脅、盤問；(3)強調各種可能的變化；(4)避免諷刺和嘮叨；(5)

B旅館的申訴處理程序

1.申訴書：員工可向人力資源部領取申訴表，填寫後交部門主管。

2.申訴內容：在申訴表中須寫明申訴的性質及希望解決的方式。

3.主管的責任：

(1)部門主管與申訴的員工面談，並針對申訴內容進行調查。

(2)在接受申訴後二十四小時內須以書面回覆申訴的員工解決的對策。

(3)如果申訴的員工不滿意部門主管的回覆，可於接到回覆後四十八小時內將申訴書及部門主管的回覆一併交送人力資源部主管處理。

(4)人力資源部主管在接獲申訴後安排申訴的員工與總經理面談，並於二十四小時內以書面回覆申訴的員工解決的對策，或告知仍須更進一步的調查。

(5)最後將回覆的副本存於人力資源部的人事檔案內。除了經手案件主管及涉入案件的員工以外，對其他的員工一律保密。

員工申訴表

申訴人	單位	職稱	姓名
申訴事由與內容			
希望解決方式			
時間	時間	時間	時間

體諒員工的處境。

(一)心口如一

員工的表現都會時好時壞，取決於當天的心情、面對的情況、生理的韻律，這種情形和員工的工作績效無關，因此主管在處理員工問題時必須要讓自己的語言和非語言的部分所傳達的訊息相互一致，以免員工感到惶恐而不願交談。

(二)避免威脅、盤問

很多主管接到員工抱怨時會用威脅盤問的態度，讓員工退卻。相互的敵視，對主管和員工都不利，因此要避免自己掉入這個陷阱。

(三)強調各種可能的變化

在處理抱怨時不要對員工有任何的承諾，因為在一般情況之下，主管是員工與管理層之間的溝通途徑，除非主管確信自己可以履行承諾，否則最好三緘其口。先讓員工興高采烈，隨後又澆他們一盆冷水，則後果將不堪設想。

(四)避免諷刺和嘮叨

大部分的員工都能夠過濾一些令人不快的諷刺、責備和嘮叨。主管在處理員工問題時應摒棄一舉消除所有不滿情緒的想法。

(五)體諒員工的處境

員工在公司已經工作了很長一段時間，比主管更瞭解實際的狀況。因此，主管必須設法找出員工是否有忽略了什麼東西，透過主管

的專業知識，比較能針對員工的問題採取建議或解決之道。

四、員工滿意度調查

員工對組織的各項制度、薪資、福利、主管的溝通、領導方式及教育訓練等等是否滿意，可能無法完全由上述的諮商方式或員工申訴得知。因此，採取問卷調查的方法，可以得悉員工對旅館整體的滿意度，作為決策層主管在制定各項制度時之參考資料。

員工滿意度調查之內容設計，可考慮下列幾個方向進行問卷調查（**表10-1**）。

1.組織氣候。
2.制度的理解。
3.薪資與福利。
4.領導統御。
5.溝通管道。
6.工作魅力。
7.教育訓練。

五、離職管理

員工的離職可以反應出組織許多的人事問題，如果某一部門的離職率很高時，我們可以從離職員工處得知是主管本身的問題，還是工作缺乏成就感或是工作單調、工作環境不良等原因。

表10-1　員工滿意度調查表

組織氣候				
非常不滿意 （非常不同意）	不滿意 （不同意）	尚可	滿意 （同意）	非常滿意 （非常同意）
☐	☐	☐	☐	☐

1.與您所知道的其他旅館相比，您對公司各方面的情形滿不滿意。

2.為了達成公司之目標，大家都有強烈的參與感。

3.公司內普遍存有凡事不怕失敗，大家埋頭苦幹的氣氛。

4.公司的同仁大多具有積極主動的做事態度。

5.在公司內進行跨部門的協調感到非常順利。

其他意見：

_____

_____

_____

（續）表10-1　員工滿意度調查表

制度的理解				
非常不滿意 （非常不同意）	不滿意 （不同意）	尚可	滿意 （同意）	非常滿意 （非常同意）
1.本公司績效的評核 　方式，大家都能清 　楚知道。　□	□	□	□	□
2.我清楚的知道自己 　未來升遷的機會。　□	□	□	□	□
3.我清楚的知道本部 　門的工作目標和計 　畫。　□	□	□	□	□
4.公司內有明確的查 　核制度以控制工作 　的進度和績效。　□	□	□	□	□
5.公司對員工所擔任 　的職務都給與詳 　細的說明及書面指 　示。　□	□	□	□	□

其他意見：

_____

_____

_____

_____

（續）表10-1　員工滿意度調查表

薪資與福利				
非常不滿意 （非常不同意）	不滿意 （不同意）	尚可	滿意 （同意）	非常滿意 （非常同意）
1.您對現在的薪資滿 　不滿意？ ☐	☐	☐	☐	☐
2.您在公司所獲得的 　全部所得（包括薪 　資、紅利、獎金、 　福利）是否滿意？ ☐	☐	☐	☐	☐
3.您對公司現有的福 　利措施（團保、退 　休制度）滿意嗎？ ☐	☐	☐	☐	☐
4.您對公司所提供的 　各項休閒活動（員 　工旅遊、每月員工 　活動）是否滿意？ ☐	☐	☐	☐	☐
5.您對福委會所提供 　的各項服務是否滿 　意？ ☐	☐	☐	☐	☐

其他意見：

_____

_____

_____

（續）表10-1　員工滿意度調查表

領導統御				
非常不滿意 （非常不同意）	不滿意 （不同意）	尚可	滿意 （同意）	非常滿意 （非常同意）
1.因本部門主管有效 　的領導統御方法， 　使本部門的工作士 　氣高昂。 ☐	☐	☐	☐	☐
2.本部門的上司和下 　屬之間，大家都能 　互相信賴、互相理 　解。 ☐	☐	☐	☐	☐
3.本部門主管除了要 　求工作績效標準之 　外，也兼能體恤部 　屬感受。 ☐	☐	☐	☐	☐
4.部門內直接主管能 　清楚知道下屬的工 　作表現。 ☐	☐	☐	☐	☐
5.本部門的直接主管 　擁有足夠的專業知 　識及經驗。 ☐	☐	☐	☐	☐

其他意見：

_____

_____

_____

_____

（續）表10-1　員工滿意度調查表

溝通管道				
非常不滿意 （非常不同意）	不滿意 （不同意）	尚可	滿意 （同意）	非常滿意 （非常同意）
1.對於同事間的溝通 　情形感到相當滿 　意。	☐	☐	☐	☐	☐
2.公司中不會因不同 　上司給與不同的指 　示而深感困擾。	☐	☐	☐	☐	☐
3.各部門間的聯繫及 　意見溝通甚佳，使 　工作能順利進行。	☐	☐	☐	☐	☐
4.平常對工作有不滿 　或是困擾時，能 　直接上達給上司知 　道。	☐	☐	☐	☐	☐
5.我清楚知道公司所 　發布的政策及主管 　會議談些什麼。	☐	☐	☐	☐	☐

其他意見：

_____

_____

_____

（續）表10-1　員工滿意度調查表

	工作魅力				
	非常不滿意 （非常不同意）	不滿意 （不同意）	尚可	滿意 （同意）	非常滿意 （非常同意）
1.您對於目前的工作是否滿意？	☐	☐	☐	☐	☐
2.您對自己現在的工作環境及場所是否滿意？	☐	☐	☐	☐	☐
3.藉著工作，我可以學到新知識或新技能。	☐	☐	☐	☐	☐
4.在工作中，我能充分發揮我的能力。	☐	☐	☐	☐	☐
5.透過對工作的自我成長，具有滿足感。	☐	☐	☐	☐	☐

其他意見：

_____

_____

_____

_____

（續）表10-1　員工滿意度調查表

教育訓練				
非常不滿意 （非常不同意）	不滿意 （不同意）	尚可	滿意 （同意）	非常滿意 （非常同意）
1.您對您目前與工作 　相關的訓練是否滿 　意？ ☐	☐	☐	☐	☐
2.您對於獲得工作所 　需技能的培養機會 　是否滿意？ ☐	☐	☐	☐	☐
3.您對公司內所舉辦 　的各種訓練是否滿 　意？ ☐	☐	☐	☐	☐
4.您對曾經參加過公 　司舉辦的教育訓練 　是否滿意？ ☐	☐	☐	☐	☐
5.公司所實施的各種 　訓練都能有效的幫 　助員工改善績效。 ☐	☐	☐	☐	☐

其他意見：

_____

_____

_____

如果能重視員工離職的原因，而針對其原因，採取以下措施，將可提高員工的滿足度，降低離職率。

1.建立健全公平的獎助制度。
2.塑造有活力的工作場所。
3.建立縱向、橫向的溝通管道。
4.加強主管的領導及溝通能力。
5.提高適當的訓練及工作指派。

第二節　員工職涯發展與協助方案

在旅館業高度競爭的現今，重視員工職涯發展已成為一股不可違逆的時代潮流，甚至已成為時髦的名詞。

職涯發展觀念帶給員工最大的改變應該是藉由擺脫其原有生活、工作模式與訂定明確目標及實現人生理想之具體行動計畫，而引導員工工作意義與工作態度的轉變。

職涯發展協助方案經由公司內部相關制度與措施，將個人人生所追求的理想轉變成職場上可能實現的具體目標與步驟。

一、職涯觀念的導入

1.組織為確使具備適當資格經驗的人，當組織需要時便能派上用場所採行之任何正式途徑。
2.基於組織及個人的需求，所追求的職涯規劃的結果，包括個人的職涯規劃及組織制度的事業生涯兩大部分。
3.職涯發展，是一種使職涯行動計畫付諸實行的過程。

(1)對個人能力、興趣、生涯目標的評估。

(2)組織對其個人能力與潛力的評估。如**表10-2**為員工職涯規劃計畫表。

(3)在組織內就其生涯選擇與機會作溝通的動作，如協助其應徵內部職缺。

(4)藉職涯諮商設定實際的目標及實現此目標的計畫。

二、員工職涯規劃

員工在職場上的工作，在其生命的歷程中占有相當多的時間，並扮演著相當重要的角色。為什麼要規劃職涯？是為未來的危機與機會做準備。

表10-2　員工職涯規劃計畫表

職稱	年資	目前職務	姓名	異動計算			異動職務			備註
				2010	2011	2012	個人計畫	公司計畫	訓練	

員工職涯規劃可分以下五大領域：

1.工作知能。
2.身心健康。
3.休閒生活。
4.人際關係。
5.婚姻家庭。

在進行員工職涯規劃時，必須對員工過去工作和生活經驗，做一有效的評估，再依個人的才能、興趣與組織的發展配合，以職涯規劃五大領域為依據，設定出個人的工作目標，展開行動計畫，完成行動計畫書如**表10-3**。

表10-3 ＿＿＿＿＿＿＿＿＿＿＿的職涯行動計畫書

目　　標：						
計畫日期：						
完成日期：						
完成指標：						
完成獎勵：						
有利資源	阻礙因素	應採取之行動項目（最好依次）	完成行動項目期限	獎勵	完成此行動所需的第一步	完成第一步期限

三、職涯規劃的要件

(一)公司的角色

　　1.提供資訊。

　　2.有效的安置過程。

　　3.對人力資源體系支持。

　　4.提供教育與訓練。

(二)員工本人的角色

　　1.自我評估、蒐集資訊。

　　2.設定目標、與主管討論。

　　3.發展計畫、向公司內部應徵。

　　4.探索公司內部徵才計畫。

(三)主管的角色

　　1.績效評估。

　　2.教導及支持。

　　3.輔導及諮商。

　　4.提供回饋。

　　5.提供資訊。

　　6.維持系統的整合性。

(四)高階主管的責任

1.協助經營者，擬訂公司職涯管理策略及方針。

2.為經營者提供所屬部門（單位）職涯管理之資訊，供經營者做職涯管理之決策。

3.基於公司及所屬單位之需要，協助人力資源管理主管共同制訂職涯管理制度，並稽核成果，作為單位績效之一。授權中階主管對職涯管理制度之規劃及實施。

(五)基層主管的責任

1.將各上級主管在職涯管理之各項資料，對員工做充分溝通。

2.協助人力資源管理專業人員，共同推行職涯管理制度，計畫方案或活動，並將推行狀況及所遭遇之問題，即時向上回饋。

3.評估所屬員工職涯規劃內容之精確程度，並激勵員工，有效管理職涯規劃中之行動計畫，及提供諮商輔導。

四、範例

茲以A旅館實施員工職涯發展的過程為例，說明如下：

(一)員工職涯規劃制度

1.確定組織人力資源發展政策。

2.確定員工職涯規劃管理委員會。

3.草擬員工職涯辦法：
   (1)目的。
   (2)對象。

(3)範圍。

(4)組織。

(5)分工。

(6)辦法／實施細則：

　A.組織圖。

　B.挑選對象。

　C.建立個人資料檔案。

　D.員工完成職涯規劃自我測驗（**表10-4**）。

　E.主管與員工進行生涯面談。

　F.完成員工評鑑表。

　G.完成公司（部門別）候選人計畫。

　H.人力資源單位依據E、F完成員工訓練發展需求。

　I.員工職涯規劃委員會評鑑。

　J.整理評鑑結果，建立訓練計畫／發展計畫／候選人名冊。

　K.定期執行／評估。

　L.年度檢討。

表10-4　職涯規劃自我測驗

請先閱讀下列的敘述問句然後依你真正的感受圈選答案。

	非常同意	同意	不同意	非常不同意
1.我寧願辭職，也不願意被升遷去擔任非我所長的領域工作。	☐	☐	☐	☐
2.成為有能力的專才對我而言很重要。	☐	☐	☐	☐
3.我喜歡擔任那種為別人服務的工作。	☐	☐	☐	☐
4.我喜歡那種富有高度變化性的工作。	☐	☐	☐	☐
5.成為管理的通才對我而言很重要。	☐	☐	☐	☐
6.我喜歡在有聲望的公司裡上班。	☐	☐	☐	☐
7.我寧願留在原來的地區，也不願意因升遷而必須遷移至外地。	☐	☐	☐	☐
8.我瞭解自己比較適合成為通才，而不是一個專才。	☐	☐	☐	☐
9.我希望工作上能不斷有新的挑戰出現。	☐	☐	☐	☐
10.同時涉足許多不同性質的工作，所帶來的刺激感，是激勵我的一個主要因素。	☐	☐	☐	☐
11.如何去監督、影響、領導別人，對我而言很重要。	☐	☐	☐	☐
12.我願意犧牲一部分的自主權去獲得生活的安定。	☐	☐	☐	☐
13.公司若能提供工作保障，福利及完善的退休制度，對我而言很重要。	☐	☐	☐	☐
14.我希望別人經由我的公司及我的工作來認同我。	☐	☐	☐	☐
15.基於一項重要的理由使我能善盡才華去提供服務，我覺得很有意義。	☐	☐	☐	☐
16.我認為頭銜與社會地位很重要。	☐	☐	☐	☐
17.我希望我的工作能夠有最大程度的自由與自主權。	☐	☐	☐	☐
18.能在管理工作中求得發展對我而言很重要。	☐	☐	☐	☐
19.我希望別人能認同我的工作。	☐	☐	☐	☐

（續）表10-4 職涯規劃自我測驗

	非常同意	同意	不同意	非常不同意
20.只有在我所學的專業領域裡，我才會去接受管理者的職位。	☐	☐	☐	☐
21.我寧願待在原地，也不願意因升遷或調派新職而遷移至外地。	☐	☐	☐	☐
22.我希望能藉著累積個人的財富，以向自己和別人證明我的能力。	☐	☐	☐	☐
23.我喜歡選擇那種能讓我發揮多種才華的工作。	☐	☐	☐	☐
24.工作若能提供長期的保障，對我而言很重要。	☐	☐	☐	☐
25.無窮盡而又變化多端的挑戰，才是我真正想從工作中得到的東西。	☐	☐	☐	☐
26.看到別人因我的努力而改變，對我而言很重要。	☐	☐	☐	☐
27.我寧願留在我的專業領域，也不願去擔任管理性的工作。	☐	☐	☐	☐
28.我希望我的工作能讓我去幫助別人。	☐	☐	☐	☐
29.透過人際技巧，使我能去幫助別人，對我而言很重要。	☐	☐	☐	☐
30.我喜歡看到別人因我的努力而改變。	☐	☐	☐	☐

(二)才能評鑑與晉升制度

1.才能評鑑方式：

(1)筆試／個案處理。

(2)口試。

(3)性向測驗／心理測檢。

(4)360度管理才能評量。

(5)評鑑中心法：

　　A.公文籃演練（In-basket Exercise）。

　　B.管理賽局（Management Game）。

　　C.問題分析與解決（Problem Solving）。

　　D.無主持人討論會（Leaderless Group Discussion, LGD）。

　　E.簡報與表達（Presentation）。

2.晉升制度：

(1)晉升條件：年資、考績、訓練、特殊貢獻、適性。

(2)適才適所。

(3)不當晉升不但傷害當事人，也傷害整體組織士氣。

(4)避免升到無能級位置：晉升應考慮是否勝任未來職位，不要因在現職表現良好就晉升。

(5)公平、公開、公正——成立人評會或晉升委員會。

(6)精英人才／特殊人才需有特殊晉升管道。

(7)內升原則——儘量避免空降。

五、員工協助方案

　　「員工協助方案」源自1917年之美國「職業戒酒方案」（Occupational Alcoholism Program, OAP），因早期最主要之員工問題即「酗酒問題」，之後逐漸擴大為更廣泛之員工個人問題，除了協助員工解決酗酒之問題外，並引進全面健康的概念，教導員工健康生活型態，致力於「預防勝於治療」。

　　台灣最早引進此為天主教會，之後陸續由私人企業、民間服務機構、政府機關及學校單位使用。「員工協助方案」係指在於解決、預防各種影響員工工作績效上的問題，而這些問題的來源可能產生於工作場所、家庭及個人因素。

台灣近年來產業型態已由勞力密集轉爲資本及技術密集的高科技產業，而長期處於高壓力且變動性高的高科技產業環境中，員工必須面對長期累積的心理疲勞；因此如何協助員工面對並解決其壓力及因之而可能產生之倦怠感，便成爲企業體及組織心理學家共同關切的主題。

且自我效能對於個人行爲層面有重要的影響，高自我效能者較能克服障礙，堅忍不拔地做事，而會產生較佳的工作表現，因此會降低其倦怠感之產生。

台灣的旅館業目前不僅要面對競爭激烈的外在環境，內部也面臨服務品質的提升之要求，以及人才流失、新新人類管理不易、團隊工作運作困境、管理轉型瓶頸等「人」的窘境；工作壓力已成爲工作場所的主要問題，除了工作壓力，員工的問題也隨著壓力而惡化。

而二十一世紀又是「人文精神」復甦的時代，因此，期望旅館業透過該方案的執行，能有效的解決員工的問題與困擾，使員工能以健康之身心投入工作、提升工作績效與促進其工作發展，進而降低員工流動率，提升生產力，減少企業整體福利成本之支出，以增進勞資和諧。

員工協助方案是指「工作人員運用適當的知識與方法於企業內，以提供相關的服務，協助員工處理其個人、家庭與工作上的困擾或問題」。

在組織內實施員工協助方案，可以達到多方面的目的：

(一)員工本身

1.協助員工解決生活上的問題，以提升生活品質，促使身心能平衡發展。
2.促進員工良好的人際及互助合作的關係。

3.改進員工福利，滿足員工安定的需求。

(二)工作上

1.穩定勞動力：降低離職率、缺勤率。

2.提高生產力和工作績效，並提升工作品質。

3.協助解決工作上的問題，減少工作上的不安，提升工作情緒與
士氣。

4.協助新進人員及一般員工適應工作及環境。

(三)勞資雙方

1.增強溝通管道，使員工意見、心聲有管道可以反映及有效溝通。

2.促進勞資和諧：經過員工與主管間良性的溝通，將可增進勞資
和諧的關係。

(四)企業整體

1.增強員工對旅館的向心力：經由公司主動表現關懷員工的心意
與措施，可激發員工的共識，強化凝聚力。

2.促進組織發展，樹立良好企業形象。

　　員工協助方案目前在台灣的旅館業尚屬起步階段，且人資人員的
個人特質對員工協助方案也具有顯著的影響，同時對員工協助方案的
認知亦呈現負缺口（實際＜期望），在在證明國內旅館業在推動員工
協助方案尚有進步的空間。而從過去有學者研究發現，員工協助方案
對員工工作投入、滿意度及績效都有顯著正向提升；因此面對競爭激
烈、高工作負荷的旅館產業，經營管理者應思索如何建構完整的員工
協助方案體系，規劃完整可行的計畫且落實執行。因此可以透過「政

策宣導」、「主管教育」、「適當授權」及「經費上的配合」等具體行動提供實質的支持。而員工需求會影響服務目標的設定及方案實施的方式，而員工的特質（例如性別、年齡、學歷、個性、直接或間接員工等）也會影響員工是否會直接、主動求助。

旅館業者、主管對員工協助方案的瞭解度及支持度（例如是否認同、肯定，或問題的迫切感與經營理念是否吻合），以及企業本身經營實績的好壞，皆會影響員工協助方案的持續。

因此，須透過各種管道與方式讓組織內的高階主管瞭解員工協助方案的貢獻及重要性，希望透過員工協助方案的實地展現，讓員工受到激勵而全力以赴，除了讓員工擁有某些有價值的事物之外，還要讓員工從事重要工作，並成為力所能及的人物，另一方面組織也經由協助員工成長而獲利。

第六篇

旅館未來的人力
資源策略

　　宏碁的施振榮先生直指現在年輕人的薪資22K的問題是十年前種下的因，企業沒有投入、提升核心競爭力，只靠老套的服務，是無法創造價值的，自然付不出高薪也找不到好的人才。

　　旅館業的輸贏取決於誰能接近顧客，關心顧客，創造顧客的滿意價值。

　　顧客滿意除了員工的禮貌、服務的技巧與一般概念的傳授外，必須從經營管理層面更廣泛深入推行顧客的滿意。

　　顧客需求是百變的，人才非一夕養成，企業必須在組織文化、服務模式上作改變，若沒有一個強有力的領導者願意帶頭改變，是很難辦到的。

　　台灣的旅館業太重視硬體建設，因此必須在企業內形成一種服務的企業文化與員工集體的習慣，才能真正讓人力資源成為協助企業永續經營的成功之道。

　　未來旅館業如何擁有傑出而專業的經營管理團隊，如何提升員工的專業能力，如何提升員工對環境變化敏感度高，員工如何能不斷地學習和吸收新觀念，如何增強員工的績效和擁有創新的能力，這些都是人力資源的重要課題。

第十一章

企業文化的塑造與落實

　　旅館業所用的基層員工大致都是1980年後出生的新一代，生長背景優渥、安逸，他們被貼上「好高騖遠」、「抗壓性弱」、「隨心所欲」、「缺乏責任感」，但是，不得不去面對的是這一代即將在未來成為企業的中堅，或成為下世代的接班人。

　　日本美化協會的創辦人鍵山秀三郎先生曾說，平凡人能力不及的事情、了不起的大事，他一樣也沒做過，他只是把任何人都能輕易辦到的事，以無人能比的耐力貫徹到底而已。

　　他強調人生的意義，不在於所謂多了不起的大事，而是在最平常、最微不足道的事物當中。旅館業的運作也是如此，需要重視許多基礎與基本功夫。

　　其基本功夫是全體員工都要對顧客發自內心抱持感謝之意，塑造同心協力朝共同目標前進的企業文化。

第一節　塑造樂於分享的企業文化

　　「企業文化」一詞在近二十年來才開始被企業界所關注，並逐漸升溫，因為那個時候企業開始了真正從壟斷走向競爭。然而，在企業逐漸探索的這二十幾年當中，企業文化成功的案例並不多，比較國外企業幾十年、近百年的企業文化探討和建設歷史來說，台灣旅館業的企業文化建設才剛剛開始。

　　企業文化是什麼呢？所謂的「企業文化」就是企業信奉並附諸於實踐的價值理念，也就是說，企業信奉和宣導並在實踐中真正實行的價值理念。由一個企業的全體成員共同接受，並且是企業發展過程中逐漸累積形成的。也就是指企業的基本信念，基本價值觀，是全體員工共同遵守和信仰的行為規範和價值體系，是教導員工從事工作的哲學觀念。

企業文化的構成可分爲三個層面：

1. 精神文化層面：企業精神文化的構成包括企業核心價值觀、企業精神、企業哲學、企業倫理、企業道德等。
2. 制度文化層面：制度文化包括企業的各種規章制度以及這些規章制度所遵循的理念，如人力資源理念、行銷理念，服務理念等。
3. 物質文化層面：企業物質文化的構成包括企業標識、企業歌曲、文化傳播網路。

三者互相作用，共同形成爲企業文化的價值。

整體而言，企業文化對企業之影響是利多於弊，其優點可給與組織成員指導原則，使其遵守秩序與規範，並藉由組織文化可培養成員間默契，減少講解與教育訓練時間與費用。

強烈的企業文化亦可讓員工瞭解組織，進而有使命有願景，爲公司付出，也願意融入組織，認同組織，創造組織共同性，使組織更有效率。但企業文化也會使成員墨守成規不願創新，若是不良的企業文化更會使組織腐化，做出有樣學樣的負面行爲。

現在的員工爲了過想要的生活而工作，重視的是有多少權利和福利，新的世代與上一世代有著迥然不同的工作價值觀，上一世代是有使命的爲工作終生奉獻，想的是能爲公司付出什麼？

工作價值觀的差異，是目前旅館業老闆們最頭痛的問題，有句禪詩說：「開悟之前，砍柴、挑水；開悟之後，砍柴、挑水。」工作的喜樂全在一念之轉，要如何灌輸員工有好的服務價值觀呢？

例如：在號稱五星級的某國際大旅館，客人預訂三天兩夜雙人房一間，因發生不明原因在網路上訂房一直未能成功，於是客人來電告知訂房人員，訂房員告知可能爲信用卡之緣故，請客人向所持有之信用卡中心確認。此時客人在國外，向信用卡中心查詢，經查證確認在

網路上的信用卡資料無誤後，網路訂房程序也順利完成，並已由訂房員確認訂房OK。訂房成功後，客人來電抱怨說他人在國外洽談生意，為了查證信用卡問題，花費許多時間與電話費在這件事上，也影響到他在國外的公事與心情，再者他覺得在打電話至旅館時，接聽電話之服務人員語氣態度不佳，令他有未受尊重之感，認為這有損星級旅館之水準與風範，故雖然訂房成功，但過程中使他耗費太多時間與電話費，且非常的不愉快，所以他認為旅館非道歉了事就可以。

另一發生在墾丁F旅館集團的案例是顧客於訂房時，訂房人員告知客人，須儘早抵達旅館，如超過16:00未抵達旅館，須打電話告知櫃檯保留房間。否則，櫃檯人員會把房間賣出。故客人一早馬不停蹄，一路直奔恆春，原擬於途中在林邊吃午飯也因此作罷，於13:30抵達旅館。

在櫃檯要Check-in時，櫃檯人員告知房間尚未準備妥當，尚須等待，但可至休閒中心使用器材。客人有攜帶兩位小孩子，此時小孩已很疲憊，一心只想進房休息及梳洗，於是在大廳等待了九十分鐘後，三度詢問櫃檯是否可進房，此時櫃檯人員態度非常不耐煩，且無法提供任何可住進房間的訊息，造成客人在吵雜擁擠不堪的大廳枯坐，無法安排任何的行程。

從以上的兩個案例讓我們知道員工如果只認同於工作而未認同於企業，通常比較會習慣於墨守成規；反之，員工若能認同於企業（當然也還是要認同於工作），比較會以企業總體需求的觀點，在工作上力求突破，比較會帶來創新。

台灣的旅館業，只重視硬體建設，嘴巴上講要重視服務，但比起科技業，其對文化的塑造和決心差很多。唯有從經營者以降都重視服務的理念，旅館業才有可能邁入更具國際競爭力的環境。

企業文化的塑造可以加強旅館成員對公司的認同，而不只是認同於此一行業，也不只是認同於某一特定的職務或工作；例如在旅館的

客房部門工作的房務員，如在有企業文化的旅館會使該服務員覺得我不但喜歡從事服務的工作，而且會以在這家旅館擔任房務員為榮。在良好的企業文化塑造之下，員工能擁有對公司產生擴散效應的正面能量，主管多欣賞和肯定員工的優點，並實施各樣化的教育訓練幫助員工，讓其感到自我的成長而增進投入工作的熱情，教導方式不應只以單向傳授，還要有體驗的學習、舉辦競賽、角色扮演和討論互動式的學習方式，讓員工感受到公司對他們的用心。

　　企業文化是一種人與人相互對待的態度、關懷及禮節，當員工將它視為一種理所當然的行為時，自然會樂於從事服務的工作。

範例11-1

A旅館教導員工的工作價值觀

1. 知足：知足如同眼睛與睫毛的距離，人往往無法發覺與自己最接近的東西，而一個有智慧的員工是常常將福分牢記在心並且心存感謝。
2. 知命：命運是冥冥中的一種力量，也是一個人的心理承受力與選擇，唯有瞭解自己，發揮所長才能樂天知命。
3. 虛心學習：學習日本茶道千利休的灑掃庭園哲學，他說：「你若青澀，便能成長；你若熟透，便將腐爛。」
4. 發自內心溫馨、誠摯的問候客人。
5. 時時保持微笑，以登上舞台的心情，將視線迎向客人。
6. 積極面對工作，創造良好的工作環境，培養團隊精神。
7. 不論在公司內或外，均抱持著自己是代表旅館大使的想法。
8. 接受到客人的不滿意反應時，能虛心傾聽、接受。

B旅館教導員工的工作價值觀

　　B旅館集團的核心價值是卓越的服務，該旅館集團教導員工的服務「SERVICE」理念是：每一個英文字母都隱含著在這「服務至上」的時代中比別人先馳得點的契機。

卓越的服務（SERVICE）

S–smile：發自內心的微笑，心存感激

　　優秀的員工，需發自內心微笑，以肢體語言感動客人。因為它不僅是一種愉悅心情的表示，更是拉近人我距離的最佳橋梁。

E–expertise：專業知識

　　員工必須擁有好的產品知識方能提供顧客專業的服務；要有流暢的工作流程來提供顧客快速的服務；具備多種語言能力提供顧客溝通無障礙的服務。

R–relationship：人際關係

　　人脈如錢脈，培養寬心交友廣結善緣的習性，多與資深員工學習，多認識其他業者，以建立良好的職場人際關係。

V–value：價值觀、使命

　　價值觀存在每個人心中，不斷力行人生以服務為目的，提供人們樂意使用的產品或服務，以成為顧客眼中有價值的企業。

I–interesting：感興趣、解決問題

　　人生最大的敵人就是自己，遇事習於諉過他人，卻忘了唯有解決顧客的問題，才能滿足顧客的需求。

C–courtesy：禮儀、態度

　　禮：禮貌，儀：儀態，人際的衝突與溝通誤會，常來自不當的肢體語言。因此，從事服務時，更要懂得「謹言慎行」。

E–enthusiasm：熱情

　　熱情是一種生命信仰，也是一種雞婆的態度。時時反思顧客要什麼，搶先一步為他們服務，讓顧客感受到的是價值而非價格。

C旅館教導員工的服務信念

一、接待訪客時應有「本身便是代表公司」的觀念

有客來訪時，要以誠懇的態度、溫和的語調接待對方。遇有客人不知何去何從時，應上前主動詢問是否有需要幫忙的地方，然後引導對方或指示方向，不可冷淡或迴避。

引導客人時，最好走在前面，到了門口出入處，應要讓客人先進出。客人所委託之事，如非本職務內之服務項目或不清楚時，應請示上級。客人來訪上級時，應先請教來訪者之目的，並索取名片再轉給上級，如適逢上級離席時，先引導客人到客廳或適當的處所坐下，並請其稍候。

二、服務的禮儀：尊敬顧客、上級及同事

禮貌應周到、態度要和藹、時時露笑容、顧客至上、服務第一。服務顧客，應保持適當距離，不宜過分親暱或糾纏攀談。客人如有怨言或批評，須冷靜婉言解釋，不可與之爭論，應將問題轉請上級處理。如客人以不規矩動作對待女性員工，應即迴避，並報告主管改派男性接替工作。客人如詢問非關本職務內之事情，應轉報單位主管答覆。

旅館工作屬服務業，同仁對客人提供服務為職責本分，不可表露期待小費之表情。客人給與小費，不論多少應一律表示謝意，不可因客人少給而表現不悅的姿態。如遇工作上不能解決之困難或臨時發生特殊事故，應立即報告主管處理。

工作上如需以電話通話，聲調應溫和有禮，並應注意電話禮節：(1)說明自己公司名號、單位、姓名及打電話用意；(2)以親切友

善口吻稱呼客人姓氏；(3)常使用「請」、「謝謝」、「對不起」等禮貌字眼；(4)若涉及重點處，用筆記錄下來，並複誦一次；(5)談話完畢時，聽到對方掛電話後才可將電話掛掉。

前述範例中，A旅館集團塑造的企業文化為：

1.純樸、勤奮、刻苦奮鬥的精神。

2.熱情、創意、彬彬有禮的態度。

3.堅持超高的職業道德標準。

4.世界標竿企業人的涵養。

5.創業不易，要堅持最後五分鐘的企圖心。

6.期許在世界各地相會。

B旅館集團塑造的企業文化為：

1.追求五「心」級（誠心、關心、細心、耐心、恆心）的服務。

2.讓所有的顧客感受到真摯的歡迎與重視，體驗滿意的服務品質，體驗賓至如歸的感受，達成「五超」（超滿意的顧客、超責任的幹部、超尊榮的員工、超快樂的老闆、超活力企業）的理想！

3.全體員工共創卓越超群的團隊，成為旅館業領域中的領導者！每月舉辦全體員工大會以新的觀念（誠心、關心、細心、耐心，恆心）、新的思維（競爭力、成長力、創意力、向心力、自省力）不斷地灌輸員工，並舉辦各部門競賽活動，落實改變員工的行為和態度。

C旅館集團塑造的企業文化為：

1.凡事全力投入。

2.善於策略行銷。

3.具遠見先驅者。

4.擁高度行動力。

5.員工必須採用創新者的思維，跟隨創新者，下定決心以能力創造出新的思維和新的做法。

6.追求七星級的服務：教導員工必須於客人一進大廳時，馬上端出上面裝了水果的銀盤，立刻遞上濕紙巾和一杯咖啡。一間客房由八名員工來服務。提供最頂級的個人化服務，例如在館內有一百五十位管家，房客只要打開門，就有人站在門口二十四小時提供服務。在總共二十一層樓的客房區，每層樓都有專屬櫃檯，房客可以在這裡訂機票、預約SPA、換鈔等。房間擁有180度面海的窗，應有盡有的電腦通訊設備和名牌的浴洗用具，擁有十六部勞斯萊斯車隊，乘載顧客往返旅館與機場之間。

　　企業文化的塑造是可以使企業及員工具有人文素養、人本精神、對人有最基本的尊重；期許旅館的經營、管理與決策，不再一味只注重數字、效率等有形的績效，而能將焦點關注於「人」的身上。

第二節　企業文化的落實

　　企業文化的落實可以用故事的方式對新進員工解釋組織文化的價值，並透過故事鞏固現有員工的向心力，也就是要在公司內養成員工從事服務工作時是設身處地的為顧客著想、滿足不同的需求，以專業的知識來解決顧客的問題，並完全負起售後糾紛，重視顧客的反應並予以改進，以一種誠實不怕麻煩的態度為顧客服務，並超越顧客所預

期的。優質的企業文化,是要學習尊重顧客當下的需求,聽聽顧客想說什麼,並適當的表現應有的熱忱,讓顧客感受到服務的誠意。旅館業的基本要求是矸仔店的精神,就是以情感取向,有親切如家人的老闆,有多一份的熱忱,有關心的話家常,簡單說就是:透視顧客的需求,提供適切的服務,讓顧客的問題得到解決地滿足。

企業提倡超越顧客期待的目的不外乎是希望能提高營業額,提高員工產值,降低成本,創造全員協力、熱情參與的企業文化,創造客人安全有保障的環境。所以企業必須由上而下都是以滿足顧客需求為最高指導原則,訂定服務的目標,全員參與(由上而下),在所有部門進行,在所有現場進行,持續不斷地改善。

隨時將顧客擺在第一位,並且以最快速的方式瞭解顧客的需要,妥善處理顧客的情緒,並將顧客當成自己,將顧客的事情當成自己的事情來處理,學習:

1.打開眼睛:尊重顧客當時的需求。

2.打開耳朵:聽聽顧客想說什麼。

3.敞開心胸:員工適當的表現熱忱,讓顧客感受到熱情的企業的文化。

另外,加強主管的溝通與領導能力,灌輸員工落實:

1.工作的環境保持井然有序,讓顧客有整齊清新的感覺。

2.員工的外表顯得潔淨,容光煥發。

3.員工經常保持微笑。

4.員工的臉上表情要隨時表現出信心與親切。

5.應對則是無形的服務,每個服務人員,都應保持服務的精神,才能吸引顧客,博得好感。

6.樂於與顧客相處。

7.隨時傾聽顧客的談話。

8.經由語言的溝通難免會被扭曲，服務人員為避免顧客的誤會，措詞需得當。

9.運用身體語言要很謹慎。

10.對待顧客要有禮貌。

11.對工作要敬業與熱心。

12.說話要慢，而且清楚，聲音要悅耳。

13.要訓練及運用說話的藝術。

14.必須培養能審慎觀察顧客們每一刻的心理變化，才能產生配合狀況應付的能力。

15.蒐集各種可靠的資訊，對推銷成果具有決定性的影響。

16.掌握顧客不同的需求，不厭其煩的使之滿足。

17.工作的成就感，須靠自己動手、克服自己而換來的。

企業文化落實的範例列舉如下：

一、舞(五)動核心理念，追求進步

　　H旅館集團在公司內成立社團：幫助弱勢團體，關懷老人、孤兒；成立社區的中心：結合社區、社團，將回饋、服務的理念推廣到社區各個角落，以關懷和愛心灌輸給社區更新的活力；將核心理念和追求進步的驅動力轉化融入組織各部門，展現在目標、策略、經營管理模式、薪資制度等經營制度上，並讓員工不斷接收到協調一致並彼此強化訊息來落實他們的核心理念。

　　1.「心」的歡迎：歡迎必須發自內心，要用微笑和目光迎接客人。

　　2.「誠」懇的介紹：向對方誠懇的介紹自己的名字，才能自在地

與客人互動。

3.「專」業的解說：必須清楚瞭解自己產品的內容，並時時觀察顧客的需求。

4.「問」的技巧：時時詢問顧客意見，確定每個服務能合乎顧客期待。

5.「送」：完成前面四個階段，最後還必須讓顧客走得感謝。

二、化蝶舞(五)部曲，追求敏感式的服務

W旅館集團為了進行市場區隔，在產品、價格和服務方面都做了區隔，一家店只經營一種產品，形成多品牌經營的策略。他們的價格策略，亦是依消費者的意見所採取的七折定價策略，希望顧客能有「超物超所值」的感受。

且該集團旗下的事業均不打價格戰，也不推出節令套餐，反而在特殊節日以加贈小禮物的方式來拉近顧客的心。

1.標準化一般服務：透過熟練的基本動作，讓每位客人都可享受「標準配備」。

2.用餐目的特別服務：做到「不同用餐目的，不同的服務」。

3.個人化貼心服務：視客人的個別差異，調整服務內容。

4.關鍵時刻感動服務：滿足顧客在不同時段的不同需求變化。

5.創意革新印象嵌入服務：不斷研究更新更貼切的服務守則，讓顧客驚豔。

三、凌晨兩點、零下21℃、一切無誤

非0℃、非零下25℃，保存冰淇淋的溫度該是零下21℃。在午夜一

片寂寥的廚房一角，仔細確認冷藏庫、冷凍庫溫度的是設備機材部的員工。

肉類是1℃、小黃瓜是6℃、起司是2℃……從保存紅葡萄酒的16℃到急速冷凍的零下40℃爲止，他們依素材、目的及所設定的溫度一一仔細加以確認。

在帝國大旅館內，光是如客房面積般大的冷藏庫就有三十部之多，這對設備機材部的員工而言是件耗神又費力的工作。即使它們都裝有自動感應的溫度警報系統，但爲了萬無一失，還是一一以人的眼睛加以確認。爲了確保材料的品質，深夜的巡邏就成了必然的要務。監視冷度也是帝國大旅館對客人的一項貼心服務。

四、始終堅持的「白」

從客房收到的被單、毛巾、浴巾，餐廳和宴會場的桌巾、餐巾，乃至員工的制服等合起來，在帝國大旅館的洗衣部門每個月必須洗滌的衣物約達一百萬件。在此不光是將之洗乾淨而已，恢復成原有的色調也是十分重要的，其中特別是將白色回復成原有的白，更是一項不變的原則。洗完後的衣物上有無汙漬殘留等，都要經過洗衣部人員及各有關部門兩次的檢查才算通過。此外，洗潔劑也都需經測試合格後才能使用。由於布類用品往往直接接觸客人的口或手，因此絕不容許絲毫的妥協。

因此，如果你仔細觀察就可察覺，帝國大旅館的被單、餐巾絕對不是那種略帶青藍的白，而是微帶暖意的白。這也就是一世紀以來在帝國大旅館的歷史中始終堅持的「白」。

待客之道的優良企業傳統都是在這些小地方一點一滴累積下來的。

五、A Home Away From Home

C旅館要締造的是高水準的服務品質形象，並達到評鑑四星級以上旅館的要求，因此客層主要是鎖定中上階層，並以國內外的商務旅客爲其主要的服務對象。

爲了有效掌握服務品質，並維護一貫的形象，他們以精緻化的風格訴求，並建立其在消費者心目中精品旅館的表徵，也是對其企業文化的肯定。

加強員工服務的品質，使顧客不致流失。以「成爲XX市最頂級的商務旅館」爲自我期許，以 "A Home Away From Home" 爲旅館的最高指導原則，塑造了旅館的特色文化，並採取了設備精緻化、服務差異化、顧客導向的管理思考及完善的服務，成功塑造了高價值感及精緻的品牌形象特色。

六、員工有榮譽感，並熱愛著企業

十幾年前當我自己還在墾丁C旅館擔任人力資源部主管時，曾培訓了一批旅館的儲備幹部。當時有位女孩她剛從澳洲留學回來，前來參與儲備幹部的面試。

以下是她日後在其他旅館工作時的感受分享：

我記得我去C旅館面試時，人力資源部經理留給我們應徵的每一個人一份午餐，她交待員工餐廳特地留下的，有一條長長的秋刀魚橫跨了整個不鏽鋼餐盤。

這份用心至今我仍十分感念，如同其他旅館業的人一樣，我後來也待過許多家的旅館，但始終感受不到當時我在C旅館工作

時所擁有的熱情和受您的關照，您在人力資源及訓練的見長至今仍是讓我與他人津津樂道的，這可不是在拍馬屁喔！

　　這說明了什麼？這就是企業文化，企業文化的魅力，使得曾在C旅館工作的人是如此的熱愛著這家公司。

七、幸福指數的核心信念

　　A旅館集團的三大核心信念是「永續經營」、「創造價值」、「利益平衡」，在追求企業幸福的過程中，要思考永續的問題，在追求員工幸福的同時，也要兼顧業主的幸福，這樣的幸福才會永續。

　　該集團希望讓員工在愉快的環境中工作，讓員工能在組織內成長，有成就感，同時還擁有物質的享受（在餐廳可以二十四小時免費享受到西雅圖咖啡等級的咖啡）和精神層面的滿足（隨時可以上網查詢自己喜歡的資料），該集團認為一旦兩者不夠平衡，員工就會感到不快樂。

八、動心滿意，東京迪士尼樂園的核心價值

　　東京迪士尼樂園的一貫作風是不讓遊客將食物帶進園區，但近十年來日本的不景氣讓東京迪士尼樂園不得不改變策略，她們決定在園區外蓋了一座亭子供遊客可以自帶便當用餐，但出去用餐時必須經過門口的掃描器，進來時也要經過門口的掃描器，掃描器並非自動的而是由門口的服務小姐來做這個動作，從這大門進出的人在一小時內不下數萬人次，但這位服務小姐始終面帶微笑重複做著掃描的動作且口中高喊著歡迎光臨！她們不認為自己是個服務小姐而是把歡樂帶給客人的服務人員。

　　微笑所帶來的物超所值可以是一種優質低價的商品，但這種便利

貼心的服務,卻讓顧客「動心滿意」的口耳相傳。

九、Yes, we smile!

F旅館集團認為笑容是最直接也是最生動的歡迎詞,進而提升服務品質與顧客滿意度,激勵同仁擁有熱忱及親切的工作態度,加強員工彼此及與顧客之互動關係,塑造F旅館良好企業形象及聲譽,形成公司內部熱門話題,因共同參與更有向心力。

他們舉辦了顧客票選活動獎勵辦法:由餐飲部選出三名、房務部及櫃檯部各選出一名卓越服務人員。

榮譽獎項:

1.冠軍:記小功乙次(列入102年度考績)、提供獎盃乙座、年度模範徽章一枚、心意禮券5,000元+現金5,000元。
2.亞軍:記嘉獎兩次(列入102年度考績)、提供獎盃乙座、心意禮券5,000元+現金3,000元。
3.季軍:記嘉獎乙次(列入102年度考績)、提供獎盃乙座、心意禮券5,000元。

懲罰辦法:

1.各部門主管應確實督導執行,推行活動期間如有顧客抱怨產生,經查確為員工或單位過失者,依情節輕重議處。
2.被選拔之對象,若發現偽造資料,經查屬實,除了喪失選拔資格外並記大過乙次處分,單位部門主管須連帶處分。

親切的笑容是F旅館的標誌,建立模範,形成全體員工起而效尤的風潮。

十、他山之石，可以攻錯

1. 瑞典斯堪地那維亞航空總裁卡爾森說：員工與顧客接觸的那一刻是嚴峻的考驗，即使有五千次的考驗但沒有一次考驗能重來。

2. 王品董事長戴勝益說：服務業第一線特色是操不死，罵不退，笑不停，窮不怕，如果神經末梢失靈，大腦再好也無用。

3. 高雄餐旅大學助理教授蘇國垚說：神秘客出擊，一次定終生，一通客訴代表一百個顧客抱怨，多讚美表現好的員工，提升服務水準，服務不會賺大錢，但一定會永續賺錢。

4. 許士軍說：顧客眼裡，站在第一線員工就代表公司。優秀的企業文化讓員工有集體榮譽感，並熱愛著企業。

　　企業文化的落實必須核心領導團隊能言行一致地帶出新的領導風範，創造新的故事、象徵及儀式，以取代舊有的，用新觀念考選和晉升員工，使新幹部和新人都具有新的文化，以新的觀念重新設計整個企業的CIS，贏得外界的肯定，改變酬償制度，使員工被誘導向整個新建立的價值與觀念裡，以明文規定管制（企業文化應是不成文的規範，但為了創新，有時在初期需要經歷有正式規定的階段）力行工作（職位）輪調，使各單位原有之習性與慣例被打破，讓全體員工參與共同來討論、制定新的企業文化，只要能真正做到全員參與，新的文化很快就會形成。

第十二章

師徒關係的組合策略

旅館業為達到「顧客滿意」與「營運成果」的目標，透過市場定位、消費族群、產品訴求等因素，分析瞭解目標客群價值，發掘服務現況與需求落差。

在組織內部必須要協調各部門之作業，以發揮團隊整體的力量，並使作業流程順暢，以降低成本、提升效率。

因此，組織、流程、文化三者都必須進行革新、強化與改善，方能從競爭激烈的市場環境中脫穎而出。

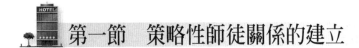

第一節　策略性師徒關係的建立

在策劃有關顧客與服務構面之目標與行動計畫時，必須培育有創新、有突破之人才來共同推動旅館相關之各項品質提升行動，員工可透過知識、經驗的分享，積極達成創新品質、降低成本、改善人力及作業流程，提升顧客滿意以求永續經營。

王品董事長戴勝益說：王品的系統化、國際化，都要考慮人才的需求，人文與文化是台灣發展服務業的商機，累積經驗和能力，才能快速攻占市場。

組織在未來的發展上必須更重視員工創造績效與能力的成長，由於環境的具體改變、員工工作價值觀的改變和顧客要求的改變，需要更有能力和有主動解決問題能力的員工，師徒關係的組合可以讓員工參與、共享，解決服務專業的困境對旅館業在發展上是非常重要的策略。

旅館業的員工面臨工作型態的改變，需要在不同組織間輪流調動不同的工作任務去符合組織彈性運用人力的需求，而形成所謂的「無疆界職涯」（Boundaryless Careers）。

無疆界職涯的概念，即是組織內人員在不同職務、不同部門，甚

至在不同組織間水平地轉換工作的延伸意義。在目前人力資源管理的活動中，需如何配合組織的各種需求來彈性運用人力配置已是不可忽視的功能。

　　員工可透過師徒關係的各項計畫彼此分享知識和經驗，職務調動可以協助組織將適合的員工，在適當的時間，安置在適當的位置，以達成組織目標。

　　旅館業經營者應率先推動「顧客關係」；強烈支持將顧客關係列為企業經營的最高理念，並以身作則推行之，主管與員工彼此分享與交流知識，聚焦深入顧客的內心，積極達成創新品質、降低成本、改善人力及作業流程，提升顧客滿意。

範例12-1

美國小華盛頓旅館

　　小華盛頓旅館擁有華麗精緻的裝潢和征服饕家的美食及超乎預期貼心的服務。他們的經營理念是：老闆是導演，服務人員是演員，絕不對客人說「不」。

　　經營者在企業內建立推動顧客滿意的組織，由相關部門共同參與並全力配合實施「顧客滿意」的活動，並對顧客滿意經營的狀況產生共識。

　　他們對員工實施紮實的在職與心得分享訓練，在職訓練時由基層員工分享給高階主管他們在現場所發生的案例和解決方法，在互動的過程中高階主管也說明他以前處理的經驗。透過創新的活動，找出顧客對旅館產品的期望。

目前國外大型企業如花旗銀行、惠普科技、IBM等公司，爲避免組織的僵化，已經讓企業內部員工進行跨部門的工作輪調，促進組織血液循環，提升人力運用彈性外，也產生了培育人才機制的效益。員工也藉由自我之根本體察及團隊合作，和不同的員工彼此分享與交流，透過相互的學習，提升其工作能力和改變其行爲態度，學習體認服務的重要，並培養對組織之認同與凝聚力，提升服務進而達成顧客滿意。

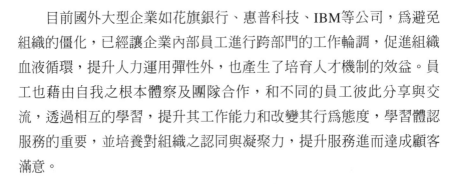

第二節　優質師徒輔導系統

一、輪調制度的建立

(一)輪調制度的三大構面

輪調制度（Job Rotation）包括三大構面：(1)對組織來說，輪調制度必須包括「制度之重視度」、「發展功能之認定」、「訓練之支持度」與「工作性質之差異」；(2)對員工來說，必須包括員工的「輪調意願」與「輪調頻率」；(3)「輪調效益」等三大構面。

◆工作輪調對組織而言

1. 對輪調制度之重視度：公司將輪調辦法列入到公司的規章制度裡，如規定最短的輪調期限、停留於同一單位之最長期限，與是否將輪調的經驗列入晉升之考量因素。
2. 以輪調爲員工發展功能之認定：公司視輪調爲員工管理發展的

功能，除了配合組織需求的調動外，是否將其作爲培養員工多
元化知識與技能的策略之一，或改善員工績效表現的方法。

3.提供訓練之支持度：公司於輪調前後對「在職訓練」的支持程
度，如事先安排新單位主管告知輪調者業務內容、介紹新成
員，或安排相關之訓練課程，讓輪調者得以儘快適應新環境。

4.對輪調工作性質差異的考量：員工進行輪調時，與原先工作性
質的差異程度。在此可區分爲「跨單位相同工作性質」、「跨
單位不同工作性質」、「相同單位不同工作性質」三種，並把
後兩者的次數加總起來除以總輪調次數的比例，視爲輪調工作
性質差異的數值。

◆工作輪調對員工而言

1.輪調意願：員工喜歡輪調的程度，或願意接受輪調的機會。
2.輪調頻率：員工所累積的輪調總次數除以年資所得出的結果。

◆輪調效益

1.開發人力資源，可發掘各職位更合適的人才。
2.配合公司人力長期規劃及儲備人才。
3.滿足個人求知慾，擴大知識領域。
4.延長職位直線升遷的時間表。
5.彼此瞭解不同工作立場及甘苦，並吸取不同工作的專業知識，
有利於往後的協調及溝通。
6.提高工作意願及挑戰性。
7.防止既得利益及發覺弊端。
8.不怕人員流動、離職空缺可由其他員工分擔或遞補，以防少數
員工拿翹。
9.由於工作互相瞭解，在工作改善的溝通較易達成共識。

10.新人有新構想，可加強工作改善。

(二)工作說明書及作業流程書之製作

在實施輪調制度之初要先建立完整的各項職位的工作說明書及作業流程書。工作說明書可按職位高低以不同方式製作。

1.一級主管的工作說明書可用錄影帶或VCD，錄下部門的組織、功能、成員簡介、工作職責、作業流程，與其他部門工作上之關連及工作場所介紹。
2.二級或基層主管的工作說明書可以該組的工作總彙作為基礎，介紹該組的工作項目、分配狀況、工作流程、工作職責、接觸面、設備及所需之技能。
3.各職位基層人員的工作說明書包含作業流程、各項表格、工作職責、訓練，應讀資料及財務或設備責任等。

配合績效考核制度，定期規劃員工生涯，主管間彼此互相協調，共同安排員工的職務調動，在行政程序上，任何的職務調動都要透過人力資源部來完成。

調動期限可由公司明文規定，階層愈高的職務調動時間愈長，可達一、兩年，愈低的職位調動時間愈短，但最短的也應有三個月的期間。在調動前，應有上一層的主管評估調動之可行性，決定調動時，應由雙方部門主管與被調動人員共同訂定調動期間的工作目標，調動期間的考績由所屬主管負責考核，調動後是回到原單位，或再調其他單位，可以在期滿前再檢討。

總之，輪調制度是一項好的制度，重點在事前的規劃及事後的檢討，人力資源部透過不同的溝通宣導，使公司內部「彼此分享知識與經驗交流」的美意，能為全體員工樂於接受。

A旅館的輪調制度

　　A旅館實施工作輪調分為兩種型態：一是「單位輪調」，即單位間相互輪調。組織視業務之需要，並配合規定輪調之任期，適時機動辦理輪調。

　　當某一部門因業務量的增加，使得原有人力無法負荷成長迅速的業務，因此，將其他業務較不繁忙的員工調派支援，使得人力做最有效之配置。

　　第二種輪調型態為「職務輪調」，即各單位各自就其所屬員工所派職務工作予以調換。職務輪調以不同工作間相互輪調為原則，例如將西餐部門的員工調至與中餐部門服務，或客務部的主管與房務部的主管互相輪調，通常每隔一年或二年就實施一次輪調。該旅館指出，如不重視內部控管和服務品質的提升，隨時會有顧客不再上門的危機。

　　A旅館已把輪調制度作為一個作業辦法，且有一套相當清楚的輪調程序。因此，員工若要進行自願性輪調的話，可事先填寫個人輪調意願的申請表，並經過直線主管的簽核，再轉交給人力資源部審議即可。

　　在此特別一提的是，A旅館有實施學長姐制度（類似導師制），為長期照料員工工作與生活的問題，因此若直線主管不認同的話，員工也可透過自己的學長姐反應想要輪調的意願，或是自己也可以直接向人力資源部反應。

　　對於員工來說，A旅館已具備兩種正式與非正式的輪調溝通管道，讓員工可表達輪調的意願。

範例12-3

B旅館的輪調制度

B旅館在實施工作輪調前──

1. 先建立一種公開、信任的組織氣候；輪調決策是以共享的資訊為依據。

2. 人事制度必須要與前述的氣候相一致。

3. 在工作「輪調」方面：

  (1)鼓勵員工參與自己職涯的規劃管理。

  (2)提供有助於職涯規劃的組織趨勢及發展方面的資訊。

  (3)在不同的領域中，界定輪調的標準，並對個人與標準有關的現況提供回饋。

  (4)實施支持措施。

二、接班人計畫

接班人計畫（Succession Planning）緣起於1960年末至1970年初，著重在組織人才績效與潛力評估，並規劃這些人才於組織中的升遷路徑，及為其建立發展計畫。而Succession Planning一詞之中文用法，包括有接班人計畫、接班人管理、續承計畫、繼承人計畫、繼任者計畫、繼位者計畫等，而過去至今對其定義也不盡相同。

過去的接班人計畫所定義的範圍較為狹隘，其通常只強調高階管理者（如總經理、執行長）的職位承續，且較無人才發展的運用。但隨著時代需求而不斷轉變接班人計畫應不僅限於領導管理層級，而應涵蓋各類別與各層級之人選備案與員工發展，接班人計畫與管理亦可肩負起組織學習與傳承制度記憶的角色與功能。

　　接班人計畫是公司發展優秀員工以達到公司策略及組織目標的重要工具，也是組織中關鍵職位及財務角色的人員轉換、承續的重要計畫，其最主要目的爲培育整個組織部門及企業穩固的人才，而不只是培養最高階級的人。

　　因此，接班人計畫乃是組織內爲了各層級關鍵領導職位的轉換，透過嚴密及系統化的過程，針對高潛力員工所進行的各式廣泛的活動計畫及程序，以建立組織人才庫及知識的管理，確保管理人才隨時足夠，並可彈性應用。

(一)架構接班人計畫時應注意事項

　　組織在架構接班人計畫時應注意以下幾點：

1. 組織取向：接班人計畫必須在發展穩定的組織環境中，先塑造內部的文化與職涯升遷路徑。
2. 組織焦點：接班人計畫的焦點在於發掘具有適當經驗之高潛力人選，以準備接任關鍵之職務，挑選之候選人須符合工作上之要求，更應爲其團隊之績效產生加值的效果。
3. 預期結果：接班人計畫應著重爲未來的領導才能預作準備，以及依此規劃支援性發展機會。因此，接班管理必須爲有潛力、高績效的人才準備紮實的發展經驗。
4. 評量技術：接班人計畫應以領導型模（Leadership Templates）與360度評量回饋法，作爲評選方式。其中領導型模並不特別強調工作職能，而強調組織的願景、價值與領導才能；至於360度評量回饋法係避免單一評量資訊來源之弊端，擴大參與評量的觀點。
5. 組織溝通：接班人計畫應以開放、對話並加入候選人的意見，並強調未來取向，此階段的獲選只是未來一連串才能發展的開始，中間變數仍多，對組織氣氛所造成的動盪影響亦相形減少。

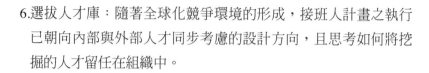

6.選拔人才庫：隨著全球化競爭環境的形成，接班人計畫之執行
已朝向內部與外部人才同步考慮的設計方向，且思考如何將挖
掘的人才留任在組織中。

(二)架構接班人計畫前待確認事項

接班人計畫係：(1)重要／關鍵職位需有接班人計畫；(2)接班人計
畫需結合職涯發展計畫；(3)接班人需接受有計畫性的培育、輪調、見
習或實習。

因此在架構接班人計畫以前，部門主管應盡可能去確認以下的事
項：

1.接班者：關鍵性的職位，如總經理或部門主管以上的職位，應
有一個以上的接班者，並在兩年之內培養其接班能力。如有必
要，每個接班者必須有不同長短的培訓時期以使能承擔責任。
2.候補者：每個接班者應該要有一個以上的候補人選，也必須在
相同的時間中培養其接班能力。
3.緊急代替者：如果在某個職位上有空缺，或是尚未決定好接班
的候選人時，可由另一部門之主管先暫代一段時間。

(三)架構接班人計畫之步驟

◆步驟一：決定初步人選

部門主管在他們的部門中找出並決定有潛力的候選人選，計畫培
訓其成為接班人，並為這些接班人找尋候補人選。

◆步驟二：職務說明並評估候選人

為了培養特定的管理職位及候補職位人選，部門主管要先作出自
己工作的職務說明，並對他的接班人、候補者作評量。

　　首先，各部門主管必須用「管理職位行為能力評估表」（**表12-1**）中的「對此職位的重要程度」一欄去評估自身的職位。第二，部門主管利用同一格式中的「候選人的能力水準」一欄評估接班的候選人，並和擔任部門主管所需具備的條件相比較。

　　候補候選人的行為及技術能力也許和我們用以評量的表格中的所列的項目不同，在這種情形下，部門主管可以利用他們現有的工作表現評估候選人。

◆步驟三：決定接班者及候補者

　　部門主管在與總經理商討過之後，決定接班者與候補者的名單。這個決定可以是在總經理與各部門主管一對一的討論下或於所有部門主管參與的會議中，由總經理做決定。

◆步驟四：職涯計畫書面化

　　人力資源部為接班者及候補者彙整文件，並發出以下文件的備份本給所有接班計畫的參與執行者。

　　1.職涯規劃計畫表，每位主管、接班者及候補者各一份。
　　2.管理人員行為能力評估表，每位主管各一份。

◆步驟五：執行發展計畫

　　在總經理的核准之下，各部門開始依自己部門內所訂定的「職涯規劃計畫表」來執行。

　　各部門主管、人力資源部經理及訓練專員遵循並督導所有的培訓活動。

◆步驟六：候選人的年度再評估

　　一年之後，正式評估接班人及候補者，以評量出他們的進步狀況並決定他們未來的發展計畫。

表12-1 管理職位行為能力評估表

候選人	現職

以下的評估是為了能看出，每位主管職位候選人在素質技能及行為上的程度差異。首先，評估者要將職位作一評量，如果此項目並不適用此職位則圈選N/A。第二，依此職位的評量項目評估候選人的能力水準。以此種方式評估候選人，則在擬訂其發展計畫時，將有助於釐清候選人所需加強的能力及其優先順序。

這個評估表是給管理職位的＿＿＿＿＿＿＿＿＿＿＿＿＿職位。

	對此職位的重要程度				候選人的能力水準			
	關鍵性的	必要	最好有	不適用	非常好	有能力	不足	無法觀查
1.維持開放且經常的溝通，進而發展有效的業主關係以達成共識。	5	4	3	N/A	5	4	3	N/A
2.整合與協調本部門與其他相關部門的工作及功能，以達成事業目標。	5	4	3	N/A	5	4	3	N/A
3.確保部門中的工作方法及程序都能滿足顧客的需求，以顯示重視顧客服務的心態。	5	4	3	N/A	5	4	3	N/A
4.訂出能創造及維持高品質產品及服務的工作目標及利潤目標，以訂定短期及長期的事業計畫。	5	4	3	N/A	5	4	3	N/A
5.當評估各種生意機會的利潤時，能分析並評估財務資料及市場趨勢，以預測可能的障礙及各種不確定性。	5	4	3	N/A	5	4	3	N/A
6.授予部屬最大程度的權責及達成任務所需的方法和資源以及適當的監督。	5	4	3	N/A	5	4	3	N/A

（續）表12-1 管理職位行為能力評估表

	對此職位的重要程度				候選人的能力水準			
	關鍵性的	必要	最好有	不適用	非常好	有能力	不足	無法觀查
7.排列出所有事務的優先順序並按時加以完成，以表現出極佳的時間管理技巧。	5	4	3	N/A	5	4	3	N/A
8.在做決定的過程中，讓所有的相關人員共同參與，共同設立目標，在訂出策略後，並激發相關人員，對整個目標給與支持。	5	4	3	N/A	5	4	3	N/A
9.衡量出部屬的能力，補強他們的弱點，並激勵他們，以培養他們能承擔最大責任的能力。	5	4	3	N/A	5	4	3	N/A
10.解決執行工作時所遇到的問題及員工之間所發生的衝突，以激勵同仁盡全力達成工作目標。	5	4	3	N/A	5	4	3	N/A
11.提供必要資訊，以幫助同仁達到事業目標。	5	4	3	N/A	5	4	3	N/A
12.有效的控制加於自身的壓力，以表現出對自己的自信及對自身強弱點的瞭解。	5	4	3	N/A	5	4	3	N/A
13.維持一個免於脅迫的團隊工作氣氛，以在同事中創造出高度的士氣。	5	4	3	N/A	5	4	3	N/A
14.熱忱的聆聽，表現出支持的態度，以因應同事及部屬的需求與欲望。	5	4	3	N/A	5	4	3	N/A
15.給與肯定及適當的獎賞，以肯定下屬的成長和進步。	5	4	3	N/A	5	4	3	N/A

（續）表12-1　管理職位行為能力評估表

	對此職位的重要程度				候選人的能力水準			
	關鍵性的	必要	最好有	不適用	非常好	有能力	不足	無法觀查
16.與同事、供應商及社區組織有和諧的工作關係，以能與不同的團體有效的共事。	5	4	3	N/A	5	4	3	N/A
17.能接受回饋、勇於改變，表現出彈性。	5	4	3	N/A	5	4	3	N/A
18.藉由明快、清晰並簡潔的口語溝通，以示範出優良的說話技巧。	5	4	3	N/A	5	4	3	N/A
19.藉由明快、清晰並簡潔的書面溝通，以示範極佳的寫作技巧。	5	4	3	N/A	5	4	3	N/A
20.鑑別並善用每位員工在品質績效方面不同的能力，以發揮此種員工差異的最大效果。	5	4	3	N/A	5	4	3	N/A
21.能募集不同才能及技能的優秀員工，以達到任用的最佳方式。	5	4	3	N/A	5	4	3	N/A
22.允許管理者及其同僚做業務決定，以培養團隊創造力及革新。	5	4	3	N/A	5	4	3	N/A
如果有任何需要附加的衡量標準請寫在下面：								
_____								
_____								

　　接班人計畫的效益，是可以幫助組織改善員工的：(1)工作態度，包括提升員工工作滿意度、提升員工對未來前景的信心、提升工作士氣、提升員工成就感以及認同組織文化；(2)個人能力發展，包括溝通的技巧、企業經營的能力、領導及管理的能力和經驗的累積，以及知識延續管理與傳承。

A旅館的接班者計畫

　　A旅館在架構接班者計畫時，首先確認關鍵性的職位，如總經理或部門主管以上的職位，應有一個以上的接班者，並在兩年之內培養其接班能力。如有必要，每個接班者必須有不同長、短的培訓時期以使能承擔責任。

　　每個接班者應該要有一個以上的候補人選，也必須在相同的時間中培養其接班能力。如果在某個職位上有空缺，或是尚未決定好接班的候選人時，可由另一部門之主管先暫代一段時間。

　　並要求部門主管在他們的部門中找出並決定有潛力的候選人選，計畫培訓其成為接班人，並為這些接班人找尋候補人選。為了培養特定的管理職位及候補職位人選，部門主管要先作出自己工作的職務說明，並對他的接班人、候補者做評量。

　　部門主管可以利用他們現有的工作表現評估候選人，經過部門主管在與總經理商討過之後，決定接班者與候補者的名單。

　　這個決定可以是在總經理與各部門主管一對一的討論下或於所有部門主管參與的會議中，由總經理做決定。人力資源部為接班者及候補者彙整文件，在總經理的核准之下，各部門開始依照他們部門所規劃的「職涯計畫表」來執行。

　　各部門主管、人力資源部主管督導所有的培訓活動。其培訓活動包括有：

1.EMBA課程：參與高階管理碩士學位班。

2.外派：短期或長期的至其他國家的旅館見習。

3.專題討論（Workshop）：舉辦研討會、專題討論會。

4.工作輪調（Job Rotation）：有系統及時間性的將員工從一個

427

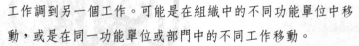

工作調到另一個工作。可能是在組織中的不同功能單位中移動，或是在同一功能單位或部門中的不同工作移動。

5. 師徒制度（Mentoring）：導師（Mentor）在組織中較為資深的員工，在工作上已經具有相當程度的專業、經驗與能力，可以指導、支持與回饋他人，並且幫助其徒弟在工作與互動方面的發展，建立正式及非正式的建議／發展互動關係。

6. 工作觀察（Job-shadowing）：讓員工花一些時間觀察在職者或專家的工作行為。像是觀察工作本身、組織文化或是可以詢問工作相關的問題，簡短的訪談在職者或專家對於此被觀察工作的想法等，以學習更多關於該領域的事務，尋求延伸的資訊。

7. 任務指派（Job Assignments）：依據工作角色、功能或地區別，指派更重的任務，且通常超過候選人本身的技巧及知識能力。

8. 教練型輔導制度（Coaching）：實務的、目標導向的一對一學習，專家教練或較高階的主管，會在知識、觀念以及技能給與示範，以協助員工習得執行任務所需的能力。

9. 行動學習（Action Learning）：集合一群高潛能人才對組織現存的議題、組織的重要問題進行研究，並對組織內高層進行建議。參與行動學習的成員有直接承擔工作任務的機會，不論是專案、政策的建議，或組織變革上皆不斷地學習。並且通常可獲得教練、導師及團隊成員不斷地回饋，且通常是由高潛能管理者組成的跨功能團隊。

　　一年之後，正式對候選人的評估、公司績效的評估、接班人計畫整體流程的評估，以檢視接班人計畫的有效性，最後再決定接班人選。

三、儲備或菁英幹部（Management Trainee）培育計畫

　　旅館業在成長的過程中，不同的階段會有不同的業務擴充需求，對於人力的需求會改變，尤其在台灣的旅館業生態中，當公司逐漸擴張，而員工沒有能力跟上進步的腳步時，向外招募能力強的員工需求就會出現，但毅然招募了有經驗的空降主管，萬一無法適應公司現有文化，不僅付出高額的成本，又怕引起公司內部員工的反彈，這時候，儲備幹部變成一個不錯的選擇，因為是儲備，所以不一定要付較高的薪水，讓有潛力的新人進來先適應公司環境，真的表現好的，再放到適當的位置去，對公司現有薪資結構的衝擊不大，因為不是空降部隊，引起內部員工的反彈也較低。

　　因此招募的對象多是以大專院校觀光科系畢業學生及旅館內部表現優異之員工為主，有計畫之培養具有管理潛力之優秀人員，使其兼具管理之正確觀念，專門技術之知能及旅館作業之實務經驗。有計畫培育基層管理人材，健全旅館管理體制。

範例12-5

B旅館儲備幹部培育計畫

一、資格：國內、外旅館管理相關科系學士或碩士畢，及英文能力
　　須達GEPT初級、TOEIC 450分以上或日文能力須達JLPT證照N3
　　等級以上。

二、簽約：兩年。

三、職稱：儲備幹部。

四、培訓方式：

1.分為餐飲部、客房部、業務單位、後勤單位四個區塊。

2.見習行程如下所示，並視實際學習狀況調整，培訓期間共計七次考核，由每階段之見習單位主管評核外，由人資部主管面談，並將「學習執行表」及「面談表」上呈總經理室簽核。

3.儲備幹部必須參加公司指定之教育訓練課程，教育訓練課程分為基礎課程及進階課程。一年內須上完基礎課程；二年內（培訓完成）須上完進階課程。

※考核條件之一：儲備幹部須完成公司指定之教育訓練課程。

五、架構

(一)餐飲部見習　12個月

1-1餐飲部辦公室　　　1個月

1-2中餐廳　2個月

1-3西餐廳　2個月

1-4會議室　1個月

1-5西廚　1個月

1-6西點廚　1個月

1-7中廚　1個月

1-8餐飲業務訂席　3個月

※餐飲部見習期滿考核

(二)客房部見習　6個月

2-1櫃檯和訂房　4個月

2-2房務部　1個月

2-3休閒中心　1個月

※客房部見習期滿考核

(三)業務單位見習　4個月

3-1業務部　3個月

> 　　3-2行銷公關部　1個月
>
> 　　※行銷公關部見習期滿考核
>
> (四)後勤單位見習　2個月
>
> 　　4-1財務部＋電腦中心＋工程部　計1個月
>
> 　　4-2採購部＋人資部＋訓練部　計1個月
>
> 　　※總考核
>
> 　培訓完成，依考核表現，正式分發單位。可分發單位及職稱如下：
>
> 1.櫃檯部　　副理
>
> 2.房務部　　副理
>
> 3.餐飲部　　副理
>
> 4.業務部　　業務副理
>
> 5.後勤單位　主任

四、訓練員訓練（Train The Trainer）培育計畫

　　為因應旅館人才培訓需要、激勵員工經驗分享與傳承，並配合教育訓練業務之執行，有效提升服務品質與成效，達到公司永續經營的目標。

　　在旅館之共同願景與發展策略下，策劃整體有關顧客與服務構面之目標與行動計畫。透過培訓有創新、突破之訓練員，協助旅館服務品質之提升。

　　訓練員的培訓是一個跨部門的訓練，目的是著眼於協助旅館的整體願景與發展策略的落實，讓各部門的服務流程更順暢。且訓練員透過互相學習後能提升個人的工作能力、改變行為態度，進而達到落實SOP的教導，協助旅館提升各項品質方案之實施與實現。

C旅館訓練員訓練培育計畫

一、目的：為因應旅館人才培訓需要、激勵員工經驗分享與傳承，並配合教育訓練業務之執行，有效提升服務品質與成效，俾達公司永續經營的目標，特訂立本辦法。

二、適用人員：本辦法適用於旅館正式任用之員工，但不含工讀生及約聘人員。

三、師資資格：

1. 需具備旅館經營所需各類專業累計年資三年（含）以上，且任職本旅館年資一年（含）以上者。

2. 需近一年個人考績評核為甲等（含）以上，並經所屬單位主管推薦。

四、培訓與甄選：

1. 受推薦之候選人，由單位主管填具訓練員種子推薦書，送人資部進行資格初試並呈核，核可者為訓練員種子候選人。

2. 人資部得視需要聘請外部專業講師辦理訓練員種子培訓課程，培養通過初試甄選之訓練員種子候選人學習各項授課技巧，以提升教學品質。

3. 凡通過訓練員種子培訓課程之訓練員種子候選人得準備訓練大綱與課程講義，並參加訓練員種子複試，複試之審查委員組成名單另行簽核。

五、聘任：

1. 訓練員種子候選人於訓練員複試時，複試評審表各項成績總分達七十五分以上者，頒發訓練員聘書。

2. 訓練員採一年一聘制，每年評比乙次表現優異者得續聘，連

續三次獲聘訓練員者，得為本旅館榮譽訓練員。

六、獎勵：

1.本旅館榮譽訓練員，將有優先派外參訓各項專業課程之權利，並將所學回訓與本公司同仁。

2.每年年終視全年度累計授課時數，提供圖書禮券供購買圖書以充實自我，標準如下：

年度累計授課時數	6～12小時	13～24小時	24小時以上者
圖書禮券金額	2,000元	5,000元	8,000元

3.人資部於每年年底辦理訓練員座談會，檢視年度訓練員制度實施成效。並針對訓練員年度實行內訓課程之授課品質、學員反應、教材編撰及其配合程度等綜合表現（訓練員評比表）進行評比，對於表現績優者，簽報為年度績優訓練員，並公開表揚以資鼓勵。

4.年度績優訓練員表現優異者，人資部得簽報呈總經理敘獎。

七、訓練員講師費（以小時計算）：

1.上班時間內：300元；上班日晚間：450元；例假日時間：600元。

2.講師費應於完成各場次內訓課程和各項作業後辦理申請核銷。

八、義務：

訓練員未履行以下任一項義務者，得註銷其訓練講師資格。

1.聘任為訓練員者，得應人資部通知視其專業擔任內訓授課講師。

2.訓練員應對其所講授之課程，負責規劃宣導、編撰講義，並執行內訓課程各項作業，以確保課程實施品質。

> 3.訓練員應對其所講授過程同仁提出之問題作成記錄，以為教學改進重要依據。
>
> 4.訓練員所講授課程之教材、教具與相關文件資料，應提供書面及電子檔案予人資部，以作為知識分享之用。前述各項文件資料之智財權均屬本旅館所有。
>
> 九、本辦法經總經理簽准後實施，修訂時亦同。
>
> 十、本培訓計畫由總經理室簽准後公布實施。
>
> 該旅館的員工透過相互學習後，提升了個人的工作能力也改變了他們的行為態度同時也協助了公司獲得了各項品質之認證。

旅館是「殷勤產業」（Hospitality Industry），如想在未來市場建立領導品牌的優質形象，想要交出「價量齊揚」的漂亮成績，關鍵就在「與客戶建立並維持長久的關係」。

「和客戶發生關係」，就必須知道顧客企業背景、訂房需求，也才能掌握最佳行銷時點，並提供最適切的服務。在市場中有能力接待頂級國際客人的旅館，大家硬體設施的落差不大，重要的是如何勾勒設計出一套符合顧客需求的服務標準，建構一套人性化及效率化的管理機制和落實人才的培育計畫，方能做到強健顧客的忠誠和取得信任的基石。

例如國內B旅館集團說：近十年來，台灣服務業已從僕人式服務，進入到與客人互動的顧問式服務，第一線服務人員不再只是接受客人指令，不敢反駁，而是給與客人合適的建議，透過互動來產生感動。

該集團在旅館內經營自助餐廳，擁有精緻的裝潢，他們的目的是讓顧客感到物超所值。因此，必須掌握市場「食」趣，他們定期或不定期的推出美食活動，於是建立了由資深員工帶著新進員工共同研發

新的食材，他們讓每一位員工的服務都被顧客看得到，創造更多供餐時段刺激顧客的消費，並在年終時頒發最佳訓練員獎鼓勵資深員工的貢獻。

　　由此可知，師徒關係組合的策略，是旅館立足市場的利基。

　　顧客在乎的不只是產品的品質，更重要的是整體服務的態度與感受，未來的旅館業如要跟隨上環境變化的腳步，必須要加緊提升員工的素質和改變作業流程，制訂有效的服務的標準與規範，方能達到成功且令顧客滿意。

附錄　旅館勞工安全衛生工作守則

　　勞工安全衛生政策的訂定是為了提供一個符合國際觀光旅館實務及中華民國法令要求的安全與衛生之工作與消費場所，並盡力減少任何可能導致火災、安全損失、財產損失與人員傷害或疾病等可預見的危險，以保障業主、客人及員工之生命及財產免於災害損失。

　　安全與衛生工作是觀光旅館管理活動中重要的一環，須得到最優先及妥善的處理。旅館管理人員與全體工作人員須積極參與安全衛生工作並遵循飯店所訂定的安全與衛生文件要求執行工作。

　　達成安全與衛生目標是旅館管理人員與全體工作人員的職責，其績效並視為旅館管理人員與全體工作人員考核的重要依據。

安全衛生工作守則

第一章　總則

第一條　旅館安全衛生工作守則依勞工安全衛生法第二十五條之規定訂定。

第二條　本守則適用於旅館各相關工作場所。

第三條　本守則未規定事項，適用其他有關法令規定。

第二章　主管人員工作守則

第四條　主管人員安全衛生職責如左：

一、部門職業災害防止計畫事項。

二、安全衛生管理執行事項。

三、部門之定期檢查、重點檢查及其他有關檢查督導事項。

四、定期或不定期實施巡視。

五、提供改善工作方法。

六、擬定安全作業標準。

七、教導及督導所屬依安全作業標準。

八、其他主管交辦有關安全衛生管理事項。

第三章　勞工安全衛生管理人員工作守則

第五條　勞工安全衛生管理人員職責如左：

一、釐定職業災害防止計畫，並指導有關部門實施。

二、規劃、督導各部門之勞工安全衛生管理。

三、規劃、督導檢點與檢查，並記錄於安全衛生日誌。

四、指導、監督有關人員實施巡視、定期檢查、重點檢查及作業環境測定。

五、規劃及實施勞工安全衛生教育訓練。

六、規劃勞工健康檢查、實施健康管理。

七、督導職業災害調查及處理、辦理職業災害統計。

八、向主管提供有關勞工衛生管理資料及建議。

九、其他有關勞工安全衛生管理事項。

第四章　一般守則

第六條　注意並遵守旅館所有的安全衛生標示。

第七條　工作場所警示區內，作業人員必須防範機械、光、電、熱、能、噪音、振動及爆炸性、含毒性、發火性物質等引起之危害。

第八條　機器設備維修時若須關掉電源，應於電源開關處掛上警示牌。

第九條　作業人員在二公尺以上高處作業時，應使用載人升降機或梯子，並戴安全帽及繫安全帶，另應設置警示標誌或標語。

第一零條　隨時保持工作場所清潔。

第一一條　檔案櫃及辦公桌抽屜隨時保持關閉。

第一二條　非指定作業人員禁止操作危險機具。

第一三條　除特定之實驗室外，任何場所不得穿著拖鞋或赤腳。

第一四條　安全門及通道禁止堆置物品。

第一五條　不可隨意連接電源，增加插座或超過負荷使用。

第一六條　各部門使用之個人防護具或防護器具應保持清潔，並予必要之消毒，且應經常檢查以保持其效能；如對勞工有感染疾病之虞，應備個人使用防護具。

第一七條　搬運、置放、使用有刺角物品、凸出物、腐蝕性物質、毒物性質、劇毒物質時，應置備適當手套、圍裙、裹腿、安全鞋、安全帽、防護眼鏡、防毒口罩、安全面罩等並確實使用。

第一八條　暴露強烈噪音之工作場所，應置備耳塞、耳罩等防護具並使勞工確實配戴。

第一九條　應依工作場所之危害性，設置必要之職業災害搶救器材。

第二零條　於高溫、有害病原體等工作環境，須使用安全衛生防護器。

第二一條　發生意外事故或發現不安全之事物時應立即報告主管並撥叫總機通知意外事故處理有關人員。

第五章　交通安全

第二二條　騎乘機車人員宜戴安全帽，小型汽車乘坐人員宜繫安全帶。

第二三條　進入旅館車輛應按規定路線行駛，不得超速。

第二四條　汽車行車前應檢查儀表、機油、汽油、冷卻水量、引擎運轉、一般漏洩、雨刷、玻璃及後視鏡、燈光、方向盤、輪胎、剎車、離合器、工具、裝載物品等項目。

第二五條　汽車行車後如需檢查水箱或引擎應在冷卻後施行。

第二六條　車輛發生任何故障或損壞須妥為處理，修理後應確定無安全顧慮後方可行駛。

第六章　物料儲運作業

第一節　一般物料

第二七條　堆置物料時，應注意防止掉落或倒塌。

第二八條　倉庫無人時（下班），應切斷非必要之電源。

第二九條　搬運物料進出庫房時，儘量以機具代替人力，並選用安全護具。

第三零條　堆置重物應彎膝，並利用腿部力量，切忌扭轉身體及彎腰。

第三一條　在電線及電氣設備附近搬運物料，需倍加小心，切忌觸及供電線路。

第三二條　搬運物料時，應慎防突出的釘子及殘存之包裝用鐵絲或鐵皮，並注意物料之銳邊尖角及鐵屑。

第三三條　使用機械搬運重物，應注意重心平衡，不超載，不超速。

第三四條　使用手推車裝載物料，應將較重之物品放置在最下層。

第三五條　手推車上物品應堆放穩固，其高度以不妨礙視線為原則。

第三六條　裝載物料之手推車，行進間應保持重心平穩。

第三七條　物料開箱時應使用適當防護用具及合適的機具。

第三八條　倉庫內嚴禁煙火，倉庫四周禁止堆置易燃品或焚燒廢品。

第三九條　電氣開關與消防設備附近禁止堆放物料。

第四零條　儲放材料不得影響照明，及其他設備之操作或阻塞通道。

第四一條　物料不可以拋擲方式遞送。

第四二條　搬運物料時，切忌著拖地之長褲或過大之鞋。

第四三條　搬運時不使物料妨礙搬運人員之視線，並應先清除走道上之一切障礙物。

第四四條　利用鋼索、麻繩吊物，切勿觸及鋒利物品。

第四五條　不可使用損壞或腐蝕之鐵鍊、鋼索或麻繩起吊物料。

第四六條　不可將物料吊經工作人員之頭頂。

第四七條　搬運或起吊物料，嚴禁跨越容易爆炸之物品。

第二節　化學物料

第四八條　應定期檢查料庫內電氣設備及線路等設施。

第四九條　料庫內部應保持空氣流通，並防易燃物料散熱不良，而引起自燃。

第五零條　工作人員必須熟知工作上常用化學物料之特性及毒害，並能適當選用各種安全防護設備及個人防護具。

第五一條　腐蝕性、易燃性及毒性之化學物料，應分別儲存，以圖表標示，讓工作人員提高警覺。

第五二條　具腐蝕性物品，嚴防滲漏。

第五三條　化學藥品儲存時不可疊置堆放。

第七章　檢測作業

第一節　電氣試驗

第五四條　測試高功率之設備零件須注意接線之電流容量是否足夠，試驗場所必須通風散熱良好。

第五五條　高壓連接線及夾具之絕緣耐壓應足夠。

第五六條　高壓試驗時必須設警示標語，禁止無關人員進入；裝卸試品時應切斷電源，試驗完成後用接地棒接地，充分放電後，才可拆卸試品。

第二節　烤箱

第五七條　使用前須檢查高溫保護裝置是否正常。

第五八條　烤箱運作時，開起門閂取物或放置物品時，須戴防熱手套。

第五九條　隨時注意溫度表，遇有異常需立即加以處置。

第六零條　放入烤箱內之易燃物質須注意其燃點。

第八章　健康檢查及緊急醫療救護

第一節　健康檢查

第六一條　各部門主管對於所屬員工應隨時掌握其健康狀況以及其上

班作業情形。

第六二條　依規定辦理定期健康檢查。

第二節　急救

第六三條　每一部門應置備相當數量之緊急處理藥品器材。

第六四條　緊急醫護聯絡電話應標示明顯可見之處。

第六五條　急救是指給與遭意外傷害或急病患者之立即和臨時性的照料，直到醫師的診治為止。

第六六條　急救的首要目的是救命、主要工作為維持呼吸、維持血液循環、預防繼續失血、預防續受損傷、預防休克、電告急救中心或請醫師。

第六七條　急救時須注意左列事項：

一、幫助傷者平躺下來，不要隨便移動傷者。

二、檢查受傷部位、立即做適當處理。

三、不要隨便餵食。

四、安慰傷者並給與保溫。

第六八條　如遇呼吸停止時，立即實施口對口人工呼吸，步驟如左：

一、讓傷者平躺，清除口中異物，頭部向後仰，下巴朝上。

二、一手向下拉開傷者下顎，使口張開，另一手手掌後部置於傷者前顎，以手指捏緊傷者鼻孔。

三、施救者吸入大量空氣，將口對準傷者之口，與之密接而不漏氣，用力呼入傷者口中。

四、注意傷者的胸部是否增大升起，然後張開口讓傷者呼出空氣。

五、每分鐘實施十二至十五次，直到傷者恢復呼吸為止。

第六九條　如傷者心跳停止時，立即請合格急救人員實施心臟外按摩，步驟如左：

一、讓傷者仰躺於堅硬表面（地面）上，施救者跪左身側。

二、摸出胸骨之下端部，將一手手掌之跟部置於此部位，
　　另一手置於此手之上。

三、雙臂伸直，用力向下壓，使胸骨下約三～四公分，停
　　留半秒迅速放鬆。

四、只有一人施救時，速度每分鐘八十次，每十五次心外
　　按摩配合二次人工呼吸；當兩個人施救時速度每分鐘
　　六十次，每五次心臟外按摩配合一次人工呼吸。

五、只許合格急救人員為之，不穩定或猛烈的動作易使肋
　　骨或內臟器官受到損傷。

第七零條　傷者血流不止時，用左列方法止血：

一、直接利用消毒紗布或清潔手帕壓在傷口上。

二、用指頭壓在出血血管向心端。

三、危及生命的大出血或其他止血法無效時，才用止血帶
　　止血。將止血帶置於傷口上方（近心臟端），紮緊血
　　管止血，紮緊每十分鐘須鬆開十秒。

第七一條　傷者皮膚冷而潮、臉色蒼白、呼吸急促、虛弱、噁心、有
　　　　　休克現象時，處理方法如左：

一、盡可能除去休克的原因（例如止血）。

二、使傷者躺下，足部抬高，儘量保持頭部低於其軀幹。

三、保持傷者舒適和溫暖。

四、安慰傷者，如傷者神志清醒，可以吞嚥，則給與飲
　　料。

五、通知醫生，但切勿離開傷者。

第七二條　燒傷、燙傷之處理方法如左：

一、如皮膚未破裂，將受傷部位浸於清潔的冷水中或冰敷
　　來止痛。

二、切勿將水泡弄破或胡亂塗油。

三、用敷料將傷處蓋好，送醫診治。

第七三條　有骨折現象時，處理方法如左：

一、儘量避免移動傷患，置傷者於自然位置。

二、找副木、木板、書本等固定受傷關節，使傷者覺得舒
　　適。

三、通知醫生。

第七四條　化學物或其他異物入眼時，處理方法如左：

一、將眼瞼翻開，用清潔流水沖洗眼睛十五分鐘。

二、護送傷者至醫院診治。

三、切勿使用硼砂水、眼藥水、眼膏。

第九章　消防

第七五條　相關作業的員工應接受必要之消防訓練及防火練習。

第七六條　依規定於每一工作場所置備消防器具並隨時檢修維護，消
　　　　　防器具數量必須充足。

第七七條　手提式滅火器材應置於明顯易見處所，並加標示，按時檢
　　　　　查以確認為可使用狀態，放置處所四周不應堆積雜物阻礙
　　　　　其取用。

第七八條　自動噴水系統及火警檢知受訊器定期實施檢查。

第七九條　緊急呼叫設備及火警鈴應測試保持良好。

第八十條　易燃品之貯存處所應保持通風良好，並不得貯放於高溫或
　　　　　明火作業場所。

第八一條　火災分成左列四類，須判別並用適當的滅火器材。

一、A類火災：一般可燃性固體，如紙張、木材。

二、B類火災：可燃性液體，如溶劑、酒精、燃料油。

三、C類火災：電氣火災。

四、D類火災：可燃性金屬，如鉀、鈉、鐵、鎂。

第八二條　各型滅火器之使用方法如左：

一、乾粉滅火器：拔出噴管找出插鞘，左手持噴嘴指向火
　　點，右手提起握把並按住壓板，乾粉即噴出，適用於
　　A、B、C類火災（較大型乾粉滅火器可置於地面，左

手持噴嘴、右手按住壓板）。

二、海龍1301減火器：拔出插鞘，左手持噴嘴對準火點，右手提起握把，並按住把壓板，即可噴出海龍1301，適用於各類火災。

第八三條　滅火器、消防栓等消防設備四周禁止堆放物品。

第八四條　在嚴禁煙火區內欲從事電焊、氣焊、生火、燒火等工作時須經該單位主管核准，並派人監督。

第八五條　一旦發生火警，除應連絡報告、滅火外，現場其他人員應迅速離開至安全的地方。

第十章　廚房安全衛生設施

第一節　廚房

第八六條　廚房，附屬設備之作業及相關人員應遵守下列規定：

一、廚房地面必須有防滑裝置，尤其濕滑油膩部分區域更應加強，以避免工作人員滑倒。

二、防滑裝置或墊片如有損壞應立即修護或更新。

三、食物殘渣、飲料空瓶、破碎的碗盤等應隨時清除乾淨，不可留存於廚房工作場所。

四、所有的電器用品如電扇、冰箱、洗碗盤機、馬達泵浦等，均應有良好的接地線，尤其是潮濕地區，盡可能不要放置電器設施，以免發生漏電感電事故。

五、任何暴露於外的傳動軸或皮帶、齒輪等設備，均應加上安全護蓋。

六、各種管路線（如瓦斯、蒸氣、熱水、冷水等）均應分別以顏色標明並維持清潔無油汙狀態，隨時檢視其安全狀況。

七、桶子、盒子、空罐或其他備品和廢瓶罐均應立即處置放存良好，不可堆積堵住安全門，走道或火災檢知器或電路總開關以確保安全狀態。

八、若裝設有火警自動灑水裝置，應預先設計使噴嘴能重點分配於可能發生火警區域。

九、碳酸飲料（如汽水）不可堆放於廚房內，以免因高溫而發生爆裂危害到作業人員。

十、所有的電扇均必須以適當網子罩起來以免工作人員頭髮衣物手指被捲入其中。

十一、麵糰攪拌機、滾筒切割機等設備應由專人使用，並加裝設「非作業人員請勿使用操作」之標示，以避免危害。

十二、微波爐應遵照規定方法使用並保持清潔，使用中亦不可直接從正前方透明窗去窺視食物是否調理妥當，如此，可能會因微波能量傷害眼睛水晶蛋白而導致失明，而若微波爐未保持清潔狀態則使用時可能會因微波折射不良之熱效應轉換使爐發生燃燒爆炸之情形。

十三、訂定安全作業程序，及每日清洗整頓規則，務求於每日下班收工前將廚房內收拾乾淨。各種物品均歸定位，爐灶已完全熄火。

十四、排油煙機的煙罩及導管，務必每日整理清洗，方可保證導管或氣罩不會積存油汙太多，致因明火而發生延燒悶燒現象肇成大災。

十五、刀械置放架是否安全？電動切割鋸刀是否安全使用？用後有無均歸定位？這些都是肇傷的另一要因。

十六、廚房是否堆放大量易燃品？標準的方式乃是僅存放當日使用的物料材料，避免存放過多，以免占據空間且易生危險。

第二節　貯藏室作業

第八七條　貯藏室之存放作業如左：

一、貯藏室內貯放的物品原料應有序分架存放，不可任意堆置於地面或雜亂堆置，尤其食物原料與其他需處理之原料調配佐料等更不可混合放置，堆置物品應穩固整齊，物架與天花板應留有適當空間，物品排列不可擁擠，保持通風良好狀況，並且要有足夠的照明設施以使工作人員能安全而明確的取用物料，高架上物品之取放並應備有安全梯架。

二、貯藏室應設有火警檢知受訊系統及自動灑水裝置。

三、貯放架應有足夠間距供人員通行，其寬度至少80公分以上，堆放之物品應與地面保持適當之空間，不可直接置放於地面。

四、貯藏室內應有保持清潔並維持不要有老鼠等病媒動物出入。

第三節　環境控制及整理

第八八條　工作場所及通道作業守則如左：

一、工作場所及通道地面應保持清潔，發現汙穢或雜物散置應馬上清理。

二、足夠的採光及人工照明。

三、每一樓層之通道、工作場所地面、牆壁、樑柱等處所應維持表面完整，不可有突出之釘柱、鐵條等、坑洞或鬆動處所應隨時維護完整牢固。

四、搬運行李之搬運車應隨時維護良好。

五、工作場所及通道應有明顯易見之標識指示方向及安全門位置。

六、安全門之設置應符法令之規定：

(一)安全門應用耐火材料構造，如用易燃材料者外應包

覆金屬皮。

(二)安全門應向外開。

(三)安全門應直達室外空地或安全梯。

(四)每一安全門之寬度不得小於一‧二公尺，高度不得低於兩公尺。

(五)安全門與工作距離不得超過三十五公尺。

(六)安全門與安全梯於勞工工作期間不得上鎖，其通道不得堆置物品。

七、安全而衛生的飲水供應設備。

八、化妝室、浴廁應保持清潔。

九、應有足夠的化妝室、浴廁。

十、化妝室內不可堆放飲料、食品，更不可任由勞工於該類場所抽菸、飲食。

十一、廢棄物清理或轉運場所於事畢後必須澈底清理乾淨，避免發生病媒。

第十一章　職業災害

第八九條　依勞工安全衛生法第二十八條之規定訂定。

一、事業單位工作場所如發生職業災害，應立即採取必要之急救、搶救等措施，並實施調查、分析及作成紀錄。

二、事業單位工作場所發生下列職業災害之一時，應於二十四小時內報告檢查機構：

(一)發生死亡災害者。

(二)發生災害之罹災人數在三人以上者。

(三)其他經中央主管機關指定公告之災害。

三、事業單位發生第二項之職業災害，除必要之急救、搶救外，雇主非經司法機關或檢查機構許可，不得移動或破壞現場。

參考文獻

Carlzon, J.原著，李田樹譯（1991）。《關鍵時刻》（五版）。台北：長河出版社。

James L. Heskett著，王克捷、李慧菊譯（1997）。《服務業的經營策略》。台北：天下文化。

Jard Deville原著，葉日武譯（1989）。《新時代的領導風格》（七版）。台北：中國生產力中心。

S. P. Robbins原著，黃曬莉、李茂興譯（1990）。《組織行為：管理心理學理論與實務》。台北：揚智文化

丁志達（2012）。《人力資源管理》（第二版）。台北：揚智文化。

今井正明原著，徐聯恩譯（1992）。《改善》。台北：長河出版社。

公司全面人力資源系統規劃研究，如何降低餐飲業服務人員流動率人力分析，「人力資源管理研究所暑期專案研究」成果發表會：國立中山大學管理學院。

方世榮（1995）。《現代人力資源管理》（再版）。台北：華泰文化。

田中司朗著，黃靜儀譯（2006）。《感動服務》。台北：中國生產力中心。

石銳（2000）。《績效管理》。台北：行政院勞工委員會職業訓練局。

交通部觀光局（1995）。《中華民國台灣地區觀光旅館簡介》。

交通部觀光局（1996）。《中華民國八十四年國人國內旅遊狀況調查》。台北：交通部觀光局委託政治大學公企中心研究。

李明（2009）。《企業文化的歷史觀》。當代企業戰略與文化研究中心。

林月枝、梁錦鵬（2012）。《服務業管理》。台北：揚智文化。

林欽榮（2002）。《人力資源管理》。台北：揚智文化。

狩野紀昭編著，鍾朝嵩譯（1994）。《服務業的全公司品質管理》。台北：先鋒企業管理發展中心。

高秋英（1994）。《餐飲服務》。台北：揚智文化。

勒伯夫博士（Michael LeBoeuf）原著，李成嶽譯（2000）。《如何永遠贏得顧客》。台北：中國生產力中心。

張火燦（1996）。《策略性人力資源管理》。台北：揚智文化。

張衛（1994）。《飯店人力資源開發》。北京：中國旅遊出版社。

救國團張老師（1995）。《員工協助方案實務手冊》。台北：張老師文化。

陳明漢（1992）。《企業人力資源管理實務手冊》。台北：中華企業管理發展中心。

曾玉明（1999）。〈績效發展引領企業向前看〉，《能力雜誌》，第519期。台北：中國生產力中心。

曾玉明（1999）。〈追求卓越服務〉，《能力雜誌》，第517期。台北：中國生產力中心。

黃俊傑（2000）。《薪資管理》。台北：行政院勞工委員會職業訓練局。

黃英忠（1993）。《產業訓練論》（增訂再版）。台北：三民書局。

黃英忠（1995）。《現代管理學》（三版）。台北：華泰文化。

經濟部商業司（1993）。《旅館業的發展、現況與變動趨勢分析》，中華民國八十二年服務業經營活動報告。

潛在人力資源開發與企業人才確保策略研討會（1994）。行政院勞委會、台灣省政府勞工處。

潘秀玲譯（1987）。《IBM的人事管理》。台北：卓越文化。

蘭堉生（2001）。《職涯發展》。台北：行政院勞工委員會職業訓練局。

餐飲旅館系列

旅館人力資源管理

作　　者 / 劉桂芬
出　版　者 / 揚智文化事業股份有限公司
發　行　人 / 葉忠賢
總　編　輯 / 閻富萍
特約執編 / 鄭美珠
地　　址 / 22204 新北市深坑區北深路三段 260 號 8 樓
電　　話 / (02)8662-6826
傳　　真 / (02)2664-7633
網　　址 / http://www.ycrc.com.tw
　E-mail / service@ycrc.com.tw
　I S B N / 978-986-298-106-1
初版一刷 / 1997 年 8 月
三版一刷 / 2013 年 9 月
定　　價 / 新台幣 500 元

國家圖書館出版品預行編目（CIP）資料

旅館人力資源管理 / 劉桂芬著. -- 三版. --
新北市 : 揚智文化, 2013.09
面 ； 公分. -- (餐飲旅館系列)

ISBN 978-986-298-106-1 (平裝)

1.旅館業管理 2.人力資源管理

489.2   102014864